消防员必读

（第四版）

中国石油化工集团有限公司安全监管部　组织编写

中国石化出版社

内 容 提 要

本书以石化企业专职消防队伍为切入点，介绍了消防队伍的职能定位、消防员的职业规划；从危险化学品应急救援需求出发，介绍了危险化学品火灾爆炸基础知识、典型生产工艺和设备知识、厂区消防设施基础知识；从具体科目示例出发，介绍了体技能训练、消防预案演练和装备器材操作等日常训练内容；从消防队伍工作实际出发，介绍了灭火救援、气防救援和高风险作业监护等内容。

本书内容翔实，贴近实际，可作为消防员和企业员工消防知识培训教材，也可供消防队伍管理人员及专业技术人员参考。

图书在版编目(CIP)数据

消防员必读／中国石油化工集团有限公司安全监管部组织编写．—4版．—北京：中国石化出版社，2023.3(2023.4重印)
ISBN 978-7-5114-6975-5

Ⅰ．①消… Ⅱ．①中… Ⅲ．①消防-安全管理-基本知识 Ⅳ．①TU998.1

中国国家版本馆CIP数据核字(2023)第029567号

中国石化出版社出版发行

地址：北京市东城区安定门外大街58号
邮编：100011 电话：(010)57512500
发行部电话：(010)57512575
http://www.sinopec-press.com
E-mail：press@sinopec.com
北京科信印刷有限公司印刷
全国各地新华书店经销

*

787×1092毫米 16开本 14印张 326千字
2023年3月第4版 2023年4月第2次印刷
定价：69.00元

《消防员必读》(第四版)
编　委　会

主　　任：刘家海

编　　委：况成承　杜红岩　鲁小辉　权红旗　闫　进
孙志刚　刘　坤　杜　民　张德全　郑长青
董永昭　杨　羽　刘小明　赵琬颖　范海鹰
王庆银　童建斌　张开伦　李　斌　李　涛

主　　编：孙志刚

执行主编：陈　硕

编写人员：唐晨辉　陈　硕　胡　苏　郑　园　李楚浩
亓　帅

前　言

Preface

《消防员必读》自1997年首次出版以来，作为石油化工消防专业比较系统的业务学习资料，对提高企业消防专业管理水平发挥了重要作用。

近年来，国家消防管理体制机制不断改革创新，消防方面的法律法规标准陆续更新，中国石化集团公司对消防专业的管理要求不断完善，部分企业在日常管理中也探索出不少成功实践经验。为此，中国石油化工集团有限公司安全监管部决定对《消防员必读》进行修订。此次修订在延续传统的基础上对《消防员必读》(第三版)原有内容进行了大量修订，其中新增6章、改编6章。修订后共分为4篇12章，分别从消防员的工作定位、平时学什么、日常练什么、主要干什么等四个方面，介绍了消防员的日常工作内容。

此次修订力求以下突破：一是紧跟时代发展步伐，新增了消防形势任务分析、队伍职能定位、队员职业规划等热点焦点内容。二是体现石化企业消防管理特点，对石油化工典型生产工艺、设备知识，高风险作业消气防监护等内容进行阐述。三是提升可读性，行文风格追求通俗易懂，尽量从消防员的需求出发，把理论知识写成简单明了的白话。四是提升对消防管理的指导借鉴，在应急预案演练、灭火救援、气防救援等章节安排了大量示例说明，在消防队伍职业通道设计等章节，也结合石化企业消防队伍工作实践，分享了典型经验做法。五是力争将本书打造成培训教材，企业安全、消防部门可利用本书开展消防员培训、新员工消防专业培训等工作。

本书由中国石油化工集团有限公司安全监管部组织编写，部分企业消防安全管理人员参与。具体参编人员情况：唐晨辉负责第1章，陈硕负责第2、3、8章，胡苏负责第4、5章，郑园负责第6、10、11、12章，李楚浩负责第7章，亓帅负责第9章，全书由陈硕统稿。

同时，感谢胜利油田范海鹰、中原油田王庆银、燕山石化童建斌、镇海炼化李斌、扬子石化张开伦、上海石化李涛等专家对编写工作的大力支持。

由于时间仓促，加之编写人员水平有限，本书中难免有不足和错误之处，存在的问题，敬请批评指正。

目　录

contents

第一篇　消防基础知识

第二篇 消防员日常学习知识

第三篇 消防员日常训练内容

第四篇　消防救援与监护

1

第一篇

消防基础知识

第一章　消防工作

自从人类出现以来，人类对火的利用和对火灾的抗争从未停息过。火带给人类温暖、光明和动力，促进了社会的发展进步，但同时火灾却始终羁绊着人们的生产生活，成为社会生产活动中威胁公共安全、危害生命财产的主要灾害之一。消防工作正是伴随火灾而产生的，是人们在同火灾作斗争的过程中逐步形成和发展起来的一项专门工作，具有安全保障的性质。在我国，消防工作对社会主义精神文明、物质文明、政治文明的建设具有非常重要的意义。

第一节　消防工作的性质和方针

一、消防工作的性质

消防是火灾预防和灭火救援等的统称。《中华人民共和国消防法》明确规定，加强消防工作是“为了预防火灾和减少火灾危害，加强应急救援工作，保护人身、财产安全，维护公共安全”。在我国，消防工作具有下列显著特征：

（1）消防工作的社会性。要真正在全社会做到预防火灾发生，减少火灾危害，必须按照“政府统一领导、部门依法监管、单位全面负责、公民积极参与”的原则，依靠社会各界力量和全体公民共同参与，实行群防群治。

（2）消防工作的行政性。消防工作是政府履行社会管理和公共服务职能的重要内容，各级人民政府必须加强对消防工作的领导。

国务院作为中央人民政府，领导全国的消防工作，使消防工作更好地保障我国社会主义现代化建设的顺利进行，具有主要的作用。

由于消防工作又是一项地方性和专门性很强的行政工作，许多具体工作，如城乡消防规划，城乡公共消防基础设施、消防装备的建设，多种形式消防救援队伍的建立与发展，消防经费的保障，特大火灾的组织扑救以及消防安全监管等，都必须依靠地方各级人民政府和有关职能部门。

（3）消防工作的经常性。无论是春夏秋冬，还是白天黑夜，每时每刻都有可能发生火灾。人们在生产、生活、工作和学习中都需要用火，稍有疏漏，就有可能酿成火灾。因此，这就决定了消防工作具有经常性。

（4）消防工作的技术性。科学技术的进步，推动了经济社会的发展，消防工作要与经济社会同步发展，就必须充分应用科学技术，采用先进的消防安全理念、现代科学技术预防和扑救火灾，提升消防救援能力。

长期实践经验证明，消防工作既具有广泛的社会性、经常性，又是一项综合性、技术性等很强的全方位系统工作。

二、消防工作的方针

《中华人民共和国消防法》明确指出：消防工作贯彻“预防为主、防消结合”的方针。这个方针准确、科学地体现了对火灾的预防和扑救的辩证关系，正确地反映出同火灾作斗争的客观规律。这是我国人民长期同火灾作斗争的经验总结，它全面、正确地反映了消防工作的客观要求。

（1）预防为主。“预防为主”就是在消防工作的指导思想上，要立足于防患于未“燃”，把火灾预防的工作作为重点，放在首位。积极贯彻落实各项防火措施，力求做到不发生火灾。消防工作实践证明，只要人民具有较强的消防安全意识，遵守消防法规和消防技术标准，严格落实“人防、物防、技防”措施，大多数火灾是可以预防的。

（2）防消结合。“防消结合”是指同火灾作斗争的两个基本手段——火灾预防和扑救火灾，有机地结合起来，做到相辅相成、互相促进，最大限度地保护人身、财产安全，维护公共安全，促进社会和谐。防消结合要求在做好防火工作的同时，大力加强消防救援队伍的建设，在思想上、组织上、技术上积极做好各项灭火准备，一旦发生火灾，能够迅速有效地予以扑灭，最大限度地减少火灾损失。要加强国家综合性消防救援队、专职消防队、志愿消防队的建设，按照国家规定，组织实施专业技能训练，配备并维护保养装备器材，强化消防基础设施建设，提高火灾扑救和应急救援的能力。

（3）消防工作方针反映了同火灾作斗争的客观规律。从我国历年来所发生的火灾的直接原因和生产、生活用火的实际情况可以看出：

一是绝大多数的火灾是可以预防的。我国所发生的火灾的直接原因大体上可分为三类：第一类是由于思想麻痹，缺乏消防安全知识，不遵守必要的规章制度或违反操作规程而引起的，这类火灾数量最多，造成的经济损失所占的比重也最大。第二类是由于设施不良，或者不了解物质的特性，考虑不周、放置不当，因而发生雷击、静电、物质自燃等引起火灾。第三类是纵火，包括犯罪分子纵火、民间纠纷激化、当事人报复性纵火和精神病患者纵火等。总之，发生火灾的直接原因虽是多种多样的，但绝大多数是人为的，或者基本上是人为的，因而绝大多数火灾是可以预防的。

二是从一个较大的城市或地区来说，火灾还是难以完全避免的，这是因为：第一，用火、用电涉及各行各业和千家万户，而人们对火灾的警惕程度又千差万别，难免有的人麻痹大意、马虎从事；第二，客观上存在的不安全因素仍较多，不少旧建筑物不符合防火要求，许多居民住房是易燃结构，有些厂房不符合防火防爆要求，职工缺乏防火知识；第三，随着我国现代化建设事业的发展，生产中用油、用电、用火和使用易燃易爆物品日益增多，发生火灾的客观因素相应增多。因此，在做好防火工作的同时，我们还应大力加强灭火准备工作，以便一旦发生火灾，及时予以扑灭，最大限度地减少火灾损失。

由此可见，“防”和“消”是不可分割的整体，“防”是“消”的先决条件，“消”必须与“防”紧密结合，“防”与“消”是实现消防安全的两种必要手段，二者相互联系，互相渗透，相辅相成，缺一不可。在消防工作中，必须坚持“防”“消”并举、“防”“消”并重的思想，任何重“防”轻“消”或重“消”轻“防”都是片面的。只有全面、正确地理解并贯彻“预防为主、防消结合”的方针，才能有效地同火灾作斗争。

第二节　消防工作的原则、任务及意义

一、消防工作的基本原则

《中华人民共和国消防法》明确规定：我国消防工作按照“政府统一领导、部门依法监管、单位全面负责、公民积极参与”的原则，实行消防安全责任制，建立健全社会化的消防工作网络。“政府”“部门”“单位”“公民”四个方面都是消防工作的主体，只有各司其职、各负其责，才能保证消防工作顺利开展。

1. 政府统一领导

消防安全是政府社会管理和公共服务的重要内容，是社会稳定、经济发展的重要保障，各级政府必须加强对消防工作的领导。在全国层面，国务院领导全面的消防工作；在地区层面，地方各级人民政府负责本行政区域的消防工作。

2. 部门依法监管

国务院应急管理部门对全国的消防工作实施监督管理；县级以上地方人民政府应急管理部门对本行政区域内的消防工作实施监督管理，并由本级人民政府消防救援机构负责实施。军事设施的消防工作，由其主管单位监督管理，消防救援机构协助；矿井地下部分、核电厂、海上石油天然气设施的消防工作，由其主管单位监督管理。另外，对教育、民政、人力资源、住房和城乡建设、市场监管等政府有关职能部门的消防安全职责作了原则性规定。

3. 单位全面负责

单位是社会的基本单元，是消防安全责任体系中最直接的责任主体，负有最基础的管理责任，抓好了单位消防安全管理，就解决了消防工作的主要方面。

“单位全面负责”，即单位要对本单位的消防安全负责，并按照《中华人民共和国消防法》和《国务院办公厅关于印发消防安全责任制实施办法的通知》(国办发〔2017〕87 号) 规定，履行消防安全职责。

(1) 机关、团体、企业、事业等单位应当落实消防安全主体责任，履行下列职责：

① 明确各级、各岗位消防安全责任人及其职责，制定本单位的消防安全制度、消防安全操作规程、灭火和应急疏散预案。定期组织开展灭火和应急疏散演练，进行消防工作检查考核，保证各项规章制度落实。

② 保证防火检查巡查、消防设施器材维护保养、建筑消防设施检测、火灾隐患整改、专职或志愿消防队和微型消防站建设等消防工作所需资金的投入。生产经营单位安全费用应当保证适当比例用于消防工作。

③ 按照相关标准配备消防设施、器材，设置消防安全标志，定期检验维修，对建筑消防设施每年至少进行一次全面检测，确保完好有效。设有消防控制室的，实行 24 小时值班制度，每班不少于 2 人，并持证上岗。

④ 保障疏散通道、安全出口、消防车通道畅通，保证防火防烟分区、防火间距符合消防技术标准。人员密集场所的门窗不得设置影响逃生和灭火救援的障碍物。保证建筑构件、建筑材料和室内装修装饰材料等符合消防技术标准。

⑤ 定期开展防火检查、巡查，及时消除火灾隐患。

⑥ 根据需要建立专职或志愿消防队、微型消防站，加强队伍建设，定期组织训练演

练，加强消防装备配备和灭火药剂储备，建立与公安消防队联勤联动机制，提高扑救初起火灾能力。

⑦ 消防法律、法规、规章以及政策文件规定的其他职责。

（2）消防安全重点单位除履行上述规定的职责外，还应当履行下列职责：

① 明确承担消防安全管理工作的机构和消防安全管理人并报知当地公安消防部门，组织实施本单位消防安全管理。消防安全管理人应当经过消防培训。

② 建立消防档案，确定消防安全重点部位，设置防火标志，实行严格管理。

③ 安装、使用电器产品、燃气用具和敷设电气线路、管线必须符合相关标准和用电、用气安全管理规定，并定期维护保养、检测。

④ 组织员工进行岗前消防安全培训，定期组织消防安全培训和疏散演练。

⑤ 根据需要建立微型消防站，积极参与消防安全区域联防联控，提高自防自救能力。

⑥ 积极应用消防远程监控、电气火灾监测、物联网技术等技防物防措施。

（3）火灾高危单位除履行上述规定的职责外，还应当履行下列职责：

① 定期召开消防安全工作例会，研究本单位消防工作，处理涉及消防经费投入、消防设施设备购置、火灾隐患整改等重大问题。

② 鼓励消防安全管理人取得注册消防工程师执业资格，消防安全责任人和特有工种人员须经消防安全培训；自动消防设施操作人员应取得建(构)筑物消防员资格证书。

③ 专职消防队或微型消防站应当根据本单位火灾危险特性配备相应的消防装备器材，储备足够的灭火救援药剂和物资，定期组织消防业务学习和灭火技能训练。

④ 按照国家标准配备应急逃生设施设备和疏散引导器材。

⑤ 建立消防安全评估制度，由具有资质的机构定期开展评估，评估结果向社会公开。

⑥ 参加火灾公众责任保险。

（4）同一建筑物由两个以上单位管理或使用的，应当明确各方的消防安全责任，并确定责任人对共用的疏散通道、安全出口、建筑消防设施和消防车通道进行统一管理。物业服务企业应当按照合同约定提供消防安全防范服务，对管理区域内的共用消防设施和疏散通道、安全出口、消防车通道进行维护管理，及时劝阻和制止占用、堵塞、封闭疏散通道、安全出口、消防车通道等行为，劝阻和制止无效的，立即向公安机关等主管部门报告。定期开展防火检查巡查和消防宣传教育。

（5）石化、轻工等行业组织应当加强行业消防安全自律管理，推动本行业消防工作，引导行业单位落实消防安全主体责任。

（6）消防设施检测、维护保养和消防安全评估、咨询、监测等消防技术服务机构和执业人员应当依法获得相应的资质、资格，依法依规提供消防安全技术服务，并对服务质量负责。

（7）建设工程的建设、设计、施工和监理等单位应当遵守消防法律、法规、规章和工程建设消防技术标准，在工程设计使用年限内对工程的消防设计、施工质量承担终身责任。

4. 公民积极参与

《中华人民共和国消防法》对公民在消防工作中的权利和义务作了如下明确规定：

（1）规定一般公民保护消防安全的义务。任何人都有维护消防安全、保护消防设施、预防火灾、报告火警的义务。任何成年人都有参加有组织的灭火工作的义务。禁止在具有火灾、爆炸危险的场所吸烟、使用明火。进行电焊、气焊等具有火灾危险作业的人员和自动消防系统的操作人员，必须持证上岗，并遵守消防安全操作规程。消防车、消防艇前往执行火灾扑救或者应急救援任务，其他车辆、船舶以及行人应当让行，不得穿插超越。

(2) 鼓励公民的科学技术创新。国家鼓励、支持消防科学研究和技术创新，推广使用先进的消防和应急救援技术、设备；鼓励、支持社会力量开展消防公益活动。

(3) 规定公民的公共消防安全义务。任何人不得损坏、挪用或者擅自拆除、停用消防设施、器材，不得埋压、圈占、遮挡消火栓或者占用防火间距，不得占用、堵塞、封闭疏散通道、安全出口、消防车通道。禁止非法携带易燃易爆危险品进入公共场所或者乘坐公共交通工具。进入生产、储存易燃易爆危险品的场所，必须执行消防安全规定。人员密集场所发生火灾，该场所的现场工作人员应当立即组织、引导在场人员疏散。

(4) 规定公民的报警义务。任何人发现火灾都应当立即报警。任何人都应当无偿为报警提供便利，不得阻拦报警。严禁谎报火警。

(5) 规定火灾调查中公民的义务。火灾扑灭后，发生火灾的单位和相关人员应当按照消防救援机构的要求保护现场，接受事故调查，如实提供与火灾有关的情况。

(6) 畅通公民申诉途径。住房和城乡建设主管部门、消防救援机构及其工作人员执行职务，应当自觉接受社会和公民的监督。任何人都有权对住房和城乡建设主管部门、消防救援机构及其工作人员在执法中的违法行为进行检举、控告。收到检举、控告的机关，应当按照职责及时查处。

对个人违反《中华人民共和国消防法》规定，应给予警告、罚款、行政拘留处罚，没收违法所得、停止执业或者吊销相应资质、资格。

二、消防工作的任务及意义

1. 消防工作的任务

预防火灾和减少火灾危害，加强应急救援工作，保护人身、财产安全，维护公共安全。坚决贯彻“预防为主、防消结合”的方针，严格消防监督管理，加强消防队伍建设和业务建设，加强和创新消防安全管理，落实消防安全责任，强化火灾风险管控，整治消防安全问题及隐患，夯实消防安全基础，进一步提升火灾防控和灭火应急救援能力，不断提高公共消防安全水平，有效预防火灾和减少火灾危害，以保卫社会主义现代化建设，保护公共财产和人民生命财产安全，维护社会秩序、生产秩序、教学和科研秩序以及人民群众的生活秩序，巩固人民民主专政。

2. 消防工作的意义

新中国成立后，中国共产党和人民政府对消防工作十分关心和重视。特别是改革开放以来，我国消防事业取得了长足的进步，在消防法治、消防科技、消防力量、消防基础设施和消防装备、消防文化建设上不断探索改革和创新发展，社会防控火灾能力显著提高。消防法规逐渐完备，各级消防监督机构普遍建立起来，群众性防火灭火工作得到显著发展，具有相当灭火实力的国家综合性消防救援队、专职消防队和志愿消防队遍布广大城乡，消防科技水平不断提高，一个比较完整的消防科研和消防器材生产体系已初步形成。因而在全国人口逐渐增长、经济建设迅速发展的情况下，有效地防止了大量火灾的发生，成功地扑灭了许多重大火灾，保障了国家建设和人民生命财产的安全。因此，做好消防工作的意义主要体现在以下方面：

(1) 保护公民人身、财产安全，维护公共安全。随着国民经济和社会的高速发展，城乡人民的生活水平的不断提高，人民群众的消防观念也在转变，家庭装修的档次越来越高，(智能)家用电器和具有易燃易爆特性的城市燃气越来越多地进入人们的生活领域，家庭的火灾风险因素随之增多。一旦发生火灾，会对公民的人身和财产造成重大危害。

(2) 保卫社会主义现代化建设。随着现代化建设的发展和深化改革、扩大开放，以及科学技术的不断进步，新工艺、新技术、新设备、新材料的不断出现，工农业生产、交通运输、高层建筑的不断发展，石油化工、天然气等易燃易爆物品的不断增加，火灾风险因素将日趋增多，火灾管控防范难度相应增大。如果消防安全责任落实不到位，一旦发生火灾，就会给社会主义现代化建设的成果带来损失，严重影响经济建设的顺利进行。

(3) 保护历史文化遗产。大量的古代建筑、历史文物和革命遗址，充分体现了中华民族悠久的历史、光荣的革命传统和光辉灿烂的文化，如若惨遭火劫，将会造成不可挽救、无法弥补的损失。由此可以看出，做好消防工作对保护和继承我国的历史文化遗产，发扬革命传统和教育后人，发展我国的旅游事业，都具有深远的历史意义和现实意义。

(4) 减轻战争造成的火灾危害。无论是在现代还是古代战争中，“火攻”都是打击对方的一种经常使用的重要手段。因此，一定要提高警惕，加强战备观念，对战时消防要有充分的估计、必要的防范。对于火灾危险和政治影响大的工程，要充分考虑战时措施。

(5) 减轻地震次生火灾的危害。一次强烈的地震，不仅会使房屋倒塌，人畜伤亡，而且震后往往有次生火灾。地震次生火灾的危害性是不容忽视的。对抗震防火的具体措施应在平时的防火工作中贯彻和落实，如对建筑工程采取抗震措施，选择适当的固定和移动灭火设施，加强防震棚的防火管理等。

第三节　消防法律法规体系

一、专门的消防法律法规

1. 消防法律

消防法律是指由全国人民代表大会及其常务委员会制定的有关消防安全方面的法律。消防法律不仅对全国消防工作的开展具有普遍的指导意义，而且也是制定其他消防法规的主要依据。我国现行专门的消防法律主要是《中华人民共和国消防法》。

2. 消防行政法规

行政法规是国务院在法定职权范围内，为实施宪法和法律，按照法定程序制定的有关国家行政管理的规范性文件。消防行政法规是由国务院制定的有关消防安全工作的法律规范性文件，在全国范围内适用，法律效力仅次于宪法和消防法律。如国务院办公厅于 2017 年 11 月 9 日发布的《关于印发消防安全责任制实施办法的通知》(国办发〔2017〕87 号)。

3. 地方性消防法规

地方性法规是指地方国家权力机关及其常设机构依照法律规定制定的法律规范性文件。地方性消防法规是由有立法权的地方人民代表大会或其常务委员会在不同消防法律、消防行政法规相抵触的前提下，根据本地区社会和经济发展的具体情况以及消防工作的实际需要而制定的有关消防安全监督管理的法律规范性文件。地方性消防法规在法律效力上低于消防法律和消防行政法规，其适用范围仅限于本行政区域之内。目前，我国大多数省、自治区、直辖市都制定了地方性消防法规。如《四川省公共消防设施条例》(四川省第十三届人民代表大会常务委员会第95号公告修订通过)。

4. 消防行政规章

消防行政规章包括部门规章和地方规章。

部门规章是由国务院所属主管行政部门在本部门权限范围内，根据消防法律、消防行政法规制定的有关消防安全工作的规范性文件。部门规章一般是结合全国范围内或本系统范围内消防安全工作的具体问题和实际情况，对有关消防安全工作提出明确、具体的要求，具有较强的针对性。如《高层民用建筑消防安全管理规定》(应急管理部令第5号)于2020年12月28日应急管理部第39次部务会议审议通过，自2021年8月1日起施行。

地方规章明确地方消防工作某些方面的管理要求和管理方法的规范性文件，具有较强的操作性，适用于本行政区域内，主要是为了弥补国家和国家有关部门在消防监督管理方面的不足，各地制定了一些地方行政规章。地方政府规章是消防工作中常用的工作依据。比较其他消防法律法规，它的效力等级较低，是法律、行政法规和地方性法规的补充。如江苏省人民政府办公厅发布的《关于印发江苏省消防安全责任制实施办法的通知》(苏政办〔2018〕72号)。

5. 其他

除了上述内容，还有两类文本经常作为消防工作的管理依据。

(1) 消防技术标准。消防技术标准是我国各部委或各地方部门依据《中华人民共和国标准化法》的有关法定程序单独或联合制定颁发的，用以规范消防技术领域中人与自然、科学技术关系的准则或标准。消防技术标准可划分为国家标准、行业标准和地方标准。国家标准、行业标准和地方标准根据其强制约束力的不同，分为强制性标准和推荐性标准。保障人身、财产安全的标准和法律、行政法规规定强制执行的标准是强制性标准；其他标准是推荐性标准。强制性标准必须执行，推荐性标准国家鼓励企业自愿采用。消防技术标准的规范和标准一般都是强制性标准。如GB 50016—2014《建筑设计防火规范》、GB 50974—2014《消防给水及消火栓系统技术规范》。

(2) 其他消防规范性文件，也称消防行政规定。其他消防规范性文件是指各级各类国家行政机关基于行政职能，依据法定权限和法定程序制定发布的除行政法规和规章以外的具有普遍约束力和规范体式的决定、命令、行政措施等的总称，其目的是执行消防法律、行政法规、地方性法规和规章并使之具体化、明确化。这些规范性文件通常情况下不纳入消防法律规范，但在消防管理实践中大量存在，并发挥着有效作用。如《厦门市人民政府关于进一步加强消防安全管理的决定》(厦府〔2017〕199号)。

二、与消防有关的法律法规

除了专门性的消防法律规范外，还有一些与消防管理密切相关的法律法规。例如，在《中华人民共和国刑法》《中华人民共和国治安管理处罚法》等法律中，部分条款为消防执法提供保障。《中华人民共和国刑法》第一百三十九条：违反消防管理法规，经消防监督机构通知采取改正措施而拒绝执行，造成严重后果的，对直接责任人员，处三年以下有期徒刑或者拘役；后果特别严重的，处三年以上七年以下有期徒刑。《中华人民共和国治安管理处罚法》第五十条第一款第(三)项：阻碍执行紧急任务的消防车、救护车、工程抢险车、警车等车辆通行的，处警告或者二百元以下罚款；情节严重的，处五日以上十日以下拘留，可以并处五百元以下罚款。

第二章　消防队伍

第一节　消防队伍的救援任务

一、消防工作面临的形势

近年来，各地区各部门认真贯彻习近平总书记关于应急管理、消防工作重要指示精神和中共中央、国务院决策部署，坚持预防为主、防消结合，全面加强和改革消防工作，大力提升火灾防控和综合应急救援能力，为全面建成小康社会和服务经济社会发展、保障人民生命财产安全作出了重要贡献。通过全面推进消防执法改革，深入实施消防安全专项整治，不断创新消防安全治理，有效落实消防安全责任，全社会消防安全环境明显改善，火灾形势持续平稳向好。通过完善消防法治，提升公共消防设施建有率，优化补齐消防装备，消防安全基础有效夯实。“十三五”时期，全国的火灾起数、亡人数、伤人数较“十二五”时期分别下降3.7%、12.2%、18.7%，重特大火灾起数、亡人数分别下降45.8%、62.7%，未发生特别重大火灾事故。

同时，我国消防工作发展不平衡不充分问题依然突出，各类事故隐患和安全风险交织叠加，防范遏制重特大事故压力越来越大，应急救援难度越来越高，消防工作面临严峻挑战。

一是消防安全形势依然严峻。经济社会发展对火灾防控带来新的压力，高层建筑、地下空间、大型商业综合体、地下轨道交通等发展迅猛，发生火灾事故极易造成群死群伤。新技术新材料新业态不断积累新风险，一些“想不到、管得少”的领域风险逐渐凸显，新冠疫情也增加了不确定性，灾害事故防范处置难度增大。产业转型迁移衍生新风险，乡镇农村消防安全“洼地”愈加凸显，“多合一”“九小”等场所大量滋生，易地扶贫搬迁高层建筑安置场所消防安全风险突出，火灾呈易发频发态势。

二是应急救援任务艰巨繁重。我国是世界上自然灾害最严重的国家之一，灾害链特征日益突出，全灾种救援面临空前挑战。消防救援尖刀力量短缺，现代化救援装备亟待加强，综合保障能力有待提升，应急预案和联动机制尚需完善，实战实训效能仍需提高，超高层建筑、地下轨道交通、商业综合体、大空间大跨度厂房、大型炼化装置等火灾扑救和应急救援难题尚未完全破解，应对处置“巨灾大难”的极限救援能力亟待提升。

三是消防安全基础总体薄弱。消防救援队伍在城区、化工园区、开发区等仍有“空白点”，一线监督执法力量严重不足，多种形式消防队伍发展不平衡，农村地区消防力量尤为薄弱。消防安全责任制仍需健全，公共消防设施、森林草原防灭火设施存在“欠账”，火灾风险监测预警和防范化解机制亟须健全，精准化消防监督执法和综合监管有待增强。单位本质安全水平总体不高，社会专业消防人才总量不足，公众自防自救能力尚需提升。

二、消防救援情况分析

根据我国应急管理部消防救援局发布的数据，2021 年全国消防救援队伍共接报处置各类警情 195.6 万起，出动消防救援人员 2040.8 万人次、消防车 363.6 万辆次，累计从灾害现场营救被困人员 19.5 万人，疏散遇险人员 46.7 万人；共接报火灾 74.8 万起，死亡 1987 人，受伤 2225 人，直接财产损失 67.5 亿元。

2021 年全国消防救援队伍接处警情任务创历史新高，平均每天出警 5300 多起，日均出动消防救援人员 5 万多人次、消防车辆近 1 万辆次，是有统计记录以来消防救援队伍接处警情最多的一年。其中，扑救火灾共 74.5 万起、占 38.1%；抢险救援 46 万起、占 23.5%；社会救助 54.9 万起、占 28.1%；公务执勤（9.6 万起）及其他出动（10.5 万起）占总数的 10.3%。一方面出警任务类型越来越复杂多样，涉及高空、水域、地下、激流、严寒、高温、烟热、电磁、污染等恶劣环境；另一方面传统火灾扑救任务面临的场所也越来越复杂，处置中的危险性越来越强、难度越来越大，平均每起警情投入的力量由上年的 9.7 人增加到 10.4 人，起均处置的时长也有所增加。

对火灾进行统计分析可见，冬春火灾高发，夜间亡人集中。冬春季节共发生火灾 43.7 万起，死亡 1131 人，分别占总数的 58.6%和 57.5%，明显多于夏秋，特别是春节期间为全年的火灾高峰。从火灾时段分布看，10 时至 20 时是全天的火灾多发期，占火灾总数的 61.2%，但亡人数只占 33.9%；而 22 时至次日 6 时的火灾只占总数的 17.3%，但亡人数占 41.9%，较大火灾数占 51.2%。

第二节　消防队伍的职能定位

一、国家综合性消防救援队伍

2018 年 10 月，根据中共中央印发的《深化党和国家机构改革方案》，公安消防部队（武警消防部队）、武警森林部队退出现役，成建制划归应急管理部，组建国家综合性消防救援队伍。同月，中共中央办公厅、国务院办公厅印发《组建国家综合性消防救援队伍框架方案》，建立统一高效的领导指挥体系。应急管理部设立消防救援局、森林消防局，分别作为消防救援队伍、森林消防队伍的领导指挥机关。省、市、县级分别设消防救援总队、支队、大队，城市和乡镇根据需要按标准设立消防救援站；森林消防总队以下单位保持原建制。

2018 年 11 月 9 日，国家综合性消防救援队伍授旗仪式在人民大会堂举行。中共中央总书记、国家主席、中央军委主席习近平向国家综合性消防救援队伍授旗并致训词。他强调，组建国家综合性消防救援队伍，是党中央适应国家治理体系和治理能力现代化作出的战略决策，是立足我国国情和灾害事故特点、构建新时代国家应急救援体系的重要举措，对提高防灾减灾救灾能力、维护社会公共安全、保护人民生命财产安全具有重大意义。

习近平总书记对消防救援队伍提出 4 点要求。一是始终对党忠诚，坚持党的绝对领导，增强“四个意识”，坚定“四个自信”，全面贯彻新时代中国特色社会主义思想，坚定理想信念，坚决维护党中央权威和集中统一领导，坚决听从党的号令，永远做党和人民的忠诚卫士。二是做到纪律严明，坚持纪律部队建设标准，弘扬光荣传统和优良作风，严格教育、严格训练、严格管理、严格要求，服从命令、听从指挥，集中统一、步调一致，用铁的纪律打造铁的队伍。三是敢于赴汤蹈火，时刻听从党和人民召唤，保持枕戈待旦、快速反应的备战状态，练就科学高效、专业精准的过硬本领，发扬英勇顽强、不怕牺牲的战斗作风，刀山敢上，火海敢闯，召之即来，战之必胜。四是永远竭诚为民，自觉把人民放在心中最高位置，把人民褒奖作为最高荣誉，在人民群众最需要的时候冲锋在前，救民于水火，助民于危难，给人民以力量，在服务人民中传递党和政府温暖，为维护人民群众生命财产安全而英勇奋斗。

国家综合性消防救援队伍顺利改革转制以来，应急救援主力军和国家队作用凸显，练兵比武培训深入开展，积极投身抗击新冠疫情斗争，综合应急救援能力显著提升。“十三五”时期，消防救援队伍共出动 639.5 万次、营救转移遇险人员 373.3 万人次，成功应对 1998 年以来最严重汛情，出色完成“山竹”等超强台风、四川九寨沟 7.0 级地震、江苏响水“3·21”爆炸等急难险重任务和山西沁源等重大森林火灾扑救，410 个集体和 630 名个人受到省部级以上表彰，“火焰蓝”形象深入人心。截至“十三五”末期，全国建成消防站 7969 个、市政消火栓 201.8 万个，发展注册消防工程师 10.4 万余人、消防行业特有工种职业技能人员 140 万人、专职消防队员 33 万人、微型消防站 53.5 万个。

国家综合性消防救援队伍持续建立完善与消防救援高风险、高负荷、高压力职业特点相适应的建管训战体系、职业保障机制和尊崇消防救援职业的荣誉体系，不断提高队伍正规化、专业化、职业化水平。积极适应“全灾种、大应急”综合救援需要，制定消防救援力量发展规划，科学布局建设一批综合应急救援尖刀力量，加强“高低大化”火灾扑救和地震、水域、山岳、核生化等专业救援队建设，填补救援力量空白，补齐能力建设短板，加大中西部地区国家综合性消防救援队伍建设支持力度，打造“重点驻防、及时响应、高效处置、覆盖全国”的攻坚救援力量体系，提高全灾种和极端条件下的应急救援能力。

二、企业专职消防队伍

根据《中华人民共和国消防法》规定，生产、储存易燃易爆危险品的大型企业，大型核设施单位、大型发电厂、民用机场、主要港口，储备可燃的重要物资的大型仓库、基地等单位应当建立专职消防队，承担本单位的火灾扑救工作。专职消防队的建立，应当符合国家有关规定，并报当地消防救援机构验收。

作为我国法定的应急救援队伍之一，自“一五”计划时期发展至今，专职消防队伴随我国经济社会和企业的发展而发展，一直是我国应急救援体系的重要组成部分。据统计，我国企业专职消防队合计有消防中队 2600 余个、消防队员 65000 余人、消防装备车辆 8000 余台。

近年来，国家对专职消防队伍建设给予高度重视。2012 年，《国务院关于加强和改进消防工作的意见》提出大力发展多种形式消防队伍。2015 年 11 月，原公安部消防局召开企业专职消防队伍建设专题研讨会，深入研究全面推进企业专职消防队伍建设发展的工作措施。会议指出火灾危险性高的企业，在履行法律对所有企业规定的消防安全责任之外建立专职消防队，是对其高出平均水平火灾风险的必要弥补，是对企业员工生命安全、周边社区正常秩序的必要保障，是企业履行法律责任的必然要求。2016 年 10 月，公安部、发改委等国家十三部委联合下发《关于规范和加强企业专职消防队伍建设的实施意见》(公通字〔2016〕25 号)，指出企业专职消防队承担本单位的火灾扑救工作，是我国消防力量体系的重要组成部分，要加强企业专职消防队伍的规范化建设管理，落实综合保障措施，提高企业的火灾防控能力。该意见对于企业专职消防队的组织机构、用工形式、职业化建设、执勤训练、调度指挥体系、队伍职能等内容均提出了明确要求。

在危险化学品生产经营单位集聚的石油化工行业，由于企业本身具有生产工艺复杂多变、生产过程连续作业、生产原料及产品易燃易爆、有毒有害和易腐蚀等危险特点，风险值较高，容易因操作失误、设备故障、交通事故等多种原因引发事故，其中尤以火灾爆炸事故居多，且事故后果严重。据统计，2017~2019 年石油化工行业共发生各类安全事故 559 起，死亡 763 人，其中爆炸致死 294 人、中毒窒息致死 125 人、火灾致死 51 人，其他事故致死 293 人。虽然事故数量总体呈下降趋势，但安全生产形势仍然十分严峻。特别是近年来国内外重特大危化品生产安全事故时有发生，例如 2005 年英国邦斯菲尔德油库"12·11"火灾、2010 年大连"7·16"火灾、2015 年漳州"4·6"火灾等，均造成巨大人员或巨额财产损失，并对当地居民造成恐慌，形成长时间恶劣社会影响，警醒我们危险化学品安全生产形势不容乐观，加强事故应急救援能力建设刻不容缓。

在重大危险化学品事故救援中，大型石化企业建立的专职消防队大多扮演着第一时间到场和骨干救援力量的角色。随着石化企业生产规模不断扩大，危化品事故呈现巨灾化趋势，企业专职消防队能否有效控制事故险情，或者直接将火灾等事故消灭在初始阶段，往往决定着最终的救援成效。

石化行业的大型国企，由于其特殊的行业特征和企业属性，承担着更多的公共消防安全责任，特别是中国石油、中国石化、中国海油、中国化工等中央企业，大都在集团公司下属的油田、炼化、油库等单位建立了专职消防队。无论从队伍、人员数量，还是车辆及其他装备质量，他们都在我国专职消防队伍中位居前列。随着经济社会发展和全民安全意识提升，石化企业专职消防队伍重任在肩，应持续提升应急救援能力，以保障企业安全运营、保障民众安居乐业。

三、中国石化专职消防队伍

中国石化主要的生产经营业务可概括为三个板块，上游板块，主要是石油、天然气的勘探、开采、储运(含管道运输)、销售和综合利用；中游板块，主要是石油化工、天然气化工、煤化工及其他化工产品的生产、销售、储存、运输；下游板块，主要是成品油储存、运输、批发和零售。中国石化生产经营过程中涉及易燃易爆、有毒有害的危险化学品，很多生产装置和设施存在高温高压、易燃易爆环节，点多链长面广，安全风险高、监管难度大，防范事故任务艰巨。集团公司历届党组高度重视安全生产和消防管理工作，油田、炼化、销售等各板块企业每年在消防设施维护保养、更新完善等方面，都有稳定的安全投入。

1. 依法组建专职消防队伍，强化综合应急能力

近年来，中国石化多数油田、炼化企业依托专职消防队建立企业应急救援中心，在强化灭火救援的基础上，承担消防气防监护、日常应急培训、消防监督检查，以及突发事件综合应急救援等职责。

一是消防气防监护。消防队伍参与高风险作业的消防和气防监护，提高直接作业环节风险防控能力。监护范围包括部分特级用火，生产装置、油气管道、站场、重要设施等抢修，带压开孔或堵漏等高风险作业，含硫气井的压井作业；风险较大的受限空间作业；主要生产装置的开、停工；"两特两重"期间的高风险作业。在监护工作中，对参与监护作业的作业方案进行审查。从消防、气防专业角度指导属地单位开展作业风险评估。根据风险评估情况，有针对性地安排消防、气防的监护人员、车辆及装备，确保紧急状态下能够迅速组织施救。

作业前对现场的人员逃生措施、施工机(器)具的防爆性能、消防和气防设施等进行监督检查。

二是日常应急培训。消防队伍组织企业员工和承包商人员的消防、气防知识培训，对基层单位义务应急队等关键岗位员工进行消防、气防知识实操考核，对涉硫化氢等有毒有害介质的岗位开展空气呼吸器佩戴检查。员工的消防、气防技能考核结果还纳入岗位晋级条件。

三是赋予消防队伍检查权和考核权。主要指防火监督检查方面的管理职能，赋予其对现场各类消气防设施、火灾和可燃气体报警设施、施工作业现场以及建(构)筑物消防安全的检查权与考核权。对查出的问题要督促责任单位落实整改，及时消除事故隐患。

2. 配齐配强消防装备，筑牢企业应急救援防线

中国石化所属油田、炼化企业现有消防、气防等应急车辆1000多台，同时还有消防无人机、消防机器人等。

一是泡沫消防车。泡沫消防车是消防队伍的主战车辆，装载泡沫灭火剂的数量从3t到20t不等，近年新购车辆以12t、18t等大吨位车型为主；装载的泡沫灭火剂以3%、6%的水成膜、氟蛋白等类型为主。

二是举高消防车。包括举高喷射消防车，装载的泡沫灭火剂数量比泡沫消防车少，主要用于扑救生产装置、油品罐区等高处火灾；登高平台(云梯)消防车，不装载泡沫灭火剂，主要用于高空救援。按支臂形式可分为折叠、直升、曲臂等类型，按举臂高度可分为18~20m、25~32m、44~50m、56~60m、70m以上等类型。

三是通信指挥车。其中具备卫星通信功能的车辆，可将火灾爆炸、井喷、有毒气体泄漏等现场视频与各级应急指挥中心实现互联互通。

四是干粉消防车。包括干粉消防车(只装载干粉)、干粉泡沫联用车(装载干粉、泡沫等两种灭火药剂)等多种类型，主要用于气体火灾、电气设备火灾等救援。

五是气防车。一般装配气体防护、伤员简单救护、氧气供应、担架急救等救援器材，主要用于硫化氢、氨气等有毒有害气体泄漏的救援。

六是抢险救援车。一般具备起吊、牵引、发电、照明等功能，并搭配各种液压破拆、应急堵漏等抢险救援器材。

七是远程供水系统。茂名石化、镇海炼化、天津石化、上海石化、金陵石化、扬子石化、长岭炼化、安庆石化、中韩石化、海南炼化等企业配置了远程供水系统，一般为400L/s供水流量、3km供水距离。

八是其他救援车辆。除上述车辆外，还有水罐消防车、泡沫供液车、移动充气车、化学洗消车，以及应急发电、照明、排烟、运兵、环境监测、后勤保障等其他车辆。

3. 严抓队伍日常管理，提升队伍综合应急能力

一是严抓队伍的达标建设工作。中国石化专门制定了《专职应急队伍行动管理规范》《专职应急队伍业务训练管理规范》等五个规范性文件和一个考核大纲，从专职应急(消防)队的战备执勤、灭火救援行动、业务训练与考核、装备管理和正规化建设等方面，加强队伍日常建设，提高队伍的标准化、规范化管理水平，初步形成了应急消防业务上“五规范一大纲”的管理体系。

二是编制完善队伍救援预案。中国石化要求各企业消防队伍按照“1+N”模式编制预案，1是指每个队伍要有一个总体预案，明确组织机构、职责分工、出动程序等内容；N是指针对关键装置、要害部位制定“一点一案”“一罐一案”，累计制定生产装置、罐区灭火预案超过10000套。针对事故高发部位的概况、物料危险性、救援力量调动及部署、战术措施、

注意事项等内容开展巩固演练。同时，根据社会救援需要，还专门针对危险化学品道路运输等事故开展专项训练，研究制定处置措施，打造出能够科学处置道路运输事故的专业抢险救援队伍。

三是不断加强理论知识学习。各支队伍持续开展“理论学习日”活动，要求所有指战员做到坚持每周学，坚持每周利用课余时间开展一次作战训练安全知识学习，深化专项研学，全面筑牢理论基础；针对问题学，针对近年来行业内外发生的作战伤亡案例，有针对性开展学习，不断规范队伍作战训练安全规程，筑牢队伍内部安全基础；结合实际学；结合当前训战安全工作实际，学习解决关键问题的主要方法，切实取得作战训练安全专项整治的效果，强化安全意识、提高综合能力。

四是持续加强体技能训练。各支队伍坚持开展全员岗位大练兵与消防业务技能比武活动，依据季节特点及应急救援的实际，确定不同的训练比武科目，同时严格考核标准，按照不同序列设定考核难度，形成了“体能训练为基础、技能训练为提升、日常考核为抓手、战术训练为验证、比赛活动为载体”的练兵模式，不断强化队伍战斗力。及时总结奖励，设置专项奖励资金，同时制作奖状奖牌，调动训练考核积极性。

五是推动建立地企联勤联训工作机制。中国石化所属的消防队伍分布在全国各地，长期以来主动接受当地政府消防救援队伍的业务指导，配合建立地企协同机制。特别是根据习近平总书记“充分发挥我国应急管理体系特色和优势，积极推进我国应急管理体系和能力现代化”的重要指示精神，我们与各地消防救援队伍共训共练、救援合作，相互交流学习、共同提高应急救援工作能力和水平，更好地肩负起地企消防综合救援、防灾减灾、救急救难的职能作用。

六是建立应急联防机制。中国石化各企业之间建设了区域应急联防机制，按照地理区域划分 13 个应急联防区，由国家级危险化学品应急救援基地及具备重特大事故救援能力的骨干企业(队伍)为组长单位，整合区域内应急资源，做好协同应对重特大事故应急准备。同时，中国石化还牵头组织、推动建立了中国石化、中国石油、中国海油三大公司应急联动机制，通过研发的联动信息平台，建立应急资源共享数据库，定期组织联席会议、区域联防演习，在消防、危险化学品、长输管道、井控、海(水)上救助和防污染等方面加强应急救援配合协作。通过推动区域应急联防体系建设，解决应急资源分散割据、各自为战、重复建设等问题，形成了联防互助的应急资源保障体系。

4. 承担国家应急基地建设任务，积极履行央企社会责任

根据应急管理部(原国家安全生产监督管理总局)工作部署，中国石化积极履行社会责任，承担国家应急基地建设任务。目前，国家已经依托中国石化所属企业建设了多支危化品应急救援国家队，主要分布在京津冀、山东、珠三角等石化企业发达地区。

中国石化充分履行央企的政治责任和社会责任，在保障自身安全的同时，积极组织专职消防队伍参与外部各类事故救援。据不完全统计，中国石化所属队伍每年参与外部救援约 2000 起，外部救援次数占队伍出警数量超过 85%，逐步形成辐射周边的应急保障能力。特别是国家应急基地队伍充分发挥危化品事故应急救援优势，先后多次参与驻地周边大型火灾、泄漏等事故救援，例如中原油田、中韩石化等 7 支队伍参与河南暴雨洪灾救援、中原普光参与四川达州“6・1”火灾救援、天津石化参与“10・28”润滑油库火灾救援、青岛炼化参与“12・1”MTBE 罐车泄漏救援，都获得了各级政府的高度肯定和通报表彰。

第三章　消　防　员

第一节　消防员职业规划

一、消防类职业资格

根据中华人民共和国人力资源和社会保障部颁发的《国家职业资格目录(2021年版)》，消防和应急救援类的职业资格包括消防和应急救援人员、消防设施操作员、注册消防工程师等3个。

1. 消防和应急救援人员

在《国家职业资格目录(2021年版)》中，消防和应急救援人员分为消防员、森林消防员和应急救援员3个小类，均为水平评价类，属于技能人员序列，根据2019年12月30日国务院常务会议精神，计划依法调整为准入类职业资格。

(1) 消防员

消防员职业资格根据《关于印发灭火救援员国家职业技能标准的通知》(人社厅发〔2011〕18号)设定，实施部门是消防行业技能鉴定机构。

2011年，人社部和公安部联合发文《关于印发灭火救援员国家职业标准的通知》(人社厅发〔2011〕18号)，将由原职业大典中的"灭火员"和"消防抢险救援员"合并成立新的"灭火救援员"职业工种。

2015年7月29日，国家职业分类大典修订工作委员会颁布了《中华人民共和国职业分类大典(2015年版)》，将"灭火救援员"(职业编码：302030100)，调整为"消防员"(职业编码：30203010015)。

所以，不同年代取得的"灭火员""灭火救援员"职业资格证书等同于"消防员"职业资格证书。

(2) 应急救援员

2019年1月14日，由人力资源和社会保障部、应急管理部共同修订的《应急救援员国家职业技能标准》正式颁布实施，职业定义是"从事突发事件的预防与应急准备，受灾人员和公私财产救助，组织自救、互救及救援善后工作的人员"。

本职业共设五个等级，即五级、四级、三级、二级和一级，分别对应初级工、中级工、高级工、技师和高级技师。五级是最初级的资格证，为应急救援通用技能鉴定；四级、三级和二级包含陆地搜索与救援、危险化学品应急救援、矿山(隧道)救援、水域搜索与救援四个专业方向的技能鉴定，一级为综合应急救援指挥员能力鉴定。其中新增了危险化学品应急救援、矿山(含隧道)应急救援两个专业方向，标志着我国安全生产应急救援职业化建设掀开了新的历史篇章。

职能技能鉴定方式包括理论知识考试、技能考核以及综合评审。危险化学品应急救援方向应急救援员的技能鉴定以危险化学品应急救援处置、应急救援装备、技战术操法为重点。例如，“危险化学品事故应急救援与处置”部分，将分为固体、液体、气体危险化学品事故泄漏处置与火灾爆炸、中毒窒息、灼伤、遇水反应等典型危险化学品事故类型，选取典型、常见危险化学品，要求考生对应急救援处置方法进行阐述。“危险化学品应急救援装备”部分，将结合应急处置实际需求，按照个人防护、侦检、破拆、灭火、堵漏、救生、洗消进行分类，选取常用装备进行考核。

2. 消防设施操作员

在《国家职业资格目录(2021 年版)》中，消防设施操作员为准入类，根据《中华人民共和国消防法》设定，实施部门是消防行业技能鉴定机构，属于技能人员序列。

2008 年 1 月 2 日，原劳动和社会保障部批准施行了《建(构)筑物消防员》国家职业标准，其职业定义是“从事建筑物、构筑物消防安全管理、消防安全检查和建筑消防设施操作与维护等工作的人员”，主要工作内容包括消防安全检查、消防控制室监控、建筑消防设施操作与维护、消防安全管理等。

2015 年 7 月 29 日，国家职业分类大典修订工作委员会颁布了《中华人民共和国职业分类大典(2015 年版)》，新修订的职业分类大典将“建(构)筑物消防员”(职业编码：302030400)，调整为“消防设施操作员”(职业编码：40705040015)。

2017 年 9 月，经国务院同意，人力资源和社会保障部公布《国家职业资格目录清单》，将“消防设施操作员”职业纳入准入类职业资格范围。

2019 年 6 月，人力资源和社会保障部联合应急管理部制定了《消防设施操作员国家职业技能标准(2019 年版)》，新版标准规定“消防设施操作员”含有设施监控、设施操作、设施保养、设施维修、设施检测、技术管理和培训 6 个职业功能。

所以，由消防行业职业技能鉴定指导中心颁发的“建(构)筑物消防员”职业资格证书等同于“消防设施操作员”职业资格证书。

目前，消防设施操作员职业共设五个等级，分别为：初级消防设施操作员(国家职业资格五级)、中级消防设施操作员(国家职业资格四级)、高级消防设施操作员(国家职业资格三级)、消防设施操作技师(国家职业资格二级)、消防设施操作高级技师(国家职业资格一级)。

鉴定方式分为理论知识考试和技能操作考核。理论知识考试采用闭卷笔试方式，技能操作考核采用建筑消防设施实际操作、功能测试等方式。理论知识考试和技能操作考核均实行百分制。消防设施操作技师、消防设施操作高级技师还须进行综合评审。

目前国家对于消防安全重点单位、社会消防技术服务机构等，都要求有一定数量的人员持有消防设施操作证书。根据国务院办公厅印发的《消防安全责任制实施办法的通知》(国办发〔2017〕87 号)，容易造成群死群伤火灾的人员密集场所、易燃易爆单位和高层、地下公共建筑等火灾高危单位，自动消防设施操作人员应取得建(构)筑物消防员资格证书(“消防设施操作员”职业资格证书)。根据《社会消防技术服务管理规定》(2021 年 9 月 13 日应急管理部令第 7 号公布，自 2021 年 11 月 9 日起施行)，从事消防设施维护保养检测的消防技术服务机构，消防设施操作员不得少于 6 人，其中中级技能等级以上的不得少于 2 人。

3. 注册消防工程师

在《国家职业资格目录(2021 年版)》中，注册消防工程师为准入类，根据《中华人民共和国消防法》《注册消防工程师制度暂行规定》设定，实施部门是应急管理部与人力资源和社会保障部，属于专业技术人员序列。

2012 年 9 月 27 日，人力资源和社会保障部、公安部联合印发《注册消防工程师制度暂行规定》(人社部发〔2012〕56 号)，为了提高消防专业技术人员能力和素质，加强消防专业技术人员队伍建设，保证消防安全技术服务与管理质量，该规定首次明确了注册消防工程师的考试、注册、执业、权利与义务等相关要求。

其中明确要求，国家对依法从事消防安全技术工作的专业技术人员，实行准入类职业资格制度，纳入全国专业技术人员职业资格证书制度统一规划。注册消防工程师，是指经考试取得相应级别注册消防工程师资格证书，并依法注册后，从事消防设施检测、消防安全监测等消防安全技术工作的专业技术人员。注册消防工程师分为高级注册消防工程师、一级注册消防工程师和二级注册消防工程师。一级注册消防工程师资格实行全国统一大纲、统一命题、统一组织的考试制度。考试原则上每年举行一次；各省、自治区、直辖市按照全国统一的考试大纲和相关规定组织实施二级注册消防工程师资格考试。

2017 年 2 月 27 日，公安部印发《注册消防工程师管理规定》，进一步加强对注册消防工程师的管理，规范注册消防工程师的执业行为，保障消防安全技术服务与管理质量。

其中明确要求，注册消防工程师实行注册执业管理制度。注册消防工程师分为一级注册消防工程师和二级注册消防工程师。一级注册消防工程师可以在全国范围内执业；二级注册消防工程师可以在注册所在省、自治区、直辖市范围内执业。一级注册消防工程师的执业范围包括：消防技术咨询与消防安全评估、消防安全管理与消防技术培训、消防设施维护保养检测(含灭火器维修)、消防安全监测与检查、火灾事故技术分析、公安部或者省级公安机关规定的其他消防安全技术工作。

经过 10 年左右的考试取证，目前全国持有注册消防工程师证书的人员约为 1.5 万人。根据《社会消防技术服务管理规定》(2021 年 9 月 13 日应急管理部令第 7 号公布，自 2021 年 11 月 9 日起施行)，从事消防设施维护保养检测、消防安全评估的消防技术服务机构，注册消防工程师均不得少于 2 人，其中一级注册消防工程师不得少于 1 人；消防技术服务机构应当设立技术负责人，技术负责人应当具备一级注册消防工程师资格。

二、国家综合性消防救援队伍衔级制度

国家综合性消防救援队伍建立了衔级制度，消防救援衔是区分消防救援人员等级、表明消防救援人员身份的称号和标志，是国家给予消防救援人员的荣誉。

根据《中华人民共和国消防救援衔条例》规定，消防救援衔按照管理指挥人员、专业技术人员和消防员分别设置。管理指挥干部消防救援衔设三等十一级；专业技术干部消防救援衔设两等八级，在消防救援衔前冠以“专业技术”；消防员消防救援衔设三等八级。

1. 管理指挥干部消防救援衔

总监、副总监、助理总监；

指挥长：高级指挥长、一级指挥长、二级指挥长、三级指挥长；

指挥员：一级指挥员、二级指挥员、三级指挥员、四级指挥员。

2. 专业技术干部消防救援衔

指挥长：高级指挥长、一级指挥长、二级指挥长、三级指挥长；

指挥员：一级指挥员、二级指挥员、三级指挥员、四级指挥员。

3. 消防员消防救援衔

高级消防员：一级消防长、二级消防长、三级消防长；

中级消防员：一级消防士、二级消防士；

初级消防员：三级消防士、四级消防士、预备消防士。

消防员按照下列工作年限编制消防救援衔。

（1）工作满24年的：一级消防长；

（2）工作满20年的：二级消防长；

（3）工作满16年的：三级消防长；

（4）工作满12年的：一级消防士；

（5）工作满8年的：二级消防士；

（6）工作满5年的：三级消防士；

（7）工作满2年的：四级消防士；

（8）工作2年以下的：预备消防士。

三、企业专职消防队伍职业通道设计

企业专职消防队伍一般根据所属企业组织机构设计和人事劳资管理制度，建立队内人员的职业通道。2016年，公安部等国家十三部委联合下发了《关于规范和加强企业专职消防队伍建设的实施意见》（公通字〔2016〕25号），要求加强规范建设管理，落实综合保障措施。部分省市也根据意见要求，制定下发了相应的实施意见。

各级企业积极落实政府管理要求，不断加强所属专职消防队伍建设，提高队伍的职业化、专业化水平。其中部分企业结合自身实际，在队员职业规划、成长通道、薪酬待遇等方面建立了相对成熟的管理机制。以下以中国石化扬子石化消防中心和燕山石化消防中心为例进行说明。

1. 扬子石化消防中心

扬子石化消防中心主要承担扬子石化公司及周边地区应急救援工作，下设一、二、三、特勤4个大队和有毒有害气体防护站、生活区消防站等6个基层单位，现有人员310余人，各类车辆60余台。

扬子石化消防中心经过长期摸索，消防中心不断完善消防员岗位设置、档级设置以及绩效考核等工作，建立了一套相对完整的薪酬机制。中心对于一线人员细分了消防员、驾驶员、通信员等岗位，并设有专门的岗位津贴，在绩效考核上按照各岗位详细制定了考核细则和具体实施方案。在档级设置上，设置有高级一档、高级二档、中级三档、中级四档、初档五个档级，工资按照档级发放。评档晋级工作由中心统一组织，具体晋升条件如下：

（1）高级一档：在班长、驾驶员岗位任职10年（含）以上；持一级消防员（通信员、火警调度员）资质；近三年的绩效考核为2A及1B以上。

（2）高级二档：在班长、驾驶员岗位任职5年（含）以上，包含副职任职时间，以及任副班长8年（含）以上的和工龄10年（含）以上；持一级消防员（通信员、火警调度员）资质；近三年的绩效考核为1A、1B+、B以上。

（3）中级三档：在班长、驾驶员岗位任职1年（含）以上，包含副职任职时间，以及任职副班长两年（含）以上的和工龄5年（含）以上；持一级消防员（通信员、火警调度员）资质；近三年的绩效考核为1B+、2B以上。

（4）中级四档：工作两年（含）以上；近两年的绩效考核为B及以上。

（5）初档：经培训考核合格正式上岗人员。

（6）年度绩效考核为C的或连续3个月绩效考核不满95分、累计6个月绩效考核不满90分的（除初级外）下降一档执行，连续两年绩效考核为C的，退回劳务公司。

同时，对于符合以下要求的人员给予优先晋级的条件。

（1）获得省级业务竞赛个人第一名，全国业务竞赛个人前三名，省级以上五一劳动奖章、青年岗位能手称号的，直接晋升一级。

（2）获得省级业务竞赛个人第二、三名，及全国业务竞赛个人第四、五、六名，可提前两年晋级；获得市级业务竞赛个人第一名可提前一年晋级。

（3）获得见义勇为等其他公司级及以上荣誉称号的，可酌情提前晋级。

（4）获得以上荣誉的高级一档人员，由中心向公司申请给予一次性激励。

扬子石化消防中心通过合理建设岗位系列，优化人力资源配置，更加适应现阶段市场用工的需求，激发了全员工作热情，增加了员工的归属感、使命感和责任感，有效提升了应急救援能力。

2. 燕山石化消防中心

燕山石化消防中心成立于1969年，主要承担燕山石化公司及周边地区应急救援工作，下设一中队、三中队、四中队、五中队、六中队、有毒有害气体防护站等基层队伍，现有人员270余人，各类车辆50余台。

燕山石化消防中心针对近年出现的职工队伍老化、新员工招聘难、员工流失率高等问题，从创新用工方式、优化值班模式、压实岗位责任、业务技能竞赛等多方面加强队伍建设，逐渐形成一套符合中心实际的队伍建设体系。

（1）创新用工方式添活力。燕山石化消防中心从2019年开始探索“442”原则的用工模式，即总体用工分为40%的正式工、40%的阶段性用工、20%的劳务用工。按照目前的国企人事管理政策，虽然各类用工形式的合同主体不同，但全部实行同工同酬，管理要求统一标准。这样既保持正式工的相对稳定，又通过其他用工形式保持队伍整体活力。特别是对新消防员的轮换按照阶段性用工方式进行合同到期人员的正常轮换；对于消防班长、泵浦操作工等关键岗位继续采用劳务用工形式，延聘优秀合同到期人员，既满足了用人需要，也是对优秀消防员的一种肯定，有效提升了他们的职业认同感和归属感。

（2）优化值班模式增动力。优化基层干部队伍配置，激励技能操作人员岗位成才，增设值班长（初级指挥员）岗位，为员工提供多维度的发展空间。调整战备值班层级，由原来的中心、战训科、中队三级战备值班调整为中心、中队两级战备值班，减少值班频次，加大值班力量，使基层领导人员能够腾出更多的时间和精力抓队伍管理与技术能力提升。2020年，燕山石化消防中心为规范技能操作岗位设置与管理，打通岗位晋级通道，制定了《燕山石化消防中心技能操作人员流动配置指导意见（试行）》，对35名符合要求的技能操作人员进行了岗位调整。

（3）压实岗位责任提效力。燕山石化消防中心一直关注人才培养，致力打造一流的人才队伍。一是依据基层中队人员构成和战斗编程的实际，重新核定班组长岗位职数，开展班长竞聘工作，重新选聘了14名正班长、12名副班长，为中心夯实班组管理注入强劲动力。二是进一步压实班长责任，班组的体技能训练、政治学习、业务学习、维护稳定等重点工作与班组的绩效挂钩。三是创建安全班组，加强“一长三员”履职能力，将班组党员作用发挥、安全风险识别、安全措施落实、工伤事故预防、班员心理健康等列入安全班组重要管控事项。四是拓展职业技能，从2019年开始分批选派业务精、技能好、素质高的优秀消防员参加职业技能资格取证，目前已有一百多名消防员取得国家应急救援员职业资格证书。五是提高职业安全感，为全体消防员购买意外伤害保险，提高专职消防员职业伤害保障水平。

（4）业务技能竞赛展实力。自2018年以来，燕山石化消防中心分别启动了冬季全员岗位大练兵与夏季消防业务技能比武活动，依据季节特点及应急救援的实际确定不同的训练比武科目，同时严格考核标准，按照不同序列分别设定考核难度，形成了以冬季体能训练为基础、夏季技能训练为提升、日常考核为抓手、战术训练为验证、比赛活动为载体的考核体系，贯穿全年引领职工思想提升、强化队伍战斗力。在体能技能大赛活动中，每个活动结束后及时总结奖励，设置专项奖励资金，同时制作奖状奖牌，让各类先进人物上台发言交流经验，肯定每一个进步的个人和集体，员工的荣辱感集体感归属感极大增强。

四、消防员招录条件与范围

1. 应急管理部关于国家综合性消防救援队伍面向社会招录消防员的要求

（1）具有中华人民共和国国籍。

（2）遵守宪法和法律，拥护中国共产党领导和社会主义制度。

（3）志愿加入国家综合性消防救援队伍。

（4）年龄为18周岁以上、22周岁以下。大学专科以上学历人员、解放军和武警部队退役士兵、具有2年以上灭火救援实战经验的政府专职消防队员和政府专职林业扑火队员，年龄可以放宽至24周岁；对消防救援工作急需的特殊专业人才，经批准年龄可以进一步放宽，原则上不超过28周岁。

（5）具有高中以上文化程度。

（6）身体和心理健康。

（7）具有良好的品行。

（8）法律、法规规定的其他条件。

高校应届毕业生须为参加全国普通高等学校（含研究生培养单位）招生统一考试，取得全日制大学专科以上学历和相应学位的当年应届毕业生。

退役士兵须为解放军或武警部队服役期满退役士兵（含国家综合性消防救援队伍工作期满退出消防员），以作战部队退役义务兵为主。

年龄放宽至24周岁的政府专职消防队员和政府专职林业扑火队员，须在基层一线灭火救援岗位（按基层站、队战斗班组人员编组认定）工作，具有2年以上直接从事消防救援实战工作经历。

2. 企业专职消防队伍面向社会招录消防员的要求

目前，多数企业专职消防队伍参照国家综合性消防救援队伍确定招录要求。

石化企业专职消防队伍特别欢迎具有化工专业知识背景的应届毕业生、退役军人报名，在年龄方面一般会适当放宽。

第二节　消防员岗位职责

消防队伍内部一般设有班长、战斗员、驾驶员、火警调度员、战勤员等一线岗位，每个岗位工作职责不同，互为补充。具体内容如下：

一、班长的主要职责

(1) 负责本班的日常管理工作，确定本班岗位分工，掌握本班战斗车辆所配备的消防设备器材性能、状况，组织本班的交接班工作；

(2) 负责组织本班的学习、训练工作，落实一日生活作息制度；

(3) 熟练掌握本中队责任区内、增援责任区内所有灭火作战方案和本班的停车位置及战斗任务；

(4) 正确熟练使用和操作本班战斗车辆配备的各种消防器材和自身防护装备，正确使用通信工具、联络用语、手势，掌握各种通信联络方法及信号；

(5) 在执行火警、抢险任务时，负责指挥本班人员实施战斗展开，完成救援任务；

(6) 完成救援任务后，及时检查灭火器材装备完好情况，迅速恢复战备值班。

二、战斗员的主要职责

(1) 积极参加学习和训练，做好各项执勤备战工作；

(2) 熟练掌握装备器材知识，保持个人装备和负责的器材完好；

(3) 熟练掌握本中队责任区内、增援责任区内所有灭火作战方案和本班的停车位置及战斗任务；

(4) 听到出动信号，迅速着装，按规定位置乘车；

(5) 在执行火警、抢险任务时，执行班长和中队指挥员的命令，完成战斗任务；

(6) 完成救援任务后，负责检查、清点自己分管的器材工具，及时补充灭火剂和灭火器材，迅速恢复战备值班。

三、驾驶员的主要职责

(1) 负责车辆及泵浦系统的日常维护和保养工作，定期对车辆各系统进行检查、调试；

(2) 熟悉责任区的道路情况及重点装置、重点部位的基本情况，熟练掌握消防车的技术性能和消防泵浦系统技术性能，并能正确操作使用；

(3) 在执行火警、抢险任务时，安全、迅速驾驶车辆驶向准确地点；

(4) 在灭火战斗中，坚守岗位，严格按照操作规程正确操作泵浦等车载系统，正确供给灭火剂；

(5) 完成救援任务后，及时补充油、水、电、气、灭火剂，检查保养车辆，发现故障，及时排除，恢复战备值班。

四、火警调度员的主要职责

(1) 熟练掌握责任区内的单位名称、水源、道路、消防设施情况，掌握本责任区的灭火预案；

(2) 当班期间坚守岗位，及时准确受理报警，清晰准确发布出动信号，正确使用操作相关软件系统，准确填写出动记录；

(3) 在执行火警、抢险任务时，配合救援现场做好通信联络工作；

(4) 维护保养通信设备，发现故障，及时报告和修复，保证通信联络畅通；

(5) 负责填写值班记录并向上级报告当天的值班人员、车辆流动情况及当天本责任区的水源、道路情况。

五、战勤员的主要职责

(1) 熟练掌握责任区的单位名称、地理位置、交通道路、消防水源和单位内部的有关情况及各重点部位的灭火预案；

(2) 掌握各种通信器材的使用方法，熟知各级指挥、各支(中)队使用通信器材的频点，熟悉电台密语和重点单位以及有关部门的电话号码；

(3) 在执行火警、抢险任务时，做好音视频信息采集、通信保障等工作；

(4) 完成救援任务后，及时做好火灾信息汇总、上报等工作；

(5) 维护保养通信设备，发生故障要及时修复，保证通信联络畅通。

第二篇

消防员日常学习知识

第四章　火灾爆炸基础知识

在流程工业中，由于介质易燃易爆，存在富氧或氧化剂的工作环境，设备、容器受温、受压、易被腐蚀。鉴于此，灭火时要从燃烧条件方面的问题入手，从针对火灾发生的原理、不同火灾的分类、灭火的原理以及典型火灾的扑救等方面入手，从而有效地控制和扑灭火灾。因此，消防员需要全面地了解燃烧的相关概念以及危险化学品的控制方法。

第一节　燃烧的规律和条件

一、燃烧概念

燃烧是指可燃物与氧化剂产生化学作用而发生的放热反应，通常伴有火焰、发光和(或)发烟现象。燃烧的反应过程极其复杂，游离基的链锁反应是燃烧反应的实质，光和热是燃烧过程中发生的物理现象。

二、燃烧类型

燃烧有四种类型：闪燃、着火、自燃和爆炸。

1. 闪燃

闪燃有两种含义：

(1) 易燃、可燃液体(包括具有升华性质的可燃固体)表面挥发的蒸气浓度随其温度上升而增大，这些蒸气与空气形成混合气体。当蒸气达到一定浓度时，如与火源接触，就会产生一闪即灭的瞬间燃烧，这种现象称为闪燃。

(2) 当可燃物在密闭的室内着火时，这些有机物因燃烧分解出可燃性物质，由于密闭空间氧气被耗尽，致使火焰在短时间内熄灭而呈阴燃冒烟状态。然而可燃物均已达临界点，并充满不完全燃烧气体，当有新鲜空气突然灌入时，所有可燃物表面将全都一起燃烧，造成一片火海，极为致命。这种现象也称为闪燃，亦称燃爆。

闪点是在规定的试验条件下，液体(固体)表面能产生闪燃的最低温度。同系物中异构体比正构体的闪点低；同系物的闪点随其分子量的增加而升高，随其沸点升高而升高。各组分混合液，如汽油、煤油等，其闪点随沸程的增加而升高；低闪点液体和高闪点液体形成的混合液，其闪点低于这两种液体闪点的平均值。木材的闪点在260℃左右。

闪点的意义：

(1) 闪点是生产厂房的火灾危险性分类的重要依据；

(2) 闪点是储存物品仓库的火灾危险性分类的依据；

(3) 闪点是甲、乙、丙类危险液体分类的依据；

(4) 以甲、乙、丙类液体分类为依据规定了厂房和库房的耐火等级、层数、占地面积、安全疏散、防火间距、防爆设置等；

(5) 以甲、乙、丙类液体分类为依据规定了液体储罐、堆场的布置、防火间距、可燃和助燃气体储罐的防火间距，液化石油气储罐的布置、防火间距等。

2. 着火

可燃物在与空气共存的条件下，当达到某一温度时，与着火源接触即能引起燃烧，并在着火源离开后仍能持续燃烧，这种持续燃烧的现象叫着火。

3. 自燃

可燃物质在没有外部明火焰等火源作用下，因受热或自身发热并蓄热所产生自行燃烧的现象。根据热源的不同，物质自燃分为自热自燃和受热自燃两种。在通常条件下，一般可燃物质和空气接触都会发生缓慢的氧化过程，但速度很慢，析出的热量也很少，同时不断向四周环境散热，不能像燃烧那样发出光。如果温度升高或其他条件改变，氧化过程就会加快，析出的热量增多，不能全部散发掉就积累起来，使温度逐步升高。当到达这种物质燃烧的最低温度也就是该物质的着火点时，就会自行燃烧起来，这就是自燃。使某种物质受热发生自燃的最低温度就是该物质的自燃温度。

4. 爆炸

在极短时间内，释放出大量能量，产生高温，并放出大量气体，在周围介质中造成高压的化学反应或状态变化，同时破坏性极强。爆炸是一种极为迅速的物理或化学的能量释放过程。在此过程中，空间内的物质以极快的速度把其内部所含有的能量释放出来，转变成机械功、光和热等能量形态。所以一旦失控，发生爆炸事故，就会产生巨大的破坏作用。爆炸发生破坏作用的根本原因是构成爆炸的体系内存有高压气体或在爆炸瞬间生成的高温高压气体。爆炸体系和它周围的介质之间发生急剧的压力突变是爆炸的最重要特征，这种压力差的急剧变化是产生爆炸破坏作用的直接原因。

三、燃烧的必要条件

物质燃烧过程的发生和发展，必须具备以下三个必要条件，即：可燃物、氧化剂(助燃物)和温度(点火源)。这三个必要条件可表示成“燃烧三角形”和“燃烧四面体”，见图 4-1、图 4-2。

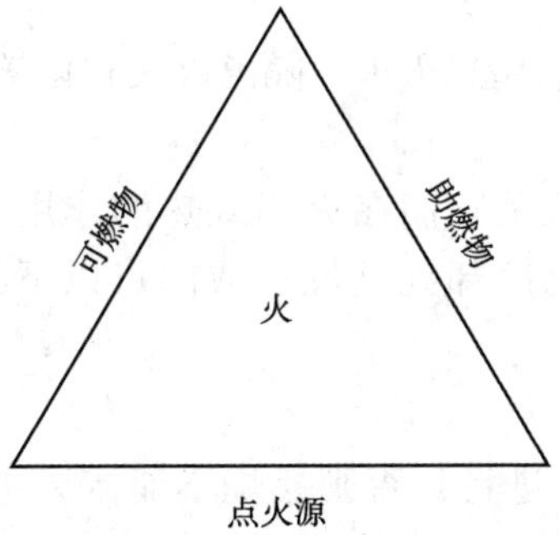

图 4-1　燃烧三角形

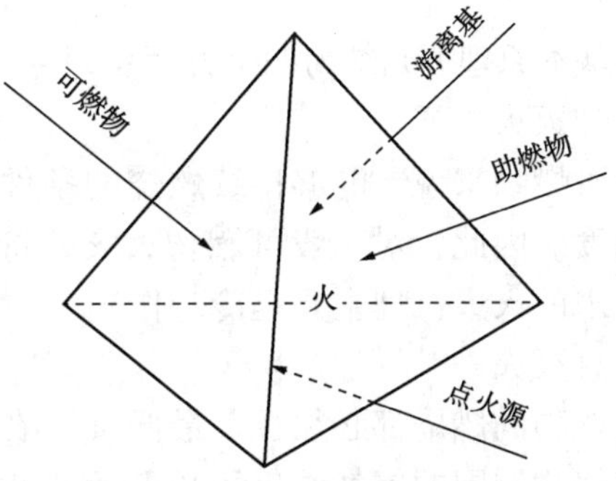

图 4-2　燃烧四面体

可燃物——凡是能与空气中的氧或其他氧化剂起化学反应的物质都称为“可燃物”，如木材、氢气、汽油、煤炭、纸张、硫等。可燃物按其化学组成，可分为无机可燃物和有机可燃物两大类。从数量上讲，绝大部分可燃物为有机物，少部分为无机物。按其所处的状态，又可分为可燃固体、可燃液体和可燃气体三大类。对于这三种状态的可燃物来说，其燃烧难易程度是不同的，一般是气体比较容易燃烧，其次是液体，最后是固体。可燃物是燃烧不可缺少的一个首要条件，是燃烧的内因，没有可燃物，燃烧就根本不能发生。

氧化剂——帮助和支持可燃物燃烧的物质，即能与可燃物发生氧化反应的物质称为氧化剂。燃烧过程中的氧化剂主要是空气中游离的氧，另外如氟、氯等也可以作为燃烧反应的氧化剂。

温度(点火源)——是指供给可燃物与氧或助燃剂发生燃烧反应的能量来源。常见的是热能，其他还有从化学能、电能、机械能等转变而来的热能。

第二节　防火防爆

一、火灾分类

根据国家标准 GB/T 4968—2008《火灾分类》的规定，火灾根据可燃物的类型和燃烧特性，分为 A、B、C、D、E、F、K 七类。

A 类火灾：指固体物质火灾。这种物质通常具有有机物质性质，一般在燃烧时能产生灼热的余烬。如木材、煤、棉、毛、麻、纸张等火灾。

B 类火灾：指液体或可熔化的固体物质火灾。如煤油、柴油、原油、甲醇、乙醇、沥青、石蜡等火灾。

C 类火灾：指气体火灾。如煤气、天然气、甲烷、乙烷、丙烷、氢气等火灾。

D 类火灾：指金属火灾。如钾、钠、镁、铝镁合金等火灾。

E 类火灾：带电火灾。物体带电燃烧的火灾。

F 类火灾：烹饪器具内的烹饪物(如动植物油脂)火灾。

K 类火灾：食用油类火灾。通常食用油的平均燃烧速率大于烃类油，与其他类型的液体火相比，食用油火很难被扑灭，由于有很多不同于烃类油火灾的行为，它被单独划分为一类火灾。

二、灭火原理

灭火的基本原理可归纳为四个方面。即冷却灭火、窒息灭火、隔离灭火和化学抑制灭火。

(1) 冷却灭火

对一般可燃物来说，能够持续燃烧的条件之一就是它们在火焰或热的作用下达到了各自的着火温度。因此，对一般可燃物火灾，将可燃物冷却到其燃点或闪点以下，燃烧反应就会中止。水的灭火机理主要是冷却作用。

(2) 窒息灭火

各种可燃物的燃烧都必须在其最低氧气浓度以上进行，否则燃烧不能持续进行。因此，通过降低燃烧物周围的氧气浓度可以起到灭火的作用。通常使用的二氧化碳、氮气、水蒸气等的灭火机理主要是窒息作用。

(3) 隔离灭火

把可燃物与引火源或氧气隔离开来，燃烧反应就会自动中止。火灾中，关闭有关阀门，切断流向着火区的可燃气体和液体的通道；打开有关阀门，使已经发生燃烧的容器或受到火势威胁的容器中的液体可燃物通过管道导至安全区域，都是隔离灭火的措施。

（4）化学抑制灭火

使用灭火剂与链式反应的中间体自由基反应，从而使燃烧的链式反应中断使燃烧不能持续进行。常用的干粉灭火剂、七氟丙烷灭火剂的主要灭火机理就是化学抑制作用。

三、常用灭火剂

灭火剂是能够有效破坏燃烧条件，抑制或终止燃烧的物质。常用灭火剂有水、泡沫灭火剂、干粉灭火剂和二氧化碳灭火剂等。

1. 水

由于水具有较高的比热容和汽化热，因此在灭火中其冷却作用十分明显，其灭火机理主要依靠冷却和窒息作用进行灭火。主要缺点是产生水渍损失和造成污染。

（1）适用范围

根据水的形态不同，适用范围也不同。

① 直流水。可以扑救下列各类火灾：一般固体物质火灾、阴燃物质的火灾、闪点在120℃以上、常温下呈半凝固状态的重油火灾；利用直流水的冲击力，可切断或驱逐火焰，如扑救石油和天然气井喷火灾。

② 开花水（滴状水）。除了可扑救一般可燃固体物质火灾外，还可扑救纤维物质、谷物堆囤等火灾。

③ 喷雾水（雾状水）。可扑救下列各类火灾：重油或沸点高于80℃的石油产品火灾；粉尘火灾，纤维物质、谷物堆囤等固体可燃物质火灾；带电的电气设备火灾，如油浸式电力变压器，充有可燃油的高压电容器、油断路器等。

④ 水蒸气。对于汽油、煤油、柴油和原油等可燃液体，当燃烧区的水蒸气浓度达到35%以上，燃烧就会停止；利用水蒸气扑救高温设备火灾时不会引起高温设备的变形和破坏；水蒸气主要适用于容积较小的密闭厂房，以及空气不流通的地方或燃烧面积大的火灾。

（2）水不能扑救的火灾

① 碱金属不能用水扑救。因为水与碱金属（如金属钾、钠）作用后能使水分解而生成氢气和放出大量热，容易引起爆炸。

② 碳化碱金属、氢化碱金属不能用水扑救。如碳化钾、碳化钠、碳化铝和碳化钙以及氢化钾、氢化镁等遇水能发生化学反应，放出大量热，可能引起着火和爆炸。

③ 轻于水的和不溶于水的易燃液体，原则上不可以用水扑救。

④ 熔化的铁水、钢水不能用水扑救，因铁水、钢水温度约在1600℃，水蒸气在1000℃以上时能分解出氢和氧，有引起爆炸的危险。

⑤ 三酸（硫酸、硝酸、盐酸）不能用强大水流扑救，必要时，可用喷雾水流扑救。

⑥ 高压电气装置火灾，在没有良好接地设备或没有切断电流的情况下，一般不能用水扑救。

（3）注意事项

① 防止结冰。水温0℃以下便会结冰，体积扩大，可能会对管道和设备造成损失，因此要做好保温措施。

② 防止化学性燃烧爆炸。要特别注意一些物质遇水会反应，从而引起爆炸。

③ 防止物理性爆炸。当水射流触及高温设备，水滴瞬时液化，体积骤增，从而造成物理爆炸。

④ 防止水渍损失。扑救一些精密仪器、工艺品、重要档案资料或图书时，要防止水渍损失，减少次生危害。

⑤ 局限性。下列几种情况特别注意：不可扑救“遇水燃烧的物质”，如钠、钾等轻金属；不能用直流水扑救可燃粉尘聚集的火灾；不能用直流水扑救高压电气设备；不可以扑救高温生产装置；不能用水扑救存有大量浓盐酸、浓硝酸、盐酸等场所的火灾，防止飞溅。

2. 泡沫灭火剂

通过与水混溶、采用机械或化学反应的方法产生泡沫的灭火剂。主要通过冷却、窒息作用灭火。泡沫灭火剂的灭火机理是在着火的燃烧物表面上形成一个连续的泡沫层，本身和所析出的混合液对燃烧物表面进行冷却，以及通过泡沫层的覆盖作用使燃烧物与氧隔绝而灭火。泡沫灭火剂的主要缺点是存在水渍损失和污染、不能用于带电火灾的扑救。

目前，在灭火系统中使用的泡沫主要是空气机械朊基泡沫。按发泡倍数可分为三种：发泡倍数在20倍以下的称为低倍数泡沫；在21~200倍的称为中倍数泡沫；在201~1000倍的称为高倍数泡沫。

（1）适用范围

泡沫灭火剂主要用来扑救易燃液体火灾，对固体火灾扑救也非常有效。

（2）注意事项

使用泡沫灭火剂的局限性：不宜扑救带电设备火灾；不宜扑救金属火灾；不宜扑救气体火灾；不宜扑救浓酸场所火灾。

3. 干粉灭火剂

干粉灭火剂是用于灭火的干燥、易于流动的微细粉末，由具有灭火效能的无机盐和少量添加剂组成。通过化学抑制和窒息作用灭火。分为BC干粉和ABC干粉两类。

干粉灭火剂主要通过在加压气体的作用下喷出的粉雾与火焰接触、混合时发生的物理、化学作用灭火。一是靠干粉中的无机盐的挥发性分解物与燃烧过程中燃烧物质所产生的自由基或活性基发生化学抑制和负化学催化作用，使燃烧的链式反应中断而灭火；二是靠干粉的粉末落到可燃物表面上，发生化学反应，并在高温作用下形成一层覆盖层，从而隔绝氧窒息灭火。干粉灭火剂的主要缺点是对于精密仪器易造成污染。

（1）适用范围

普通干粉灭火剂主要用于扑救液体、气体物质火灾；多用途干粉灭火剂对于固体、气体和液体火灾均可扑救。

（2）注意事项

干粉灭火剂容易复燃，灭火时特别注意。

4. 二氧化碳灭火剂

二氧化碳是一种气体灭火剂，在自然界中存在也较为广泛，价格低、获取容易，其灭火主要依靠窒息作用和部分冷却作用。主要缺点是灭火需要浓度高，会使人员受到窒息毒害。其具有灭火速度快、污染小的优点。

（1）适用范围。适用于电气设备、精密仪器、图书档案等贵重物品。

（2）注意事项。对于自身能产生氧的化学物质火灾，以及活泼金属及其氢化物、能自然分解的化学物品等引起的火灾不宜扑救。

5. 七氟丙烷灭火剂

七氟丙烷在常温下气态，无色无味、不导电、无腐蚀，无环保限制，大气存留期较短。

灭火机理主要是中断燃烧链，灭火速度极快，这对抢救性保护精密电子设备及贵重物品是有利的。20 世纪 90 年代初，工业发达国家首选用七氟丙烷替代哈龙灭火系统并取得成功。

七氟丙烷虽然在室温下比较稳定，但在高温下仍然会分解，并产生氟化氢，产生刺鼻的味道。其他燃烧产物还包括一氧化碳和二氧化碳。接触液态七氟丙烷可以导致冻伤。

灭火剂与灭火设施需要根据石油化工企业生产工艺条件、原材料和中间产品的性质、建筑物的特点进行选择。

四、主要危化品理化性质及应急处置

危化品主要可分为有毒气体、易燃气体、易燃液体、酸性腐蚀液体、固态可燃物等类型。危化品可能具备多种性质，如既是有毒气体，又是易燃气体。

1. 有毒气体

常见的有毒气体有硫化氢、一氧化碳、二氧化硫、氯气、光气、双光气等。有毒气体按照对人体的危害分为神经性麻痹毒气、呼吸系统麻痹毒气和肌肉麻痹毒气三种。按照对人体的伤害原理可分为刺激性气体和窒息性气体。刺激性气体是指对眼和呼吸道黏膜有刺激作用的气体。它是化学工业常遇到的有毒气体。刺激性气体的种类甚多，最常见的有氯、氨、氮氧化物、光气、氟化氢、二氧化硫等。窒息性气体是指能造成机体缺氧的有毒气体。窒息性气体可分为单纯窒息性气体、血液窒息性气体和细胞窒息性气体。如氮气、甲烷、乙烷、乙烯、一氧化碳。

2. 易燃气体

常见易燃气体有氢、甲烷、丙烷、乙烯、乙烷、乙炔等烃类，还有硫化氢。

（1）易燃易爆性

易燃气体的主要危险性是易燃易爆性，所有处于燃烧浓度范围之内的易燃气体，遇火源都可能发生着火或爆炸，有的易燃气体遇到极微小能量着火源的作用即可引爆。易燃气体着火或爆炸的难易程度，除受着火源能量大小的影响外，主要取决于其化学组成，而其化学组成又决定着气体燃烧浓度范围的大小、自燃点的高低、燃烧速度的快慢和发热量的多少。综合易燃气体的燃烧现象，其易燃易爆性具有以下三个特点：

① 比液体、固体易燃，且燃速快，一燃即尽。这是因为一般气体分子间引力小，容易断键，无须熔化分解过程，也无须用以熔化、分解所消耗的热量。

② 一般来说由简单成分组成的气体，如氢气、甲烷、一氧化碳等，比复杂成分组成的气体易燃，燃速快，火焰温度高，着火爆炸危险性大，这是因为单一成分的气体不需受热分解的过程和分解所消耗的热量。

③ 价键不饱和的易燃气体比相对应价键饱和的易燃气体的火灾危险性大。这是因为不饱和气体的分子结构中有双键或叁键存在，化学活性强，在通常条件下，即能与氯、氧等氧化性气体起反应而发生着火或爆炸，所以火灾危险性大。

（2）扩散性

处于气体状态的任何物质都没有固定的形状和体积，且能自发地充满任何容器。由于气体的分子间距大，相互作用力小，所以非常容易扩散。气体的扩散特点主要体现在以下两方面：

① 密度比空气小的气体逸散在空气中可以无限制地扩散与空气形成爆炸性混合物，并能够顺风飘荡，迅速蔓延和扩展。

② 密度比空气大的气体泄漏出来时，往往飘浮于地表、沟渠、隧道、厂房死角等处，长时间聚集不散，易与空气在局部形成爆炸性混合气体，遇着火源发生着火或爆炸；同时，密度大的易燃气体一般都有较大的发热量，在火灾条件下，易于造成火势扩大。

3. 易燃液体

易燃液体是指易于挥发和燃烧的液态物质。易燃液体的危险特性有以下几种：

(1) 易燃性

易燃液体属于蒸气压较大、容易挥发，挥发出的蒸气足以与空气混合形成可燃混合物，其着火所需的能量极小，遇火、受热以及和氧化剂接触时都有发生燃烧的危险。

(2) 爆炸性

当易燃液体挥发出的蒸气与空气混合形成的混合气体达到爆炸极限浓度时，可燃混合物就转化成爆炸性混合物，一旦点燃就会发生爆炸。

(3) 热膨胀性

易燃液体主要是靠容器盛装，而易燃液体的膨胀系数比较大。储存于密闭容器中的易燃液体受热后体积膨胀，若超过容器的压力限度，就会造成容器膨胀，甚至爆裂，在容器爆裂时会产生火花而引起燃烧爆炸。

(4) 流动扩散性

液体具有流动和扩散性，泄漏后扩大了易燃液体的表面积，使其源源不断地挥发，形成的易燃蒸气大多密度比空气大，容易积聚，从而增加了燃烧爆炸的危险性。

4. 酸性腐蚀液体

酸性腐蚀液体常见的有硫酸、硝酸、氢氯酸、氢溴酸、氢碘酸、高氯酸，有腐蚀性，接触可使人体灼伤。

如果皮肤接触立即脱去污染的衣着，用大量流动清水冲洗 20~30min，就医。眼睛接触立即提起眼睑，用大量流动清水或生理盐水彻底冲洗 10~15min，就医。吸入迅速脱离现场至空气新鲜处，保持呼吸道通畅。如呼吸困难，给输氧。呼吸、心跳停止，立即进行心肺复苏术，就医。食入用水漱口，给饮牛奶或蛋清，就医。

5. 固态可燃物

石油化工企业常见的固态可燃物有聚乙烯、聚丙烯、聚苯乙烯等。由于其分子结构的复杂性、物理性质的不同，其燃烧方式也不相同。主要有下列四种方式：

(1) 表面燃烧

蒸气压非常小或者难于热分解的可燃固体，不能发生蒸发燃烧或分解燃烧，当氧气包围物质的表层时，呈炽热状态发生无焰燃烧现象，称为表面燃烧。其过程属于非均相燃烧，特点是表面发红而无火焰。如木炭、焦炭以及铁、铜等的燃烧则属于表面燃烧形式。

(2) 阴燃

阴燃是指物质无可见光的缓慢燃烧，通常产生烟和温度升高的迹象。某些固体可燃物在空气不流通、加热温度较低或含水分较高时就会发生阴燃。这种燃烧看不见火苗，可持续数天，不易发现。阴燃和有焰燃烧在一定条件下能相互转化。如在密闭或通风不良的场所发生火灾，由于燃烧消耗了氧，氧浓度降低，燃烧速度减慢，分解出的气体量减少，即可由有焰燃烧转为阴燃。阴燃在一定条件下，如果改变通风条件，增加供氧量或可燃物中的水分蒸发到一定程度，也可能转变为有焰燃烧。火场上的复燃现象和固体阴燃引起的火灾等都是阴燃在一定条件下转化为有焰分解燃烧的例子。

(3) 分解燃烧

分子结构复杂的固体可燃物，由于受热分解而产生可燃气体后发生的有焰燃烧现象，称为分解燃烧。如木材、纸张、棉、麻、毛、丝以及合成高分子的热固性塑料、合成橡胶等的燃烧就属这类形式。

(4) 蒸发燃烧

熔点较低的可燃固体受热后融熔，然后与可燃液体一样蒸发成蒸气而发生的有焰燃烧现象，称为蒸发燃烧。如石蜡、松香、硫、钾、磷、沥青和热塑性高分子材料等的燃烧就属这类形式。

第五章　石油化工基础知识

石油化工行业具有高温高压、易燃易爆、操作苛刻等特点，学习石油化工相关基础知识，了解常见的事故模式及装置的生产特点，提前做好知识储备，懂得设备的基本构造，对于消防员应急状态下的救援极其重要，知己知彼方能百战百胜，方能在应急救援过程中了然于胸。

第一节　石油化工生产特点

石油化工行业是以石油、石油炼制后的产品、油田气或天然气为原料，采取不同工艺生产燃料油、润滑油、化工原料、化工中间体和化工产品。石油化工行业主要包括炼油、石油化工、化纤和化肥四大行业。

一、石油化工行业产业链

中国已成为世界第二大石油消费国，截至 2021 年，国内主要炼油厂炼油产能总计在 8.8 亿吨/年。国内已基本形成从原油到燃料油、芳烃产品、乙烯产品、聚合塑料、橡胶、化纤、多元醇等的石油石化产业链(图 5-1)，其具有如下特点：

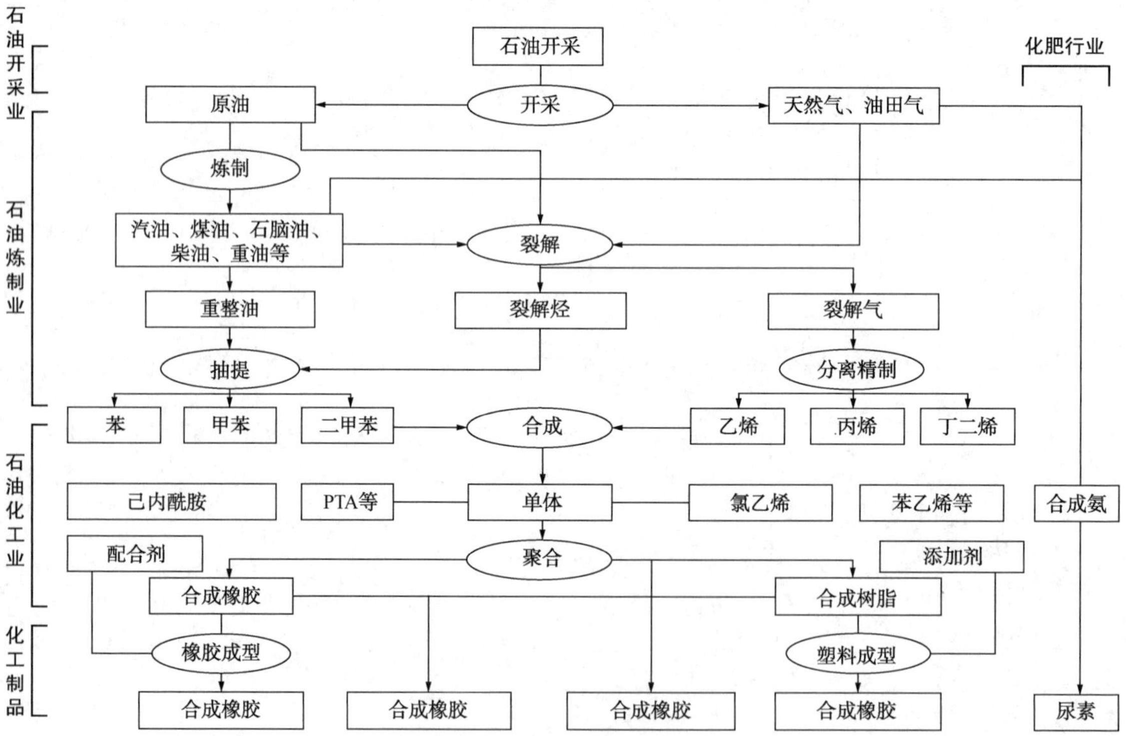

图 5-1　石油化工行业产业链

（1）生产综合化，产品多样化，物料危险性大。

化工生产从原料到产品，包括工艺过程中的半成品、中间体、各种溶剂、添加剂、催化剂、试剂等，绝大多数属于易燃、可燃性物质，还有爆炸性物质如原油、天然气、汽油、液态烃等。它们又多以气体和液体状态存在，极易泄漏和挥发，许多物料是高毒和剧毒物质，如苯、甲苯、硫化氢、氯气等，如果这些物料的处置不当或发生泄漏，容易导致人员伤亡。

石化生产过程中还要使用、产生多种强腐蚀性的酸、碱类物质，如硫酸、盐酸、烧碱等，设备、管线腐蚀出现问题的可能性高；一些物料还具有自燃、暴聚特性，如烷基铝、环氧乙烷等。

（2）工艺技术复杂，运行条件苛刻，工艺危险性大。

石化生产过程中，需要经历很多物理、化学过程和传质、传热单元操作，一些过程控制条件异常苛刻，如高温、高压，低温、真空等。如蒸汽裂解的温度高达1100℃，而一些深冷分离过程的温度低至-100℃以下；高压聚乙烯的聚合压力达350MPa。

许多加热温度都达到和超过了物质的自燃点，同时，在许多生产过程中，物料还必须用明火加热，加之日常的设备检修又要经常动火，这些因素对石化生产设备的制造、维护以及人员素质都提出了严格要求，任何一个小的失误都有可能导致灾难性后果。

（3）运行装置大型化，生产规模大，连续性强。

石化企业向着大型的现代化联合体方向发展，其生产具有高度的连续性、长周期的作业。装置之间相互关联，物料互供关系密切，在一个联合企业内部、厂际之间、车间之间、工序之间，管道互通，原料产品互相利用，是一个组织严密、相互依存、高度统一不可分割的有机整体。任何一个厂或一个车间，乃至一道工序发生事故，都会影响到全局。

石化生产装置朝大型化发展，单套装置加工处理能力不断扩大，装置的大型化带来系统内危险物料储存量的上升，增加风险。

石化生产装置自动化程度高，对工艺设备的处理能力、材质和工艺参数要求更高，只要有某一部位、某一环节发生故障或操作失误，就会牵一发而动全身。

（4）装置、技术密集，易发生连锁反应，形成多米诺效应。

化工生产装置集中布置，密度大，间距小，设备、管道交错排列，纵横串通。生产装置高度密集，在火灾条件下，因热对流、辐射、传导的作用，易发生链锁式爆炸燃烧，形成多米诺效应，从而扩大燃烧面积。

图5-2为石油化工企业现场情况照片。

石化装置由于技术复杂、设备制造、安装成本高，装置资本密集，发生事故时损失巨大。有关资料对1969~2008年世界石化行业重大事故进行统计分析，发现单套装置的事故直接经济损失惊人。如1989年10月美国菲利浦斯石油公司得克萨斯工厂发生爆炸，财产损失高达8.12亿美元；2001年巴西海上半潜式采油平台事故损失5亿多美元。

二、石油化工行业安全生产现状

据统计，我国2017~2019年共发生化工事故559起，死亡763人，其中爆炸致死294人，中毒窒息致死125人，火灾致死51人，以及其他事故致死293人。详见图5-3、图5-4。

化工企业危险化学品事故发生起数的总体呈下降趋势，然而事故导致的人员死亡数量一直居高不下，重特大事故仍然时有发生。火灾和爆炸是石化企业最常见的事故类型，且两者常常相伴发生。火灾和爆炸对设备、容器等的破坏，容易引发二次事故造成物料泄漏或毒性物质释放等，而二次事故往往会造成更加严重的多米诺效应。在事故类型中，爆炸产生的冲击波造成人员伤亡数较多，而事故占比较高的火灾事故造成的人员伤亡总数较少，由于爆炸具有瞬时性，爆炸的一瞬间能量迅速释放，其破坏力大，波及范围广。而火灾事故通常逐步蔓延且延续时间长，因此事故状态下的消防与应急救援极其重要。

图 5-2　石油化工企业现场情况

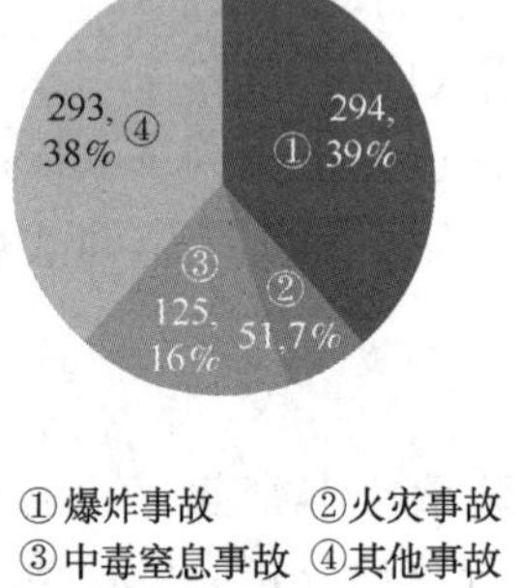

图 5-3　事故类型与死亡人数占比

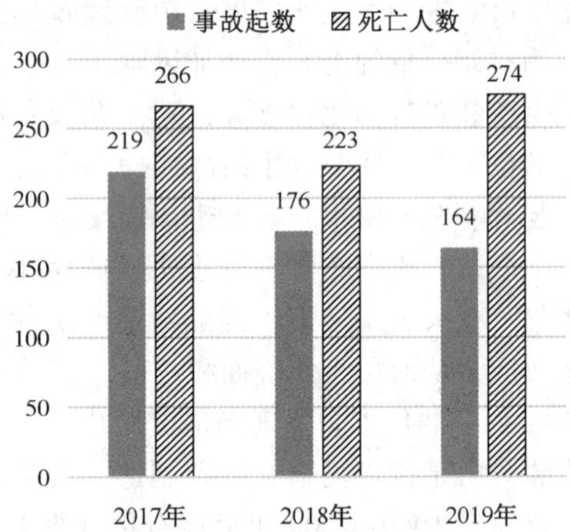

图 5-4　事故数量及死亡人数

火灾爆炸事故导致的后果一般基于危险源的泄漏情况、物质的危险特性、工艺操作条件、物质的数量、点火源的引燃能情况、自然环境情况、承灾体的类型、暴露情况等因素综合而成。事故发生的原因则包括设备设施硬件、人员操作、管理制度等多种因素。见表 5-1。

表 5-1 典型事故场景

事故场景		事件情景	事发区域	
			主要危害因素	设备设施
火灾	喷射火	高温高压易燃液体/可燃气体/液化气持续性泄漏，早期点火	热辐射	压力管线、压力容器、压力储罐
	池火	容器破裂，液体外泄在防火堤范围内形成防火堤范围内的池火	热辐射	各种可燃液体容器、储罐
		储罐事故性破裂，液体冲垮或溢出防火堤，形成大范围池火	热辐射	各种可燃液体储罐
爆炸	蒸气云爆炸（VCE）	可燃气体/液化气泄漏，延迟点火	热辐射、冲击波	管线、泵、压缩机、各种可燃气体/液化气容器、储罐
	BLEVE	容器在外部火焰的烘烤下，内部压力被破坏，发生破裂，液体被释放出来	火球热辐射、冲击波、爆炸碎片	液化气储罐
	点源爆炸	反应器内出现热失控反应	冲击波	可能存在反应失控的反应器
中毒		毒气/可燃气体/液化气泄漏	中毒窒息	管线、泵、压缩机、各种可燃气体/液化气容器

1. 火灾

火灾是各类可燃化学品意外燃烧造成的灾难事故。根据可燃物的理化性质和事故场景不同，火灾可细分为池火灾、喷射火灾、固体火灾、闪火和火球等四类。四类火灾的致伤机理都为热辐射致伤，但是池火灾、固体火灾、喷射火灾属于持续性火灾，事故发生后，可采取阻断火灾蔓延、控制其燃烧的手段阻止火灾发展。其中池火灾是一种持续稳定的燃烧，会以火焰热辐射和烟气对流的方式持续对周围环境造成破坏。闪火和火球则属于瞬时性火灾，事故一旦发生，目前还没有特别有效的手段来控制阻断这类火灾，主要采取应急救援措施来减少事故损失。

例如，山东黄岛油库“8·12”重大火灾事故：1989 年 8 月 12 日，黄岛油库发生重大火灾爆炸事故，造成 19 人死亡，100 多人受伤，直接经济损失 3540 万元。事故的直接原因是：黄岛油库储存有 2.3 万立方米原油的 5 号混凝土油罐由于本身存在缺陷，又遭受雷击，引起油气爆燃着火，导致附近储罐的爆燃。随后火焰席卷了整个库区并波及了附近的其他单位。外溢的原油流入了胶州湾，造成了海洋污染。

2. 爆炸

爆炸是由各种因素造成的高压气体瞬时释放，从而对周围环境造成破坏的事故。根据爆炸场景不同，爆炸可分为蒸气云爆炸、沸腾液体扩散蒸气云爆炸。在石化企业，爆炸事故往往伴随着火灾发生，但爆炸事故的致伤机理较火灾更为复杂，总体上来看，爆炸事故的致伤机理包括热辐射、冲击波、固体碎片等。从时间维度上来讲，爆炸属于瞬时性事故，事故一旦发生，没有有效的手段来阻止，主要采取应急救援措施来减少事故损失。

3. 中毒

化工生产使用的很多物料具有毒性危害，如苯、甲苯、硫化氢、氯气等，这些物料的处置不当或发生泄漏，容易导致人员中毒伤亡。某些油品蒸气达到一定浓度时，也会对人的中枢神经系统有麻醉作用，使人员发生急性中毒事故的危险。

例如，重庆开县"12·23"井喷事故。2003 年 12 月 23 日 21 时 57 分，位于重庆市开县高桥镇，由某公司川钻 12 队承钻的西南油气田分公司川东北气矿罗家 16H 井发生一起井喷特大事故，造成 243 人因硫化氢中毒死亡、2142 人因硫化氢中毒住院治疗、65000 人被紧急疏散安置。事故原因是：在钻柱中没有安装回压阀，致使起钻发生井喷时钻杆内无法控制，使井喷演变为井喷失控。井喷失控后，未能及时采取放喷管线点火措施，以致大量含有高浓度硫化氢的天然气喷出扩散，导致人员伤亡扩大。

第二节　典型生产工艺基础知识

石化企业就像一座油城，由大小各异的不同生产装置组成，地下开采出来的石油经过一道道工序，在这里变成日常使用的汽油、柴油、液化气、聚丙烯等各种固体、液体或气体产品。本节重点介绍石油化工企业典型生产装置的简要流程、主要危险有害物质及危险有害因素分布，消防员通过弄明白每套装置"吃什么、产什么"，主要分几步，可以初步认识生产装置，进入装置救援时做到心中有数。

一、海上采油平台

1. 工艺流程

海上采油设施主要包括井口平台、生产储油平台、海底混输管线、海底复合电缆。

某井口平台是一座 4 腿钢制导管架平台，导管架工作点间距 20m×20m；平台共分五层甲板，分别为直升机甲板、上层甲板、中层甲板、下层甲板和工作甲板；其上设有钻修井机、生活楼、电气房间、原油生产/计量系统、生活污水处理设施和公用系统设施等。

（1）单井计量系统。单井混合原油从油嘴出来后进入计量管汇，混合原油从计量管汇进入计量加热器通过温度控制阀控制温度，然后进入计量分离器进行油、气两相分离，天然气在压力调节阀的控制下与从计量分离器液相出口汇合，脱气原油通过流量计计量，然后通过调节阀与气相出口管线汇合，汇合后的混合液体进入一级换热器。

（2）原油处理系统。井口物流与平台经海底管线来液混合后经一级换热器换热，然后进入一级分离器进行三相油、气、水分离，分离后的含水原油进入下一级。含水原油再经过热介质加热器加热，然后进入二级分离器进行油、气、水三相分离。分离后的含水原油经电脱进料泵进入原油存储罐。

（3）天然气处理系统。从生产分离器分离出的天然气进入海水冷却器。经过冷却的天然气进入燃料气洗涤器，分离出天然气中携带的大部分水，然后进入下一级。从洗涤器过来的天然气进入天然气加热器，进入下一级。加热后的天然气进入燃料气过滤器脱出天然气中较大的颗粒，主要供给天然气发电机和锅炉使用，其他供给长明灯和密封气系统。

2. 原料及产品

海上油田涉及的主要物料为原油和天然气，同时有柴油、润滑油、二氧化碳、压缩空气、化学药剂等。

3. 主要危险有害物质火灾危险性(表 5-2)

表 5-2　主要危险有害物质火灾危险性

物料名称	闪点/℃	引燃温度/℃	爆炸极限/%(体积)	火灾危险类别
原油	<28	380~530	1.1~8.7	$甲_B$
天然气	—	538	5.3~15	$甲_B$
柴油	≥55	257	—	$乙_B$
润滑油	76	248	—	$丙_A$

二、LNG 接收站

LNG 接收站工程由 LNG 卸料系统、隧道系统、LNG 储存系统、BOG 处理系统、输送及气化系统、计量系统、火炬系统、燃料气系统、槽车装车系统等设施组成。工艺流程简图见图 5-5。

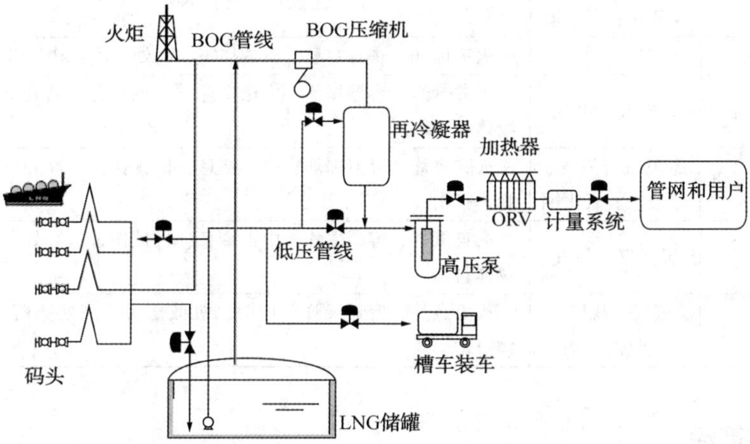

图 5-5　LNG 接收站工艺流程简图

1. 工艺流程

（1）LNG 卸料系统。LNG 接收站一般设有多台 LNG 卸料臂和一台回气臂，当气体返回臂由于故障不能使用，一台液体卸料臂将被用作气体返回臂。LNG 运输船达到运输船码头后，LNG 通过运输船上的输送泵，经 LNG 卸船臂，进入 LNG 总管，然后通过阀门控制，输送至 LNG 储罐，LNG 储罐进液要一罐一罐进行操作，依次进行。LNG 储罐内 BOG 处理系统进行处理，同时 BOG 可以返回 LNG 运输船。

（2）LNG 储存系统。LNG 接收站建设储罐，储罐设计最高正压为 29kPa(G)，最低负压-1.0kPa(G)，设计温度为-165~40℃，日蒸发率小于 0.05%。储罐多采用安全度最高的混凝土全容罐，内罐材料为 9%Ni 钢，外罐为预应力混凝土，罐顶为加强混凝土。罐底、内外罐之间的环形空间及内罐吊顶均采用绝热材料(泡沫玻璃、膨胀珍珠岩和玻璃棉)进行保冷。储罐的气相接口均连接到蒸发气总管。该蒸发气总管与 BOG 压缩机、火炬相接，并通过卸船气体返回管线与气体返回臂相接。卸船时，LNG 通过卸料总管进入 LNG 储罐。为避免卸船时引起储罐内 LNG 分层而导致“翻滚”的风险，可根据储罐内 LNG 的密度和运输船 LNG 密度选择卸船时 LNG 从上部进料管进料，或通过底部进料管下部进料。

（3）BOG 处理系统。主要指将蒸发气通过低压 BOG 压缩机压缩，然后再送至 BOG 再冷凝器冷凝成 LNG，冷凝后的 LNG 通过再次加压和气化后外输至下游用户。蒸发气的产生主要是由外界能量输入造成的，如泵运转、外界热量导入、大气压及环境变化、LNG 入罐时造成罐内 LNG 的体积变化等。

（4）输送及气化系统。BOG 再冷凝器出来的 LNG 通过高压 LNG 泵加压后输送至开架式气化器。高压 LNG 泵为潜液式电动多级泵，泵与电动机整体安装于泵筒内，泵筒相当于泵的外壳，通过进出口法兰与外部管道连接。

2. 原料及产品

LNG 接收站涉及的主要物料为气相和液相的天然气，涉及的辅助材料有柴油、氮气、盐酸、氢氧化钠等。

3. 主要危险有害物质及危险有害因素分布（表 5-3）

表 5-3　LNG 接收站主要危险有害物质及危险有害因素分布

序号	主要危险有害部位	主要危险化学品及危险有害物质	主要危险有害因素	火灾危险性类别
1	LNG 罐区	天然气、氮气	火灾爆炸、中毒窒息、机械伤害、高处坠落、物体打击	甲
2	BOG 压缩机	天然气、氮气	火灾爆炸、容器爆炸、中毒窒息、机械伤害、高处坠落、物体打击	甲
3	加压、气化外输	天然气、氮气、盐酸、氢氧化钠	火灾爆炸、容器爆炸、中毒窒息、机械伤害、高处坠落、物体打击	甲
4	槽车装车区	天然气、氮气	火灾爆炸、容器爆炸、中毒窒息、机械伤害、高处坠落、物体打击	甲
5	公用工程	氮气、盐酸、氢氧化钠、柴油	火灾爆炸、容器爆炸、灼烫、机械伤害、高处坠落、物体打击	$乙_B$

三、长输管线

1. 工艺流程

现以某输送汽油（柴油）的长输管线为例，管道采用密闭顺序输送成品油的输送方式，干线均采用“从泵到泵”的密闭输送工艺，各分输点均采用连续均匀分输下载的输送方式。

站场内主要设备有 SCADA 远程采集控制监控系统、压力泄漏监控报警系统、回掺泵、转油泵、污油泵、密度计泵、污油罐、质量流量计、混油罐、低压配电设备等。主要包括分输流程和正输流程。

2. 原料及产品

长输管线输送的物料种类较多，包括原油、汽油、柴油、天然气等。

3. 主要危险有害物质及危险有害因素分布（表 5-4）

表 5-4　长输管线主要危险有害物质及危险有害因素分布

序号	主要危险有害部位	主要危险化学品及危险有害物质	主要危险有害因素	火灾危险性类别
1	线路	汽油、柴油	火灾爆炸	$甲_B$
2	站场	汽油、柴油	火灾爆炸	$甲_B$
3	公用工程	汽油、柴油	火灾爆炸、电气伤害	$甲_B$

四、常减压蒸馏装置

1. 工艺流程

常减压蒸馏主要分为四个步骤，分别为：原油脱盐脱水、初馏、常压蒸馏、减压蒸馏。本装置主要为公司下游装置提供柴油基础油、乙烯裂解料、重整料、加氢裂化料、延迟焦化料、催化裂化料等原料。工艺流程简图见图 5-6。

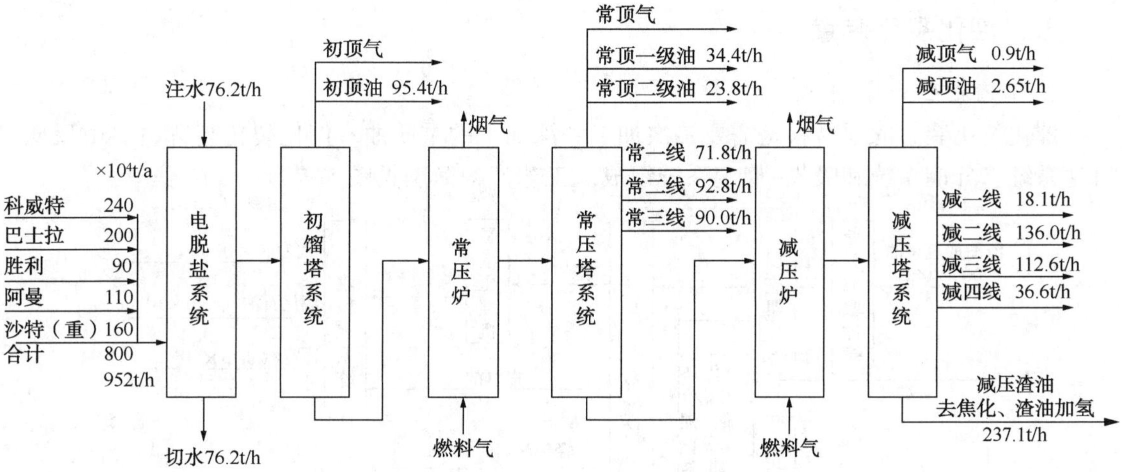

图 5-6　常减压蒸馏工艺流程简图

（1）原油脱盐脱水。从地下采出的原油中含有一定比例的水分，需要对原油进行脱盐脱水处理。

（2）初馏。原油经过换热器提高温度，当温度达到 200～250℃时，才可以进入初馏塔装置。在这里，将原油里剩余的水分、腐蚀性气体和轻汽油排出，这样就减少了塔的负担，保证了塔的稳定状态，起到了提高产品质量和尽可能多地回收原油的效果。

（3）常压蒸馏。从上一步骤出来的油叫拔头油。经过输送泵进入常压炉后加热，加热要求是 360℃左右，然后进入常压塔。从塔顶分离出来的油和气经过冷凝和换热后，一些成为汽油，一些成为煤油和柴油。

（4）减压蒸馏。减压蒸馏的主要工艺装置是减压塔，减压塔是将从常压塔里出来的重油，通过减压的方式进行二次加工和深加工。

2. 原料及产品

常减压蒸馏装置的原料为原油，主要产品有干气、液化气、轻石脑油、重石脑油、航煤馏分、柴油馏分、减压轻蜡油、减压重蜡油和减压渣油等。

3. 主要危险有害物质及危险有害因素分布（表 5-5）

表 5-5　常减压蒸馏装置主要危险有害物质及危险有害因素分布

序号	主要危险有害部位	主要危险化学品及危险有害物质	主要危险有害因素	火灾危险性类别
1	加热炉及燃料气分液罐	高、低压瓦斯，原油	火灾、爆炸、高温、高处坠落、噪声	甲$_B$
2	初馏塔、常压塔、汽提塔、汽油分液罐	瓦斯、轻烃、汽油、煤油、柴油、常渣、硫化氢	火灾、爆炸、中毒、机械伤害、高处坠落、噪声、触电	甲$_A$

续表

序号	主要危险有害部位	主要危险化学品及危险有害物质	主要危险有害因素	火灾危险性类别
3	减压塔、电脱盐	原油、瓦斯、柴油、蜡油、渣油、硫化氢	火灾、爆炸、中毒、机械伤害、高处坠落、噪声、触电	甲$_B$
4	脱丁烷塔、脱戊烷塔、塔顶回流罐	瓦斯、轻烃、石脑油、液化气、硫化氢	火灾、爆炸、中毒、机械伤害、高处坠落、噪声、触电	甲$_A$

五、催化裂化装置

1. 工艺流程

催化裂化装置的原材料是需要二次加工和深加工的重质油。催化裂化装置主要由反应-再生系统、分馏系统和吸收-稳定系统组成。工艺流程简图见图 5-7。

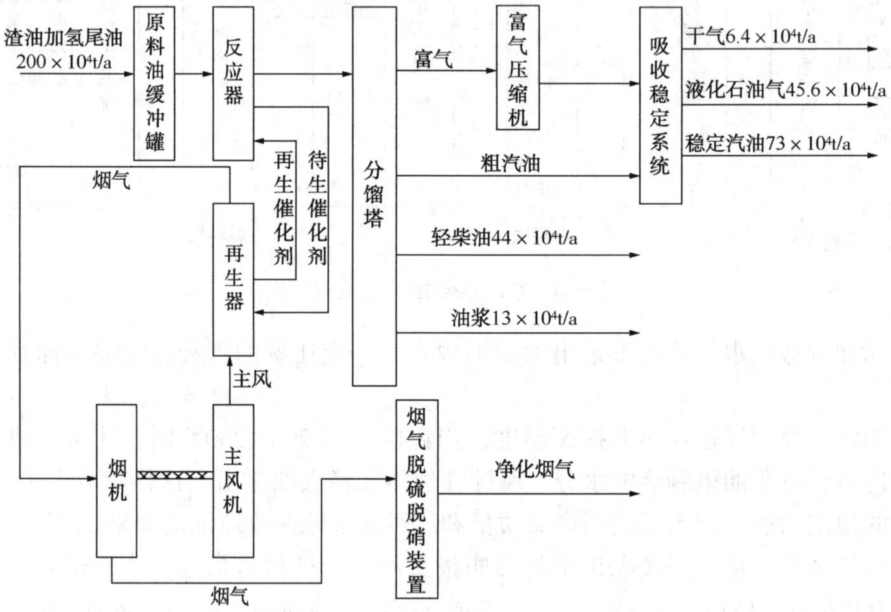

图 5-7　催化裂化工艺流程简图

（1）反应-再生系统。重质油加热到 400℃时用泵打到提升反应器中，和轻质炼油合并再与催化剂接触，发生汽化反应。整个催化裂化反应都是在提升反应器中发生的，随后油气顺着提升反应器顶部离开。

（2）分馏系统。油气随后进入分馏塔，产生了催化裂化富气、粗汽油、回炼油和油浆这些中间产品。催化裂化富气和粗汽油进入下一个系统——吸收-稳定系统。

（3）吸收-稳定系统。催化裂化富气进入气压机升压和冷却，于是出现了凝缩油，这部分凝缩油通过泵送进吸收塔底部。粗汽油以吸收液的形式进入吸收塔顶部，吸取里面的碳分子产生富吸收油。富吸收油和凝缩油混合，通过泵进入解吸塔顶部，随后进入再吸收塔和稳定塔，最后就分离出了液化气和稳定汽油。

2. 原料及产品

催化裂化以减三、减四、VGO、HGO、CGO 等为原料，主要产品有汽油、柴油、液态烃，副产品为油浆、干气。

3. 主要危险有害物质及危险有害因素分布(表5-6)

表5-6 催化裂化装置主要危险有害物质及危险有害因素分布

序号	主要危险有害部位	主要危险化学品及危险有害物质	主要危险有害因素	火灾危险性类别
1	原料油缓冲罐、提升管反应器、沉降器、再生器	加氢尾油、高温催化剂、高温油气、汽油、干气	火灾、爆炸、中毒、高温、机械伤害、高处坠落、噪声、触电	甲
2	分馏塔	汽油、柴油、油浆、硫化氢		甲
3	气压机	富气、硫化氢		甲
4	吸收塔、再吸收塔	干气、凝缩油、汽油、液化气、硫化氢		甲

六、催化重整装置

1. 工艺流程

催化重整的主要流程包括预分馏和预加氢、重整反应、后加氢和稳定处理、催化剂的再生，见图5-8。

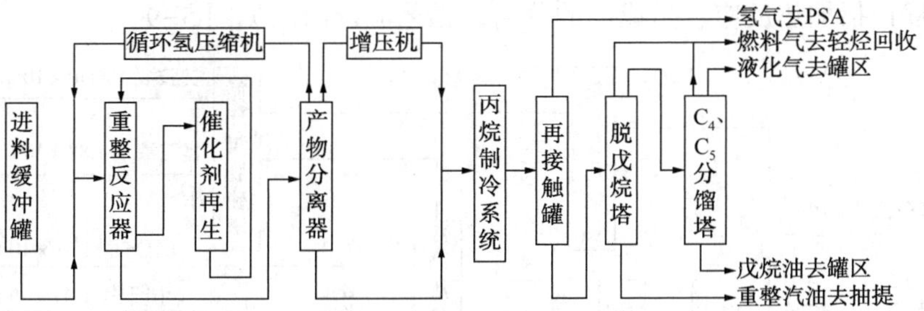

图5-8 催化重整工艺流程简图

(1) 预分馏和预加氢。预分馏是指在预分馏塔中除掉60℃以下的轻馏分。预加氢是为了除去影响催化剂活性的砷、硫、氮等有毒物质，并且使烯烃饱和从而减少催化剂表面的炭沉积，达到延长催化剂使用周期的目的。

(2) 重整反应。上序结束之后的产物与循环的氢气相遇并混合后，经过换热和加热后进入重整反应器，里面的温度为500℃。这次反应主要就是强吸热反应。重整反应通常会分几段进行，这主要是为了避免每次反应的温度下降太快。将整个反应分隔几段进行，既保证了反应温度达到要求，又保证了整个反应的质量。

(3) 后加氢和稳定处理。烯烃在不饱和的情况下很难提取，后加氢就会让烯烃尽可能地饱和以达到提取的目的。后加氢的反应温度为320~370℃，整个过程都是通过催化剂来反应的。

(4) 催化剂的再生。主要指催化剂经过燃烧，消除表面炭沉积。

2. 原料及产品

重整装置以初馏点~170℃加氢裂化重石脑油和吸附分离重整料为原料，主要生产C_{6+}重整汽油，副产重整氢气、液化石油气和戊烷油及燃料气。其生产的C_{6+}重整汽油作为芳烃抽提的原料；重整氢气作为氢提浓(VPSA)的原料；饱和液化气送罐区；戊烷油作为乙烯裂解料；燃料气送轻烃回收装置回收液化气组分。

3. 主要危险有害物质及危险有害因素分布(表 5-7)

表 5-7　催化重整装置主要危险有害物质及危险有害因素分布

序号	主要危险有害部位	主要危险化学品及危险有害物质	主要危险有害因素	火灾危险性类别
1	加热炉区	氢、石脑油、燃料气	火灾、爆炸	甲
2	反应器区	氢、石脑油	火灾、爆炸、放射	
3	分馏系统	液化气、汽油	火灾、爆炸	
4	再生区	1,2-二氯乙烷	火灾、爆炸	
5	氢气提纯区	氢	火灾、爆炸	
6	压缩机区	氢	火灾、爆炸、噪声	
7	高分区	氢、液化气	火灾、爆炸	
8	白土区	液化烃	火灾、爆炸	

七、加氢精制装置

1. 工艺流程

加氢精制对原材料的要求非常宽泛，无论是汽油煤油还是重油都可以进行加氢精制。它的主要流程包括加热反应、生成油的分离。工艺流程简图见图 5-9。

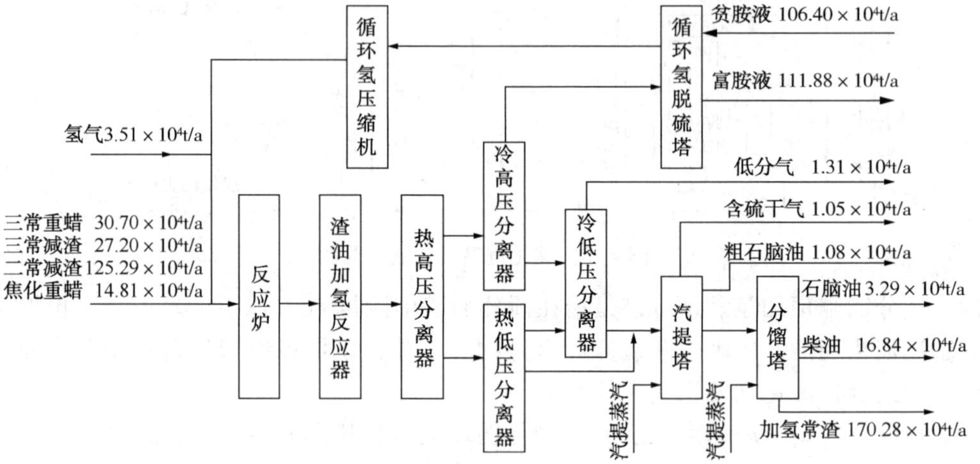

图 5-9　加氢精制工艺流程简图

(1) 加热反应

原材料与循环的氢气相遇并混合，经过加热至反应温度，进到反应器内，通过催化剂层反应。在反应器中，催化剂是分层放置的，起到很好的催化作用。

(2) 生成油的分离

经过上序的反应之后，产物在分离器中进行油气分离。产出气体为循环的氢气和硫化氢。分离器中另外的产物加氢油需要进入分馏塔中继续进行操作，直到分离出汽油和柴油等产物。

2. 原料及产品

以减压渣油、直馏重蜡油和减压渣油以及焦化重蜡油为原料，经过催化加氢反应，脱除硫、氮、金属等杂质，降低残炭含量，为催化裂化装置提供优质的低硫原料，同时副产部分柴油和少量石脑油。

3. 主要危险有害物质及危险有害因素分布(表 5-8)

表 5-8 加氢精制装置主要危险有害物质及危险有害因素分布

序号	主要危险有害部位	主要危险化学品及危险有害物质	主要危险有害因素	火灾危险性类别
1	加热炉及燃料气分液罐	馏分油，高、低压瓦斯，氢气	火灾、爆炸、高温、高处坠落、噪声	甲$_B$
2	加氢反应器，高、低压分离罐	馏分油、瓦斯、氢气、硫化氢、氢气	火灾、爆炸、中毒、高处坠落	甲$_B$
3	分馏塔、汽油分液罐	石脑油、柴油、蜡油、瓦斯、硫化氢	火灾、爆炸、中毒、机械伤害、高处坠落、噪声、触电	甲$_B$

八、延迟焦化装置

1. 工艺流程

焦化是渣油热破坏加工的常见方法，其加工目的是从重质渣油中获得较多的轻质油品和石油焦。延迟焦化的工艺流程为：原料油经加热后温度达到 350℃，进到焦化分馏塔的底部，与焦化物进行热交换。产物在焦炭塔内进行裂解、缩合等焦化反应。高温油气从焦炭塔内出来之后进到分馏塔，经过分馏后产生焦化气、汽油、柴油和循环油。工艺流程简图见图 5-10。

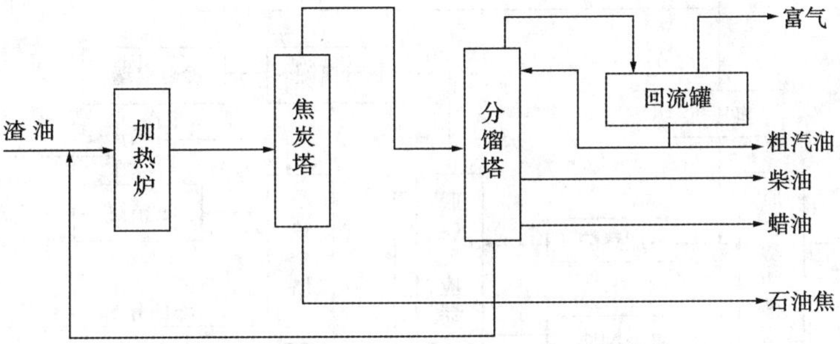

图 5-10 延迟焦化工艺流程简图

2. 原料及产品

原料为自常减压装置来的减压渣油，产品主要包括富气、汽油、柴油、轻蜡油、石油焦。

3. 主要危险有害物质及危险有害因素分布(表 5-9)

表 5-9 延迟焦化装置主要危险有害物质及危险有害因素分布

序号	主要危险有害部位	主要危险化学品及危险有害物质	主要危险有害因素	火灾危险性类别
1	加热炉及燃料气分液罐	高、低压瓦斯，高温油气	火灾、爆炸、高温、机械伤害、高处坠落、噪声	甲$_B$
2	分馏塔、汽油分液罐	富气、石脑油、柴油、硫化氢	火灾、爆炸、中毒、机械伤害、高处坠落、噪声、触电	甲$_B$
3	分馏塔、汽油分液罐	富气、汽油、柴油、油浆、硫化氢	火灾、爆炸、中毒、高温、机械伤害、高处坠落、噪声、触电	甲$_B$

续表

序号	主要危险有害部位	主要危险化学品及危险有害物质	主要危险有害因素	火灾危险性类别
4	吸收解析塔、稳定塔、凝缩油分液罐、液化气分液罐	干气、汽油、液化气、硫化氢	火灾、爆炸、中毒、机械伤害、高处坠落、噪声、触电	$甲_A$
5	干气脱硫塔、液化气脱硫塔、胺液再生塔、气液分离罐	干气、液化气、MDEA、酸性气	火灾、爆炸、中毒、机械伤害、高处坠落、噪声、触电	$甲_A$
6	汽油脱硫醇反应器、沉降罐	液化气、汽油、硫化氢	火灾、爆炸、中毒、机械伤害、高处坠落、噪声、触电	$甲_A$

九、催化汽油吸附脱硫装置

1. 工艺流程

催化汽油吸附脱硫通常简称 S Zorb，是一种催化汽油脱硫的生产工艺，能够大幅度降低汽油的硫含量而最大限度地保留其辛烷值。装置主要由进料与脱硫反应、吸附剂再生、吸附剂循环和产品稳定四个部分组成。工艺流程主要包括进料与脱硫反应部分、吸附剂再生部分、吸附剂循环部分、产品稳定部分。工艺流程简图见图 5-11。

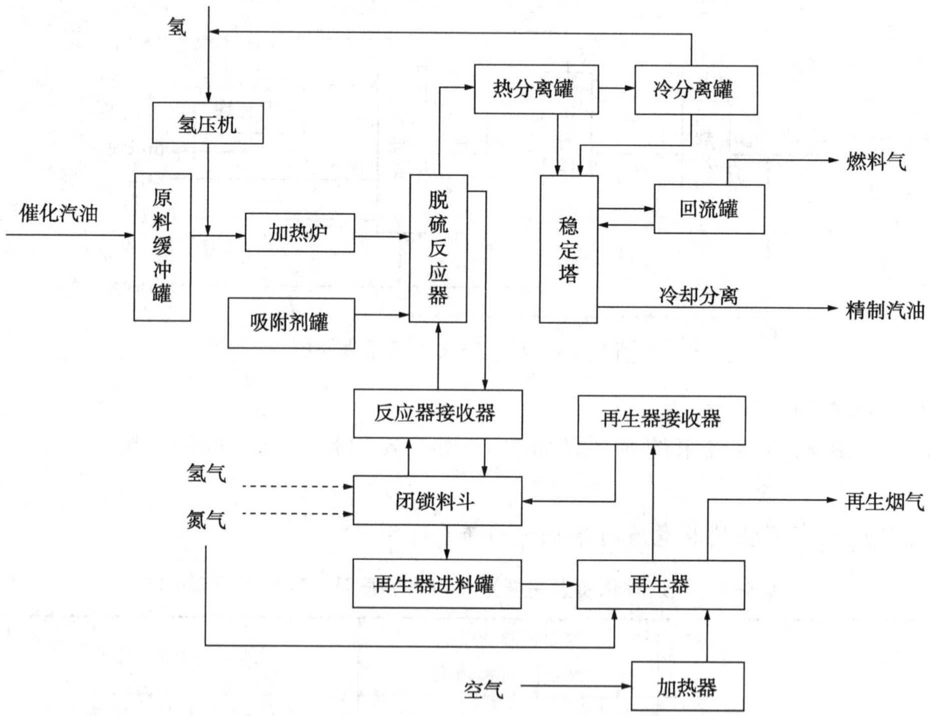

图 5-11　催化汽油吸附脱硫工艺流程简图

2. 原料及产品

本装置加工原料为催化装置的稳定汽油，所需补充氢来自氢气管网，燃料气来自燃料气管网；主要产品为低硫精制汽油，副产少量的液化气、燃料气。

3. 主要危险有害物质及危险有害因素分布(表 5-10)

表 5-10 催化汽油吸附脱硫装置主要危险有害物质及危险有害因素分布

序号	主要危险有害部位	主要危险化学品及危险有害物质	主要危险有害因素	火灾危险性类别
1	原料缓冲罐、循环氢压缩机、加热炉、脱硫反应器等	汽油、氢气	火灾、爆炸、中毒、机械伤害、高处坠落、噪声、触电	甲
2	空气加热器、再生器、再生器接收器等	汽油、氢气	火灾、爆炸、中毒、机械伤害、高处坠落、噪声、触电	甲
3	反应器接收器、闭锁料斗、再生器进料罐等	汽油、氢气	火灾、爆炸、中毒、机械伤害、高处坠落、噪声、触电	甲
4	稳定塔、塔顶回流罐	汽油、氢气	火灾、爆炸、中毒、机械伤害、高处坠落、噪声、触电	甲

十、加氢裂化装置

1. 工艺流程

加氢裂化是石油炼制过程之一，是在加热、高氢压和催化剂存在的条件下，使重质油发生裂化反应，转化为气体、汽油、喷气燃料、柴油等的过程。加氢裂化装置由反应、产品分馏、液化气回收、石脑油分馏、液化气脱硫等部分组成。工艺流程简图见图 5-12。

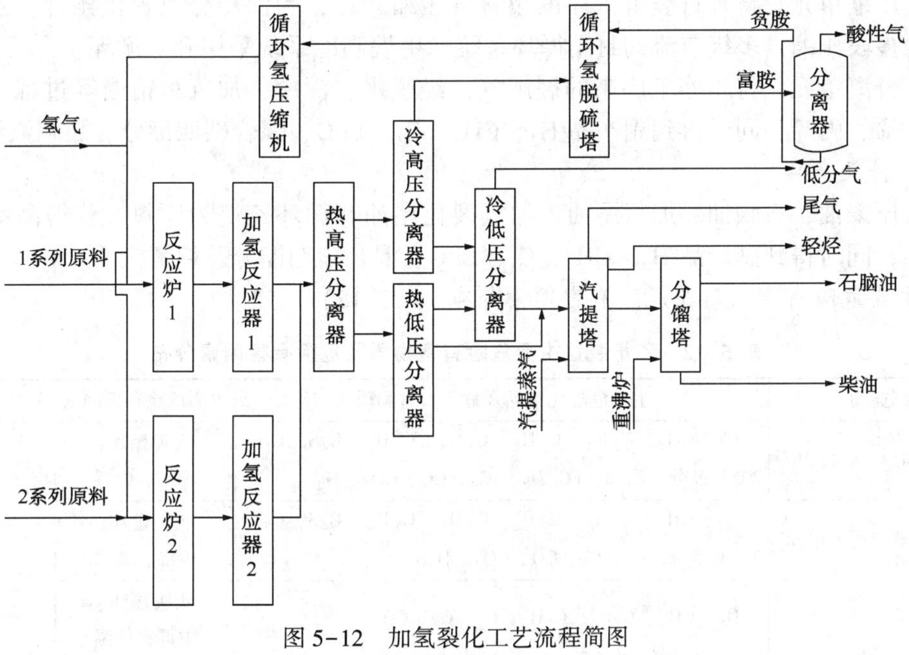

图 5-12 加氢裂化工艺流程简图

2. 原料及产品

加氢裂化原料通常为原油蒸馏所得到的重质馏分油，包括减压渣油经溶剂脱沥青后的轻脱沥青油，经过催化加氢反应，脱除硫、氮等杂质，生产石脑油和柴油。

3. 主要危险有害物质及危险有害因素分布(表 5-11)

表 5-11 加氢裂化装置主要危险有害物质及危险有害因素分布

序号	主要危险有害部位	主要危险化学品及危险有害物质	主要危险有害因素	火灾危险性类别
1	反应部分	原料油、氢气、丁烷、乙烷	火灾、爆炸、中毒、窒息	$甲_B$
2	产品分馏部分	乙烷、丁烷、硫化氢、航煤、柴油	火灾、爆炸、中毒、窒息	
3	液化石油气回收	液化石油气、硫化氢	火灾、爆炸、中毒、窒息	
4	石脑油分馏部分	石脑油、硫化氢	火灾、爆炸、中毒、窒息	

十一、乙烯装置

1. 工艺流程

乙烯装置以常压柴油、石脑油、加氢尾油、加氢裂化尾油和循环乙烷为原料，经裂解炉高温裂化反应生成反应产物即裂解气，经过废热锅炉回收超高压蒸汽，用于驱动蒸汽透平压缩机。工艺流程简图见图 5-13。

(1) 裂解单元。接收来自原料罐区的常压柴油(AGO)、石脑油(Nap)、轻石脑油(LNap)、加氢尾油(HGO)、加氢裂化尾油(HVGO)等原料，分别送入各裂解炉，与稀释蒸汽(DS)进行热裂解，得到裂解气(包含氢气、甲烷、乙烯等)，经废热锅炉急冷，回收部分热量。

(2) 急冷单元。从废热锅炉出口来的裂解气经汽油分馏塔、急冷水塔处理后，分离出来裂解燃料油、裂解柴油后送至原料罐区，汽油分馏塔釜来的急冷油送至急冷油减黏塔，经过旋风分离后塔釜得到裂解燃料油，急冷水塔顶的裂解气送入压缩工序处理。

(3) 压缩单元。将来自裂解工序的裂解气压缩升压，为深冷分离提供条件。乙烯、丙烯系统为多段压缩，多级节流的封闭循环系统。甲烷制冷系统采用开式循环。

(4) 分离单元。将压缩工序来的裂解气，经脱水、深冷、加氢和精馏等过程，获得高纯度的乙烯、丙烯，同时得到副产品 H_2、CH_4、C_3、LPG、混合碳四馏分、裂解汽油。

2. 原料及产品

以常压柴油、石脑油、加氢尾油、加氢裂化尾油和循环乙烷为原料，获得高纯度的乙烯、丙烯，同时得到副产品 H_2、CH_4、C_3、LPG、混合碳四馏分及裂解汽油。

3. 主要危险有害物质及危险有害因素分布(表 5-12)

表 5-12 乙烯装置主要危险有害物质及危险有害因素分布

序号	主要危险有害部位	主要危险化学品及危险有害物质	主要危险有害因素	火灾危险性类别
1	裂解炉、急冷单元	H_2、CH_4、C_2H_4、C_2H_6、C_3H_6、C_3H_8、C_4S、C_5~205℃馏分、汽油、FO、C_2、C_3、CO、CO_2、H_2S	火灾爆炸、灼伤、中毒	甲
2	裂解气压缩单元	H_2、CH_4、C_2H_4、C_2H_6、C_3H_6、C_3H_8、C_4S、C_5~205℃馏分、C_2、C_3、CO、CO_2、H_2S	火灾爆炸、中毒、腐蚀	
3	冷分离单元	H_2、CH_4、C_2H_4、C_2H_6、C_2、C_3、CO	火灾爆炸、中毒、低温	
4	热分离单元	H_2、C_3H_6、C_3H_8、C_4S、C_5~205℃馏分、汽油、C_3	火灾爆炸、低温	
5	汽油加氢单元	H_2、C_5~205℃馏分、汽油、C_5S、C_{9+}、C_6~C_8	火灾爆炸、中毒	甲
6	中间罐区	C_2H_4、C_3H_6	火灾爆炸、低温	
7	火炬系统	H_2、C_1~C_7	火灾爆炸	

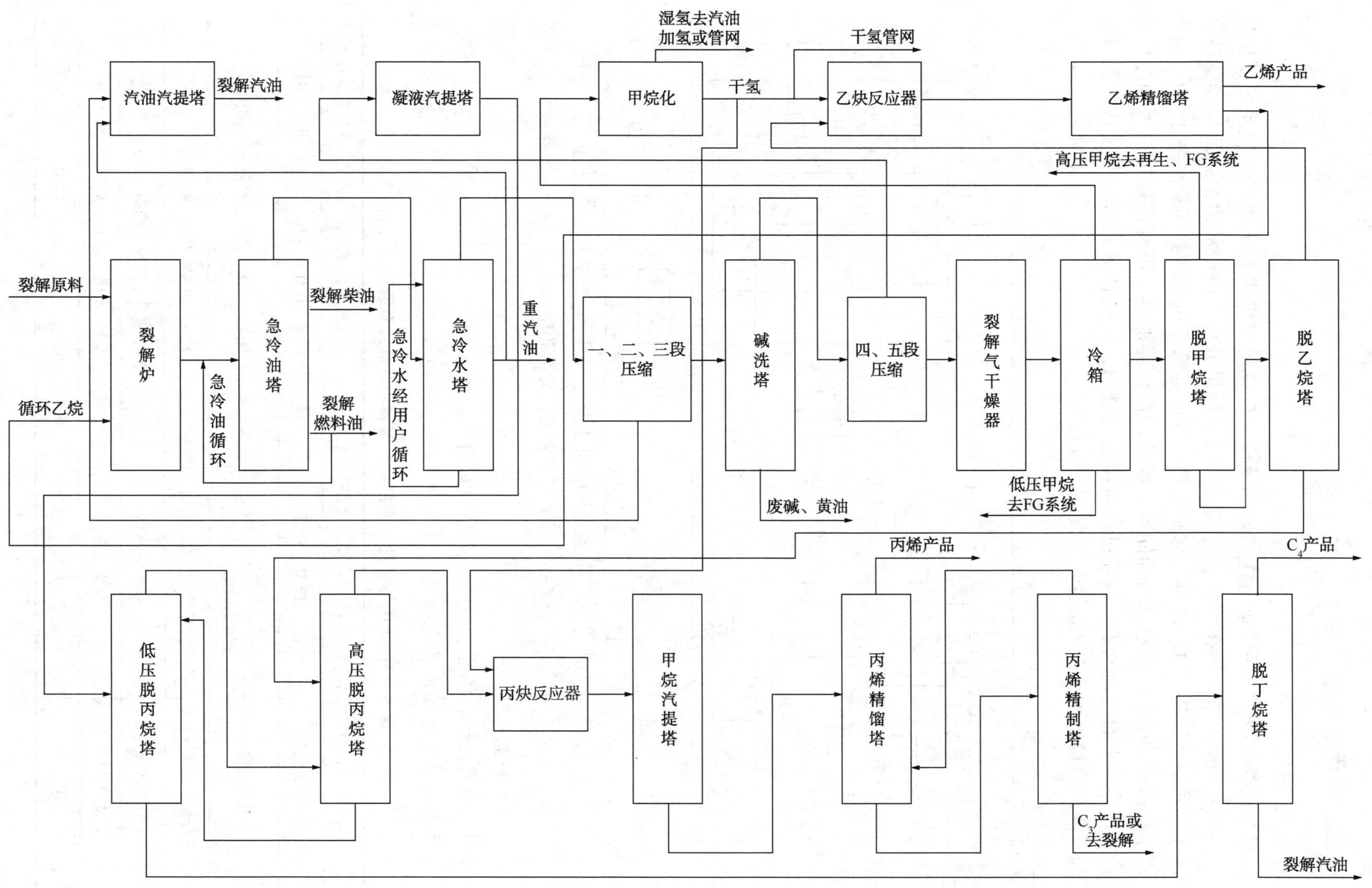

图5-13　乙烯装置工艺流程简图

十二、聚丙烯装置

1. 工艺流程

在催化剂的作用下，丙烯进行连续气相反应。生成的聚丙烯粉末通过气相系统排出反应器。冷凝液和未冷凝气体在第一反应器顶部分离器里分离，冷凝液由第一反应器急冷液泵将液体送回聚合釜 R-201，冷凝气体则用第一反应器循环风机压缩回聚合釜 R-201 的底部，用于吹扫和升压的丙烯来自丙烯储罐，经丙烯汽化器加热，再经丙烯过热器加热后送至用户。从界区来的液相丙烯，要经过二次精制处理后，再送往聚合区参与反应，氢气和乙烯经过滤后直接使用。工艺流程简图见图 5-14。

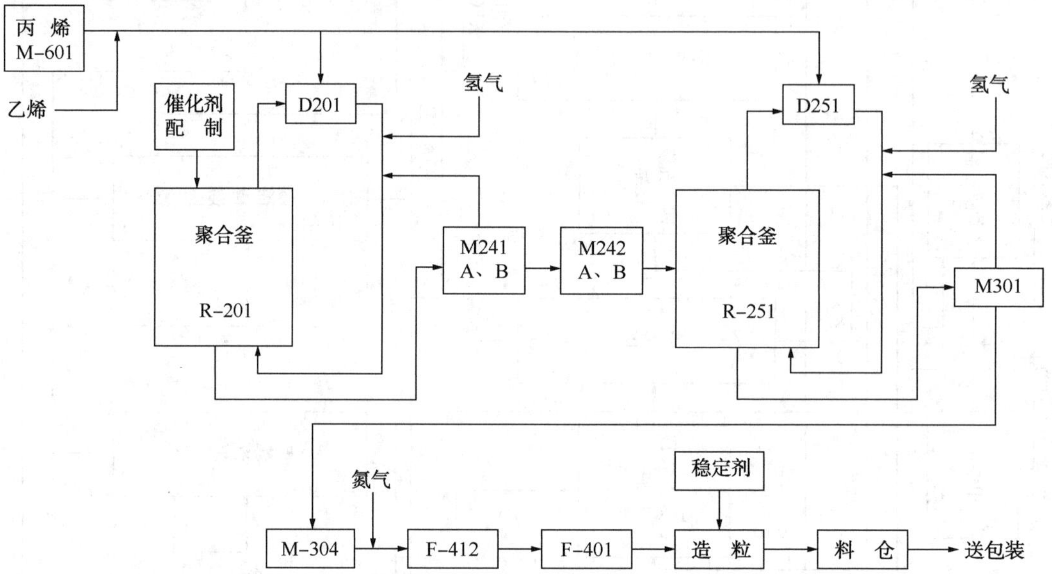

图 5-14 聚丙烯装置工艺流程简图

2. 原料及产品

原料主要有乙烯、丙烯、氢气，产品为聚丙烯。

3. 主要危险有害物质及危险有害因素分布(表 5-13)

表 5-13 聚丙烯装置主要危险有害物质及危险有害因素分布

序号	主要危险有害部位	主要危险化学品及危险有害物质	主要危险有害因素	火灾危险性类别
1	催化剂配制	TEAL、CAT	火灾、爆炸、灼伤	甲$_A$
2	聚合工序	乙烯、丁烯、己烷、己烯、氢气、丙烯、氮气、TEAL	火灾、爆炸、中毒、高温、噪声	甲$_A$
3	分离干燥工序	乙烯、丁烯、己烷、己烯、丙烯	火灾、爆炸、中毒、高温、噪声	甲$_A$
4	回收工序	己烷、蒸汽	火灾、爆炸、中毒、高温	甲$_A$
5	造粒工序	粉尘、蒸汽	火灾、爆炸、灼伤、高温、噪声	丙
6	公用工程	氮气、蒸汽、火炬气	火灾、爆炸、中毒、窒息、高温	甲$_A$

第三节　典型设备基础知识

石油化工企业就像一座钢铁城市，里面散布着可以看到的各式各样的机动设备，高高的塔、圆胖的罐、发出沉闷声响的机泵等。本节重点介绍石油化工企业典型设备的基本构造、工作原理及危险有害因素，认识这些或高或矮，或粗或细，或立或卧的设备，消防员就不会在装置内部“迷路”，参与救援时更有底气。

一、塔

塔设备是石油化工行业最显著的设备(图 5-15)，在塔设备内可进行气液或液液两相间的充分接触，实施相间传质，因此在生产过程中常用塔设备进行精馏、吸收、解吸、气体的增湿及冷却等单元操作过程。主要包括填料吸收塔、板式精馏塔、气体冷却塔、填料萃取塔、分馏塔等。塔内存有大量可燃介质，在高温高压等条件下生产，常见的着火部位是法兰口和焊缝等。

图 5-15　现场高耸入云的塔

1. 填料吸收塔

填料塔是以塔内的填料作为气液两相间接触构件的传质设备。填料塔塔身是一直立式圆筒，底部装有填料支承板，填料以乱堆或整砌的方式放置在支承板上。液体从塔顶经液体分布器喷淋到填料上，并沿填料表面流下。气体从塔底送入，经气体分布装置分布后，与液体呈逆流连续通过填料层的空隙，在填料表面上，气液两相密切接触进行传质。填料塔属于连续接触式气液传质设备，两相组成沿塔高连续变化，在正常操作状态下，气相为连续相，液相为分散相。

2. 板式精馏塔

板式塔为逐级接触式气液传质设备，它主要由圆柱形壳体、塔板、溢流堰、降液管及受液盘等部件构成。液体依靠重力作用，由上层塔板的降液管流到下层塔板的受液盘，然后横向流过塔板，从另一侧的降液管流至下一层塔板。溢流堰的作用是使塔板上保持一定厚度的液层。气体则在压力差的推动下，自下而上穿过各层塔板的气体通道(泡罩、筛孔或浮阀等)，分散成小股气流，鼓泡通过各层塔板的液层。在塔板上，气液两相密切接触，进行热量和质量的交换。在板式塔中，气液两相逐级接触，两相的组成沿塔高呈阶梯式变化，在正常操作下，液相为连续相，气相为分散相。

3. 气体冷却塔

工业生产过程中产生的废热，一般要用冷却水来带走。冷却塔的作用就是将挟带废热的冷却水在塔内与空气进行热交换，使废热传输给空气并散入大气中。例如：火电厂内，锅炉将水加热成高温高压蒸汽，推动汽轮机做功使发电机发电，经汽轮机做功后的废蒸汽排入冷凝器，与冷却水进行热交换凝结成水，再用水泵打回锅炉循环使用。这一过程中乏汽的废热传给了冷却水，使水温度升高，挟带废热的冷却水，在冷却塔中将热量传递给空气，从风筒处排入大气环境。

4. 填料萃取塔

填料萃取塔结构与精馏或者吸收作用的填料塔基本相同，塔内装适合的填料，轻液相由塔底进入，从塔顶排出；重液相由塔顶进入，由塔底排出。萃取操作时连续相充满整个塔中，分散相由分布器分散成液滴进入填料层，并与连续液相接触传质。

5. 分馏塔

在有限的空间内，尽可能地增大液相混合物的热交换面积，一般用于精馏分馏的混合物为有机共沸物，共沸物从反应釜内首先受热上升至分馏段，沸点低的继续上升，因为塔顶在受到低沸点物的传热后温度和低沸点物一致，所以低沸点物被分馏出来，而较高沸点物因为没有达到相应的沸点，故会受冷却后回流至反应釜内或分馏柱下半部分，待低沸点物被完全馏出后，较高沸点物相继被分馏，然后是高沸点物的馏出，最后反应釜底部是残渣。

6. 常见灭火措施

采取工艺措施停泵关阀退料，打开蒸汽阀，向塔内通入蒸汽，防止回火、降低温度。

迅速开启固定消防设施，对初期火灾进行施救，控制火灾发展。

利用举高消防车扑救塔上部火势，车载炮或移动炮扑救塔中部火势，泡沫枪扑救下部火势。同时还要充分利用周围建(构)筑物设立阵地，出移动炮或枪扑救上、中部火势，尤其是要用强大射流攻击泄漏点的火势，以利于及时控制火灾。

二、换热器

换热器是石油化工生产过程中热量交换的最常见的设备(图 5-16)，由壳体、管束和浮头组成，其在化工生产中换热器可作为加热器、冷却器、冷凝器、蒸发器和再沸器等，应用广泛。可分为浮头式换热器、固定管板式换热器、U 形管板换热器、板式换热器等。常见的着火部位是浮头法兰等。

图 5-16 现场整齐排列的换热器

不同介质、不同工况、不同温度、不同压力的换热器，结构型式也不同，按传热原理分为以下四种。

1. 间壁式换热器

温度不同的两种流体在被壁面分开的空间里流动，通过壁面的导热和流体在壁表面对流，两种流体之间进行换热。间壁式换热器有管壳式、套管式和其他型式的换热器。间壁式换热器是应用最为广泛的换热器。

2. 蓄热式换热器

通过固体物质构成的蓄热体，把热量从高温流体传递给低温流体，热介质先通过加热固体物质达到一定温度后，冷介质再通过固体物质被加热，使之达到热量传递的目的。蓄热式换热器有旋转式、阀门切换式等。流体连接间接式换热器，是把两个表面式换热器由在其中循环的热载体连接起来的换热器，热载体在高温流体换热器和低温流体之间循环，在高温流体接收热量，在低温流体换热器把热量释放给低温流体。

3. 直接接触式换热器

又被称为混合式换热器，这种换热器是两种流体直接接触，彼此混合进行换热的设备。例如冷水塔、气体冷凝器等。

4. 复式换热器

兼有汽水面式间接换热及水水直接混流换热两种换热方式的设备。同汽水面式间接换热相比，具有更高的换热效率；同汽水直接混合换热相比具有较高的稳定性及较低的机组噪声。

5. 常见灭火措施

在工艺措施上采取全部切出或部分切出，降低着火换热器的压力和切断物料。

由于换热器温度、压力都较高，泄漏后很易引起燃烧，扑救中要实施两翼夹击战术，在泄漏法兰、浮头的两侧布置枪、炮进行夹攻。

三、加热炉

加热炉一般由辐射室、对流室、余热回收系统、燃烧器和通风系统等五部分组成。其结构通常包括钢结构、炉管、炉墙（炉衬）、燃烧器、孔类配件等。见图 5-17，实物见图 5-18。

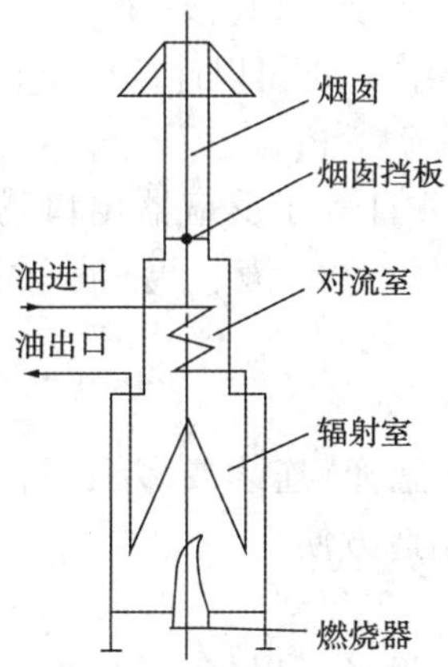

图 5-17　常见加热炉结构

图 5-18　现场箱式加热炉

加热炉工作时，燃料经安装在加热炉底部的燃烧器喷入炉内，与空气均匀混合后在炉膛燃烧。主要包括圆筒加热炉、立式加热炉、箱式加热炉等。利用燃料在炉膛内燃烧时产生的高温火焰与烟气作为热源，来加热炉管中流动的介质，使其达到规定的工艺温度。炉管内有大量可燃介质，炉管外即为明火加热，一旦炉管破裂就会引起火灾事故。常见的着火部位是炉管、回弯头箱开裂。

燃料从燃烧器喷出燃烧，产生高温火焰和高温烟气，高温火焰通过辐射将热量传给辐射室内的炉管，进而传给炉管内的介质。高温烟气由于烟囱的抽力或引风机的作用向上进入加热炉的对流室，通过对流的方式将热量传给对流室内的炉管，进而传给炉管内的介质。

加热炉常见灭火措施：

加热炉发生火灾，要尽快熄灭炉火，切断进料，对炉管内的介质用蒸汽吹扫。对炉内的火焰开启固定消防蒸汽或半固定消防蒸汽进行灭火。

一旦炉砖脱落，炉外壁钢板受到火焰的直接烧烤，可用开花(喷雾)水流雨淋式冷却降温，以防炉壁烧穿。从炉内延烧到壁外的，介质是气体的可用开花(喷雾)水流冷却灭火，介质是液体的可用泡沫扑救。

火灾扑灭后要继续用蒸汽吹扫炉膛和炉管，直到测爆合格为止。

四、反应器

化工装置反应设备是发生化学反应或生物质变化等过程的场所，是流程性材料产品生产中的核心设备。在化工生产中，化学反应的种类很多，操作条件差异很大，物料的聚集状态也各不相同，使用反应器的种类也是多种多样。

图 5-19　检修现场的反应器

按结构可分为管式反应器、釜式反应器、塔式反应器等，常见的着火部位是人孔法兰、进出管线法兰、仪表连管、安全阀等。

图 5-19 为检修现场的反应器。

1. 机械搅拌式反应器

搅拌反应器主要由搅拌容器和搅拌机两大部分组成，搅拌容器包括筒体、换热元件及内构件。搅拌器、搅拌轴及密封装置、传动装置等统称为搅拌机。可以用于均相反应，也可用于多相(液-液，气-液，液-固)反应，可以间歇操作，也可以连续操作。

2. 釜式反应器

也称槽式、锅式反应器。反应器中物料浓度和温度处处相等，并且等于反应器出口物料的浓度和温度。绝大多数用于有液相参与的反应，如液-液、液-固、气-液、气-液-固反应等。

3. 管式反应器

主要用于气相、液相、气-液相连续反应过程，由单根(直管或盘管)连续或多根平行排列的管子组成，一般设有套管或壳管式换热装置。其结构简单，制造方便。

4. 固定床反应器

指流体通过静止不动的固体物料所形成的床层而进行化学反应的设备。以气-固反应的固定床反应器最常见。固定床反应器有轴向绝热式、径向绝热式和列管式三种常见的形式。

5. 流化床反应器

一种利用气体或液体通过颗粒状固体层而使固体颗粒处于悬浮运动状态，并进行气-固相反应过程或液-固相反应过程的反应器。流化床反应器多用于气-固反应过程。

6. 常见灭火措施

在工艺上立即采取泄压降量，在此基础上实施紧固、堵漏等措施，消除泄漏。发生大的泄漏后，迅速停工或局部停工，利用紧急泄压装置对反应器进行快速泄压，对高压高温换热器等设备关闭进料阀，同时通入蒸汽，最大限度削弱火势。

由于反应器、高温高压换热器的压力、温度一般都很高，泄漏的物料会立即燃烧，禁止用直流水、泡沫进行灭火，防止高温设备瞬间遇大量冷水后会产生热胀冷缩现象，造成泄漏口进一步扩大。在375~575℃的Cr-Mo钢材料反应器还存在回火脆性倾向，用水和泡沫扑救，易引起钢材脆性开裂，甚至出现爆炸。一般采用“干粉主攻、蒸汽控制”的方法，即用干粉点射扑灭火焰，然后用蒸汽对泄漏口进行喷射，一是稀释了泄漏区域的氧含量，二是对泄漏物料进行了较好的冷却。

五、储罐

用于储存液体或气体的密封容器即为储罐(图5-20)，储罐是储存各种液体(或气体)原料及成品的专用设备，我国的储油设施多以地上储罐为主，且以金属结构居多。目前我国使用范围最广泛、制作安装技术最成熟的是拱顶储罐、浮顶储罐、卧式储罐、球形储罐。

图5-20 现场储罐

1. 拱顶储罐

拱顶储罐是指罐顶为球冠状、罐体为圆柱形的一种钢制容器。拱顶储罐制造简单、造价低廉，所以在国内外许多行业应用最为广泛，最常用的容积为1000~10000m^3。

2. 浮顶储罐

浮顶储罐是由漂浮在介质表面上的浮顶和立式圆柱形罐壁所构成。浮顶随罐内介质储量的增加或减少而升降，浮顶外缘与罐壁之间有环形密封装置，罐内介质始终被内浮顶直接覆盖，减少介质挥发。

3. 内浮顶储罐

内浮顶储罐是在拱顶储罐内部增设浮顶而成，罐内增设浮顶可减少介质的挥发损耗，外部的拱顶又可以防止雨水、积雪及灰尘等进入罐内，保证罐内介质清洁。这种储罐主要用于储存轻质油，例如汽油、航空煤油等。内浮顶储罐采用直线式罐壁，壁板对接焊制，拱顶按拱顶储罐的要求制作。目前国内的内浮顶有两种结构：一种是与浮顶储罐相同的钢制浮顶；另一种是拼装成型的铝合金浮顶。

4. 卧式储罐

卧式储罐的容积一般都小于100m^3，通常用于生产环节或加油站。卧式储罐环向焊缝采用搭接，纵向焊缝采用对接。圈板交互排列，取单数，使端盖直径相同。卧式储罐的端盖分为平端盖和碟形端盖，平端盖卧式储罐可承受 40kPa 内压，碟形端盖卧式储罐可承受 0.2MPa 内压。地下卧式储罐必须设置加强环，加强还用角钢煨制而成。

5. 球形储罐

球形储罐是指壳体为球形的储罐。主要由球壳、支座及附属构件组成。球壳结构有单层、双层和多层。适用于存储容量较大且有一定压力的液体，如液氨、液化石油气、乙烯等。球壳由多块预压成一定形状的球片板拼焊而成，球罐排板主要有环带式(瓜瓣式)及足球式。支座有支柱式、半埋式和裙式等。附属构件有操作平台、外部扶梯、人孔及阀门等。用以储存液化气的球罐，外部还装有降温喷淋、喷雾及火灾隔热喷淋装置。对受压或受真空的球罐，装有安全阀或真空阀。

6. 常见灭火措施

对于地面流淌火灾，灭火措施如下：

① 四面堵截，阻止扩散。扑救地面流淌火灾要采取堵截合围的战术，阻止火势扩散，要将主要力量投入流淌方向和受火势威胁的邻近建(构)筑物方面，防止火灾蔓延。

② 泡沫扑救，筑堤导流。使用大量泡沫覆盖灭火，同时在流淌方向筑堤堵截或导流到安全地点，火灾扑灭后进行回收。

③ 消除中和，受控燃尽。对于无法回收或泄漏量不大的，可用消油剂、中和剂消除，或在确保安全的前提下燃尽。

六、泵

将机械能转变为液体的能量，用来给液体增压与输送液体的流体机械称为泵(图 5-21)。泵在过程流体机械中占有很大的比重，是一类应用广泛的通用流体机械。根据工作原理，泵可分为叶片泵、容积泵以及不属于这两类的其他类型泵。一般压力较高，大都是因为机械密封不严，阀门法兰泄漏，泵壳裂缝造成输送介质泄漏等引发火灾，个别是因为电机短路，保护装置失灵，引起电机着火。

图 5-21　现场运行的泵

1. 叶片泵

叶片泵是依靠泵内作高速旋转的叶轮把能量传给液体，进行液体输送并提高液体压力的流体机械，由于叶轮中有弯曲且扭曲的叶片，故称叶片泵。根据叶轮结构对液体作用力的不同，叶片泵可分为以下三种。

① 离心泵：靠叶轮旋转形成的惯性离心力而抽送液体的泵。

② 轴流泵：靠叶轮旋转产生的轴向推力而抽送液体的泵。属于低扬程、大流量泵型，一般的性能范围：扬程 1~12m，流量 0.3~65m^3/s，比转数 500~1600。

③ 混流泵：叶轮旋转既产生惯性离心力又产生轴向推力而抽送液体的泵。

2. 容积泵

容积泵是利用工作室容积周期性变化来输送液体并提高液体的压力的流体机械，容积泵按工作元件做往复运动或回转运动可分为往复泵和回转泵两类。

通过活塞、柱塞工作元件做往复运动的容积泵称为往复泵。通过齿轮、螺杆、叶轮转子或滑片等工作元件的旋转来产生工作腔的容积变化使液体不断地从吸入侧转移到排出侧的泵称为回转泵。如齿轮泵、螺杆泵、液环泵、挠性叶轮泵、旋转活塞泵、径向或轴向回转柱塞泵等。

3. 其他类型泵

其他类型泵是利用流体静压力或流体动能来输送液体的流体动力泵，如有利用电磁输送液态电导体态的电磁泵；利用流体能量来输送液体的泵，如喷射泵、空气升液器等。

4. 常见灭火措施

输送泵发生火灾，首先要切断电源，停止泵的运转，降低压力。同时要迅速关闭上、下游阀门，切断物料，从而达到削弱火势的目的。

电机着火时，要立即切断电源，可利用干粉或二氧化碳主攻灭火。

七、压缩机

压缩机按其原理可分为容积型压缩机与速度型压缩机。容积型又分为往复式压缩机和回转式压缩机；速度型压缩机又分为轴流式压缩机、离心式压缩机和混流式压缩机。

石油化工企业常用压缩机按工作原理结构基本可以分成透平式压缩机和容积式压缩机两大类。透平式压缩机有离心式和轴流式两种，如催化装置的主风机采用轴流式的较多，而气压机均是离心式压缩机；容积式压缩机有往复式和回转式(如螺杆式压缩机)。

图 5-22　现场压缩机平台

现场压缩机平台见图 5-22。

1. 离心式压缩机

离心式的压缩机是一种连续排量的压缩机，流体从叶轮获得能量，在叶轮内和静子扩压器内转化为流体压力。炼油厂常用离心式压缩机有水平剖分型和垂直剖分型。

2. 轴流式压缩机

轴流式压缩机也属于透平式或速度式压缩机，炼油厂多选用作催化裂化装置的主风机。

3. 常见灭火措施

可参考反应器和泵等相关设备的灭火方法。

八、管线

图 5-23　厂区内部的管线

管线是石油化工企业连续性生产中传输各种物料的基本手段。其材质一般为钢材，由钢管、阀门、法兰、弯头等组成。着火、泄漏部位一般在法兰、焊缝、弯头处最常见。图 5-23 为厂区内部的管线。

1. 气体管线常见灭火措施

（1）未燃烧时：

① 消防队到达现场后立即设立警戒区，禁止机动车辆和人员进入，消除警戒区内一切明火，用可燃气体检测仪进行侦测，确定泄漏范

围，按泄漏区半径的2倍调整警戒区域。

② 采取措施停泵降压、关阀断料，彻底切断气源，为控制事态奠定基础。

③ 组织力量在下风向或可能产生明火一侧开花水枪或自动摇摆炮构筑起水幕，稀释和驱散气体，防止闪爆。

④ 当压力下降后，组织特勤队员或专业堵漏人员进行堵漏。

⑤ 堵漏成功后，一方面继续用水流稀释和驱散残留在泄漏点周围和附近低洼处的气体，同时用检测仪反复侦测泄漏点和附近低洼处的气体，直至达到爆炸下限以下为止。

（2）已燃烧时：

① 组织力量对着火管道的两端，以及邻近管道进行冷却，控制火势发展。

② 冷却时禁止将火种打灭，以免引起气体扩散，遇明火发生爆炸、燃烧。

③ 要求生产单位停泵降压、关阀断料，断绝气源。

④ 在着火部位压力明显降低，完全可以断源的情况下采取两侧夹攻，扑灭火灾。

2. 液体管线常见灭火措施

输送可燃液体的管道泄漏着火，可使用泡沫管枪或泡沫炮在着火管道两侧夹击火势。这样既遏制了火灾，也冷却了管道，同时掉下来的泡沫又扑救了地面火。

对于流淌到地面的火焰，采用四面合围、阻止流淌，泡沫覆盖、围而歼之的战术方法进行扑救。

第六章　消防设施基础知识

由于石油化工企业火灾危险性高，厂区内配套建设了大量固定消防设施，包括消防水泵房及稳高压消防水管网、消防泡沫站及管网、水喷淋冷却系统、干粉灭火系统及火灾自动报警系统等，本章将重点介绍这些消防设施的工作原理、基本构成和操作要点，帮助消防员了解灭火救援时，有哪些固定消防设施可以使用，消火栓的水从哪儿来、油罐上面出的泡沫怎么产生，以便有效发挥这些设施的功能，完成灭火任务。

第一节　稳高压消防水系统

一、工作原理

石油化工企业的稳高压消防水系统管网应独立布置，不与生产(或生活)给水管道连通，设计压力多为0.7~1.2MPa。平时通过稳压水泵维持管网的高压，火灾时随着消火栓、消防炮、水喷淋等固定消防设施出水，管网压力下降后消防水泵将自动(压力信号联锁)起泵，使管网工作压力和流量达到灭火要求。

二、系统组成

稳高压消防水系统主要由消防水泵、稳压水泵、气压水罐、启动控制装置、消防水池(罐)、消火栓、消防炮及系统管网和阀门等组成。

1. 消防水泵

消防水泵是在消防给水系统中(包括消火栓系统、喷淋系统、水幕系统和泡沫灭火系统等)用于保证系统给水压力和水量的给水泵。

(1) 水泵构成：水泵由叶轮、叶片、泵壳、泵轴、吸水管、出水管等部件组成。目前消防给水系统中使用的水泵多为离心泵。消防水泵及结构示意图如图6-1所示。

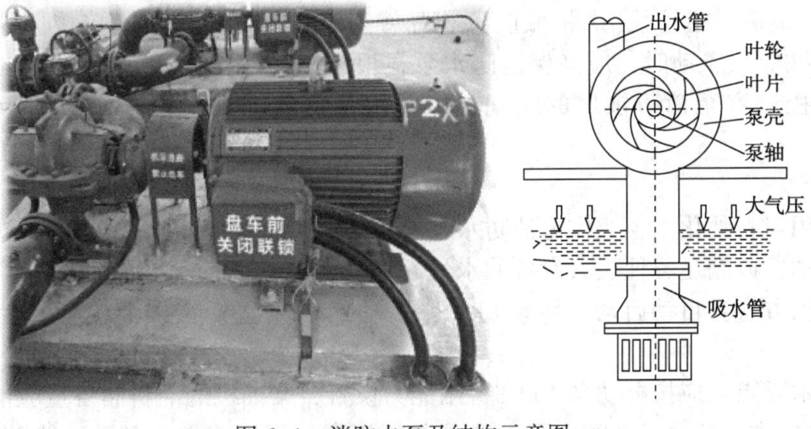

图6-1　消防水泵及结构示意图

（2）工作原理：水泵通过叶轮的旋转将能量传递给水，从而增加了水的动能、压能，并将其输送到灭火设备处，以满足各种灭火设备的水量、水压要求，消防水泵是消防给水系统的心脏。

（3）技术要点：消防水泵应设置备用泵，备用泵的工作能力不应小于最大一台消防工作泵。自动喷水灭火系统可按用一备一或用两备一的比例设置备用泵。消防水泵应采用自灌式引水系统。消防给水同一泵组的消防水泵型号宜一致，且工作泵不宜超过3台。图6-2为某石化罐区消防水泵设置图。

图6-2 消防水泵设置图

（4）启动方式：包括联锁启动、联动启动、远程手动、现场手动和机械应急启动等。

自动启动：包括联锁启动、联动启动两种，消防水泵无须人为操作即可自动启泵。自动启动时，消防水泵控制柜必须设置在自动状态。自动启动时间应确保从接到启泵信号到水泵正常运转不应大于2min，这是以备用泵的启动时间为准计算的。

远程手动：通过火灾报警控制器多线盘或总线盘直接手动启动消防泵，实现远程手动启停功能。

现场手动：直接在消防泵控制柜上设置可以启动或停止消防泵的按钮，以用于消防泵检修或测试时的启停。

机械应急启动：当自动、现场手动等启泵方式不能正常启泵或全部失效后，通过消防水泵控制柜上的机械应急启动装置，直接手动闭合消防水泵的主接触器来启动消防水泵，称为“最后一道防线”。机械应急装置就是一个手动开关，直接接通消防泵电源使其启动。机械应急启动时，应确保消防水泵在报警5min内正常工作。这个时间可包含了管理人员从控制室至消防泵房的时间，以及水泵从启动到正常工作（前段所述2min的时间）。

2. 柴油机泵

（1）作用：石油化工企业作为消防水泵的备用泵。火灾时，工作泵故障或者供电中断，自动点火启动，以满足各种灭火设备的水量、水压要求。

（2）启动方式：自动启动、手动启动。手动启动应包括在柴油机旁及控制柜上手动启动。

（3）技术要点：应按电动泵100%备用能力设置，柴油机的油料储备量应能满足机组连续运转6h的要求。柴油机消防水泵配备的柴油机应采用压缩点火型的，能随时自动启动，至少具备连续工作运行 24h 的性能要求，确保消防给水的可靠性。应配备两套蓄电池组，并能实现自动切换；蓄电池应架设在地面上，加以固定以防止滑移，并定位于不会受高温、震动、机械损伤或水浸的位置，应便于维护。除超速断路装置动作使柴油机停车外，柴油机消防泵组不得自动停机，只能手动操作停机。柴油机泵组设置图见图 6-3。

图 6-3　柴油机泵组(正面及侧面)

3. 稳压水泵

(1) 作用：在稳高压消防水系统中，配合主泵，从水池取水输向系统，用于稳定系统中平时最不利点水压，保持系统压力。

(2) 工作原理：稳压泵由消防给水管网或气压水罐上设置的自动启停泵压力开关或压力变送器控制启停。

稳压泵通过三个压力控制点(p_2，p_{S1}，p_{S2})分别和压力继电器相连接，用来控制其工作。稳压泵向管网中持续充水时，管网内压力升高，当达到设定的压力值 p_{S2}(稳压上线)时，稳压泵停止工作。若管网存在渗漏或其他原因导致管网压力逐渐下降，当降到设定压力值 p_{S1}(稳压下线)时，则稳压泵再次启动。如此周而复始，从而使管网的压力始终保持在 p_{S1}~p_{S2}。若稳压泵启动持续给管网补水，但管网压力还继续下降，则可认为有火灾发生，管网内的消防水正在被使用。因此，当压力继续降到设定压力值 p_2(消防主泵启动压力点)时，联锁启动消防主泵，同时稳压泵停止。稳压水泵设置及压力表安装见图 6-4。

图 6-4　稳压水泵及压力表

（3）技术要点：稳压泵的设计流量不应小于消防给水系统管网的正常泄漏量和系统自动启动流量。稳压水泵一般选用小流量、高扬程的水泵，应设置备用泵，通常可按一用一备选用。稳压泵宜采用单吸单级或单吸多级离心泵，泵外壳和叶轮等主要部件的材质宜采用不锈钢。稳压泵吸水管应设置明杆闸阀，稳压泵出水管应设置消声止回阀和明杆闸阀。设置稳压泵的稳高压消防水系统应设置防止稳压泵频繁启停的技术措施，如采用气压水罐。

4. 气压水罐

（1）作用：避免稳压泵频繁启停。

（2）工作原理：在气压罐内设定的 p_1、p_2、p_{S1}、p_{S2} 四个压力控制点中，p_1 为气压罐设计最小工作压力，p_2 为消防水泵启动压力，p_{S1} 为稳压泵启动压力，p_{S2} 为稳压泵停泵压力。

当罐内压力为 p_{S2}，消防给水管网处于较高压力状态，稳压泵和消防水泵均处于停止状态，随着管网渗漏或其他原因造成泄压，罐内压力从 p_{S2} 降至 p_{S1} 时，便自动启动稳压泵，向气压罐补水，直到罐内压力达到 p_{S2} 时，稳压泵则停止运转，从而保证了气压罐内消防储水的常备储存。

若发生火灾，随着灭火设备出水，气压罐内储水减少，压力下降，当压力从 p_{S2} 降至 p_{S1} 时，稳压泵启动，但稳压泵流量较小，其供水全部用于灭火设备，气压罐内的水得不到补充，罐内压力继续下降到 p_2 时，消防泵启动向管网供水，同时向控制中心报警。当消防泵启动后，稳压泵停止运转，消防增压稳压工作完成。气压水罐及原理图见图 6-5。

图 6-5 气压水罐及原理图

（3）技术要点：调节容积应根据稳压泵启泵次数不大于 15 次/h（计算确定），但容积不宜小于 150L。气压水罐最小设计工作压力应满足系统最不利点灭火设备所需的水压要求。

5. 电接点压力表

（1）作用：电接点压力表广泛应用于石油化工等行业领域，用于测量各种流体介质压力，与相应的电气器件（如继电器及变频器等）配套使用，可实现自动控制和发信（报警）的目的。

（2）工作原理：在稳压泵系统应用时，绿色指针设定为 p_{S1} 控制点，红色指针设定为 p_{S2} 控制点，黑色指针用以监控稳压罐压力。当稳压罐内压力降低，黑色指针到达 p_{S1} 控制点处时，压力表公共端与下限闭合，使稳压泵控制柜收到电信号，进而启动稳压泵；当压力逐

渐恢复至 p_{S2} 控制点时，压力表公共端与上限闭合，继而停止稳压泵，完成稳压泵启停循环。电接点压力表示意图见图 6-6。

6. 消防水池(罐)

(1) 作用：人工建造的供固定或移动消防水泵吸水的储水设施。图 6-7 为某企业消防水罐(池)设置现场。

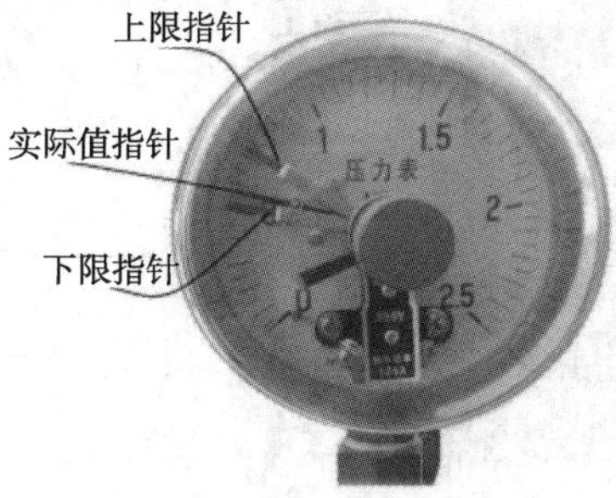

图 6-6　电接点压力表示意图

图 6-7　消防水罐(池)

(2) 技术要点：消防水罐(池)蓄水容积大于 500m³ 时，宜设两格，并应设置满足最低有效水位的连通管；但当大于 1000m³ 时，应设置能独立使用的两座，每座消防水池应设置独立的出水管，并应设置满足最低有效水位的连通管；补水时间，不宜超过 48h。消防水罐(池)应设液位检测、高低液位报警及自动补水设施。消防水池的出水管应保证消防水池的有效容积能被全部利用，与其他用水共用的水池，应采取确保消防用水量不作他用的技术措施。消防水池应设置溢流水管和排水设施，并应采用间接排水。严寒、寒冷等冬季结冰地区的消防水池应采取防冻措施。

(3) 设置要求：储存室外消防用水的消防水池或供消防车取水的消防水池，应设置取水口(井)，且吸水高度不应大于 6.0m；取水口(井)与建筑物(水泵房除外)的距离不宜小于 15m；与甲、乙、丙类液体储罐等构筑物的距离不宜小于 40m；与液化石油气储罐的距离不宜小于 60m，当采取防止辐射热保护措施时，可为 40m。

7. 消火栓

消火栓是一种固定式消防设施，主要用于控制可燃物、隔绝助燃物、消除着火源。供消防车从给水管网取水实施灭火，也可以直接连接水带、水枪出水灭火，是扑救火灾的重要消防设施之一。

石油化工企业消火栓宜选用地上式消火栓，宜沿道路敷设，距路面边不宜大于 5m，距建筑物外墙不宜小于 5m，地上式消火栓的大口径出水口应面向道路。罐区及工艺装置区的消火栓应在其四周道路边设置，消火栓的间距不宜超过 60m。当装置内设有消防道路时，应在道路边设置消火栓。当其设置场所有可能受到车辆冲撞时，应在其周围设置防护设施。

(1) 室外地上消火栓

① 技术要点：应有一个直径为 150mm 或 100mm 和两个直径为 65mm 的栓口。应布置在消防车易于接近的人行道和绿地等地点，且不应妨碍交通。应避免设置在机械易撞击的地点，当确有困难时应采取防撞措施。距路边不宜小于 0.5m，并不应大于 2m，距建筑外墙或外墙边缘不宜小于 5m。工艺装置区应根据设计流量经计算确定，且间距不应大于

60.0m。当工艺装置区宽度大于120m时，宜在该装置区内的路边设置室外消火栓。室外地上消火栓设置见图6-8。

图6-8　室外地上消火栓

② 注意要点：甲、乙、丙类液体和液化石油气等储罐区室外消火栓设置在防火堤或防护墙外的安全地点。

距罐壁15m范围内的室外消火栓在火灾发生时因辐射热而难以使用，故不应计算在该罐可使用的数量内。

③ 室外消火栓的使用方法：打开消火栓小口的闷盖；将消防水带进行连接；连接水带接口及出水枪头或移动炮；用消火栓钥匙打开消火栓的出水阀门开关；至少两人手拿喷水枪头，向火源喷水直到火熄灭为止。

(2) 室内消火栓

① 作用：控制可燃物、隔绝助燃物、消除着火源，防止火灾蔓延扩大的重要供水装置，建筑物应用最广泛的一种消防设施。既可以供火灾现场人员使用消火栓箱内的消防水喉、水枪扑救初期火灾，也可供消防人员扑救建筑物的大火。室内消火栓安装图见图6-9。

图6-9　室内消火栓

② 技术要点：应采用*DN*65的室内消火栓，并可与消防软管卷盘或轻便水龙设置在同一箱体内。应配置公称直径65mm有内衬里的消防水带，长度不宜超过25m。宜配当量喷嘴直径16mm或19mm的消防水枪，但当消火栓设计流量为2.5L/s时，宜配当量喷嘴直径11mm或13mm的消防水枪。

③ 室内消火栓的使用方法：打开或击碎箱门，取出消防水带；展开消防水带；水带一头接到消火栓接口上；另一头接上消防水枪头；另外一个人打开消火栓上的水阀开关；对准火源根部，进行灭火。

(3) 地下消火栓

地下消火栓是一种室外地下消防供水设施，安装在地下，不影响市容、交通。

① 结构：与供水管路连接，由阀、出水口和栓体等组成。地下消火栓结构示意图见图 6-10。

② 技术要点：地下式消火栓顶部进水口或顶部出水口应正对井口。顶部进水口或顶部出水口与消防井盖底面的距离不应大于 0.4m，井内应有足够的操作空间，并应做好防水措施。地下式消火栓应有明显的永久性固定标志。直径不宜小于 1.5m，且当地下式消火栓的取水口在冰冻线以上时，应采取保温措施。

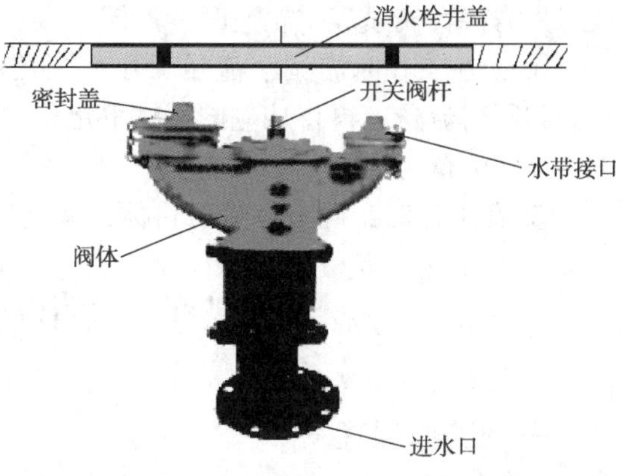

图 6-10　地下消火栓结构示意图

③ 地下消火栓的使用方法：地下消火栓上盖着厚重的井盖板，打开时一般由两个人用铁质的专用工具勾起井盖板，露出地下消火栓；取水带往火场方向伸展开，水带中间不能有折叠，同时连接好枪头；打开地下消火栓接口闷盖，将水带跟其连接；再用加长的地下消火栓钥匙深入地下，拧开阀门，注意要握紧枪头，若压力过大，应由 2～3 人同时操作枪头。

8. 消防水炮

(1) 作用：消防水炮以水或泡沫作为灭火介质，用以远距离扑灭火灾或冷却周边设施。固定消防炮现场安装图见图 6-11。

图 6-11　固定消防炮现场图

(2) 技术要点：甲、乙类可燃气体、可燃液体设备的高大构架和设备群应设置水炮保护。消防水炮的布置应根据水炮的设计流量和有效射程确定其保护范围，消防水炮距保护对象不宜小于 15m。出水量宜为 30～50L/s。消防水炮应具有直流和水雾两种喷射方式。室外消防炮的布置应能使消防炮的射流完全覆盖被保护场所及被保护物，且应满足灭火强度及冷却强度的要求。

(3) 使用方法：

① 操作前应检查该炮进水法兰是否与外连接法兰通过螺栓已紧固密封。

② 将管路水压力调到额定压力范围内(通过压力表观察)。

③ 当要直流喷射时，只需将直流喷雾手轮顺时针旋转即可实现。如需使该炮处于喷雾

状态只需将直流喷雾手轮逆时针旋转。

④ 如在工作时需调节流量大小，只需将限位手柄从右向左打起，然后旋转流量调节套，到所需流量，再将从左向右按下定位，便可进行理想的流量喷射(往顺时针旋转流量为小，反之流量为大)。

⑤ 在工作时，确定好喷射目标，调整水平位置和俯仰角度就可实现。

第二节　消防水喷淋(雾)系统

一、工作原理

当发现火灾后，通过远程手动或由现场手动打开报警阀组或控制阀门，同时发出火灾报警信号给火灾报警控制器，并启动消防水泵，使水通过消防给水管网输送到水雾喷头，向保护对象喷射水雾进行灭火或防护冷却。

二、系统组成

消防冷却水系统由固定消防水池(罐)、消防水泵、消防给水管网、雨淋报警阀(或电动控制阀、气动控制阀)、过滤器及储罐上设置的固定冷却水雾喷头组成。消防冷却水系统结构简单，使用方便，便于施工，容易管理，灭火速度快，控火效率高，经济、可靠。图 6-12 为某石化罐区水喷淋系统雨淋阀组。

图 6-12　现场雨淋阀组

三、设置要点

1. 可燃液体储罐

可燃液体地上立式储罐应设固定或移动式消防冷却水系统。对于罐壁高于 17m 的储罐、容积等于或大于 10000m^3 的储罐应设置固定式消防冷却水系统。图 6-13 为可燃液体储罐水喷淋设置图。

系统控制阀应设在防火堤外，并距被保护罐壁不宜小于 15m；控制阀后及储罐上设置的消防冷却水管道应采用镀锌钢管。

储罐喷头宜布置在保护对象周围，与保护储罐外壁之间的距离不应大于0.7m；储罐抗风圈或加强圈无导流设施时，其下面应设置冷却水环管；当储罐上的冷却水环管分割成两个或两个以上弧形管段时，各弧形管段间不应连通，并应分别从防火堤外连接水管，且应分别在防火堤外的进水管道上设置能识别启闭状态的控制阀。

冷却水立管下端应设置锈渣清扫口，且距罐基础顶面应大于300mm。

储罐立管与罐组内的水平管道之间的连接应能消除储罐沉降引起的应力。

2. 球罐

容积等于或大于2000m^{3}的低压储罐应设置固定式消防冷却水系统。图6-14为液态烃球罐水喷淋设置图。

图6-13　可燃液体储罐水喷淋设置图

图6-14　液态烃球罐水喷淋设置图

水雾喷头与保护储罐外壁之间的距离不应大于0.7m，喷头的喷口应面向球心；当球罐的容积等于或大于1000m^{3}时，赤道以上环管之间的距离不应大于3.6m；无防护层的球罐钢支柱和罐体液位计、阀门等处应设水雾喷头保护。

全压力式、半冷冻式液化烃储罐容积等于或大于1000m^{3}时，应采用遥控控制阀。

系统立管与罐组内的水平管道之间的连接应能消除储罐沉降引起的应力。

控制阀应设在防火堤外，并距被保护罐壁不宜小于15m。控制阀前应设置带旁通阀的过滤器，控制阀后及储罐上设置的消防冷却水管道应采用镀锌钢管。在现场控制阀门能够远程手动或现场手动打开，管路立即充水，喷头马上喷水。

3. 卧式储罐

水雾喷头的布置应使水雾完全覆盖裸露表面，罐体液位计、阀门等处也应设水雾喷头保护。

4. 工艺装置

对于工艺装置内不能被固定水炮有效保护的特殊危险设备及场所，如无隔热层的可燃气体设备，宜设水喷淋或水喷雾系统。

石化企业装置区一般采用雨淋系统，其由开式洒水喷头、雨淋报警阀组等组成，发生火灾时由火灾自动报警系统或传动管控制，自动开启雨淋报警阀组和启动消防水泵，用于灭火的开式系统。

液化烃及操作温度等于或高于自燃点的可燃液体泵为火灾多发设备，应设置水喷雾(水喷淋)系统进行雾状冷却保护，喷淋强度不宜低于 9L/(m^2 · min)。

甲类、乙类液体泵，可燃气体压缩机及其他相关设备，其保护面积应按相应设备的投影面积确定，且水雾应包络密封面和其他关键部位。

系统的控制阀可露天设置，距被保护对象不宜小于 15m。

在寒冷地区设置的水喷淋或水喷雾等消防设施应采取防冻措施。

第三节　泡沫灭火系统

泡沫灭火系统是水系灭火系统的应用拓展，具有水灭火系统的许多特点，也是扑救甲、乙、丙类液体火灾最行之有效的灭火手段。

一、工作原理

泡沫灭火剂(泡沫液)和压力水，经泡沫产生器与空气充分混合后形成泡沫。泡沫灭火系统通过机械作用将泡沫罐接通消防水经过消防水泵的加压，使源源不断的消防水经过泡沫罐，部分消防水经过进水管道进入泡沫罐的内部将泡沫液挤压出去；泡沫液被挤压出来后，经过出液管道，与另一部分消防水在比例混合装置以一定比例(3%或 6%)混合后形成泡沫混合液，泡沫比例混合液在压力的作用下通过管道输送至储罐泡沫产生器，与空气结合产生大量的泡沫，并在被保护对象表面形成泡沫覆盖层，达到实施灭火的作用。

二、系统组成

石化企业一般采用液上喷射泡沫灭火系统，即泡沫从液面上喷入被保护储罐内的灭火系统。该系统通常设计为固定式和半固定式两种，固定式泡沫灭火系统也具备半固定使用功能。

1. 固定式泡沫灭火系统

固定式泡沫灭火系统由固定泡沫消防泵、泡沫比例混合器、泡沫混合液管道以及储罐上设置的固定空气泡沫产生器组成。图 6-15 为某企业固定式泡沫灭火系统(泡沫站)。

每个泡沫产生器均应在防火堤外设置独立的控制阀。

图 6-15　固定式泡沫灭火系统(泡沫站)

2. 半固定式泡沫灭火系统

半固定式泡沫灭火系统是在储罐上设置固定的空气泡沫产生器，灭火时由泡沫消防车或机动泵通过消防水带供给泡沫混合液的泡沫灭火系统。该系统是供消防员应急情况下使用的，通过外接消防车直接将泡沫液输送到罐顶油面，形成泡沫覆盖层，扑灭火灾。半固定式液上喷射泡沫灭火系统见图 6-16。

图 6-16　半固定式液上喷射泡沫灭火系统

对每个泡沫产生器，应在防火堤外距地面 0.7m 处设置带闷盖的管牙接扣。

3. 移动式泡沫灭火系统

移动式泡沫灭火系统是由消防车或机动消防泵、泡沫比例混合器、泡沫枪或移动式泡沫产(发)生装置，用消防水带临时连接组成的灭火系统。一般用来扑灭流淌火。

三、系统主要构件

1. 泡沫比例混合器

泡沫比例混合器是使水与泡沫原液按规定比例混合，形成混合液的装置。其是泡沫灭火系统的“神经中枢”，工作性能的好坏直接关系到泡沫灭火系统扑救火灾的成败。

目前常用的泡沫比例混合器有环泵式泡沫比例混合器、压力式比例混合器、平衡压力式泡沫比例混合器、管线式泡沫比例混合器。图 6-17 为压力式泡沫比例混合装置以及工作示意图。

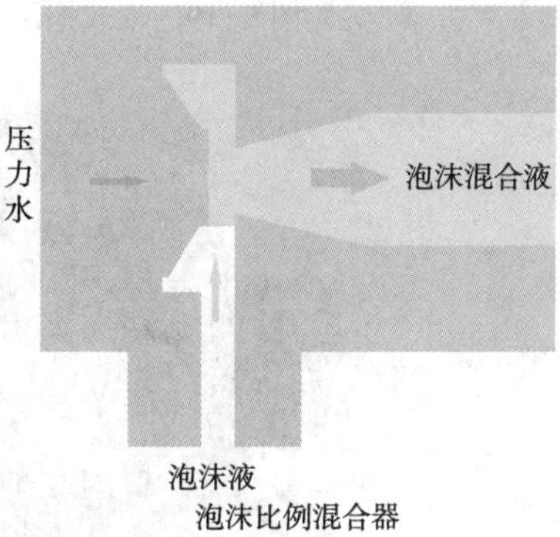

图 6-17　压力式泡沫比例混合装置及工作示意图

2. 泡沫产生器

泡沫产生器由壳体组、泡沫喷管组和导板组三个部分构成，是一种固定安装在液体储罐上，产生和喷射泡沫的灭火设备。一般用于扑救 A 类、B 类火灾，主要用于扑救油类火灾。根据结构与形式可分为横式和立式两种，推荐安装立式。图 6-18 为立式泡沫产生器及结构示意图。

3. 泡沫液罐

泡沫液罐用来提供泡沫比例混合液或者泡沫液。图 6-19 为囊式泡沫液罐(左)和无囊式泡沫液罐(右)原理图，图 6-20 为现场泡沫液罐。

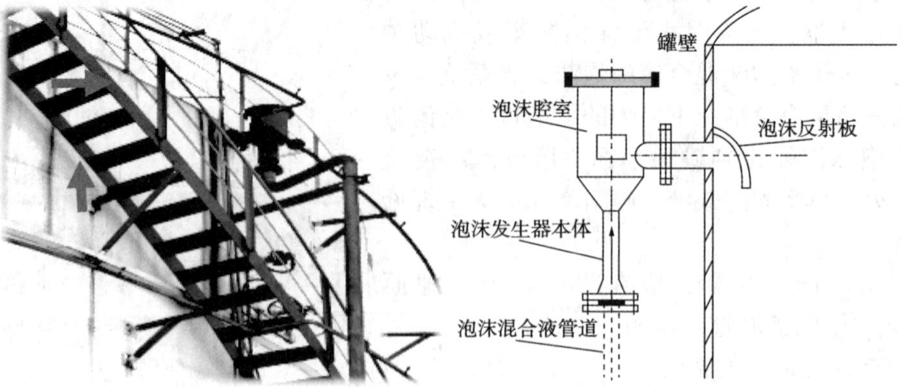

图 6-18 立式泡沫产生器及结构示意图

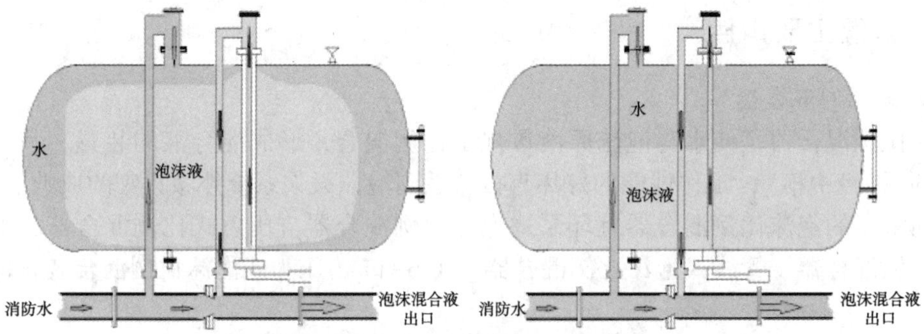

图 6-19 囊式泡沫液罐(左)和无囊式泡沫液罐(右)

图 6-20 现场泡沫液罐

4. 泡沫消火栓

泡沫消火栓是安装在泡沫混合液管线上，喷射泡沫混合液的一种专用消防设施。使用时应先接好水带和喷射设备(泡沫枪或泡沫炮)才能打开出液阀，应注意阀门的开关方向。图 6-21 为泡沫消火栓。

图 6-21　泡沫消火栓

四、设置要点

1. 一般要求

① 泡沫消防水泵、泡沫液泵、泡沫液储罐、泡沫产生器、泡沫液管道、泡沫混合液管道、泡沫管道、管道过滤器等宜涂红色，给水管道宜涂绿色；

② 对于水溶性甲类、乙类、丙类液体及其他对普通泡沫有破坏作用的甲类、乙类、丙类液体，必须选用抗溶水成膜、抗溶氟蛋白或低黏度抗溶氟蛋白泡沫液。

2. 泡沫比例混合器

① 单罐容量不小于 5000m^3 的固定顶储罐、外浮顶储罐、内浮顶储罐，应选择平衡式或机械泵入式比例混合装置；

② 平衡式、机械泵入式、泵直接注入式比例混合器的泡沫液进口管道上应设单向阀，泡沫液管道上应设冲洗及放空设施；

③ 平衡式比例混合装置的进水管道上应安装压力表，且其安装位置应便于观测；

④ 囊式压力比例混合装置的泡沫液储罐单罐容积不应大于 5m^3；内囊应由适宜所储存泡沫液的橡胶制成，且应标明使用寿命；

⑤ 泡沫比例混合器(装置)的标注方向应与液流方向一致。

3. 泡沫产生器

① 固定顶储罐、内浮顶储罐应选用立式泡沫产生器；

② 外浮顶储罐宜选用与泡沫导流罩匹配的立式泡沫产生器，并不得设置密封玻璃，当采用横式泡沫产生器时，其吸气口应为圆形；

③ 泡沫产生器的空气吸入口及露天的泡沫喷射口，应设置防止异物进入的金属网。

4. 泡沫液罐

① 盛装泡沫液的储罐应采用耐腐蚀材料制作，且与泡沫液直接接触的内壁或衬里不应对泡沫液的性能产生不利影响；

② 储罐上应设出液口、液位计、进料孔、排渣孔、人孔、取样口；

③ 囊式压力比例混合装置的储罐上应标明泡沫液剩余量；

④ 储罐周围应留有满足检修需要的通道，其宽度不宜小于 0.7m，且操作面不宜小于 1.5m；当储罐上的控制阀距地面高度大于 1.8m 时，应在操作面处设置操作平台或操作凳；

⑤ 储罐上应设置铭牌，并应标识泡沫液种类、型号、出厂日期和灌装日期、有效期及储量等内容，不同种类、不同牌号的泡沫液不得混存。

5. 泡沫消火栓

① 采用固定式系统的储罐区，当邻近消防站的泡沫消防车 5min 内无法到达现场时，应沿防火堤外均匀布置泡沫消火栓，且泡沫消火栓的间距不应大于 60m；

② 泡沫消火栓的大口径出液口应朝向消防车道。

第四节　气体灭火系统

气体灭火系统一般是根据所使用的灭火介质命名的，目前常用的有二氧化碳灭火系统、七氟丙烷灭火系统、惰性气体灭火系统等。气体灭火系统具有灭火效率高、灭火速度快、保护对象无污损等优点。

一、工作原理

气体灭火系统是以一种或多种气体作为灭火介质，通过气体在整个防护区内或保护对象周围的局部区域建立起灭火浓度实现灭火效果。灭火效率高、灭火速度快、保护对象无污损等。

当防护区发生火灾后产生的烟雾、热辐射等，使烟感、温感等探测器探测到火灾信号，并将火灾信号传送到火灾报警控制器，控制器自动发出声光报警并启动联动装置，经过一段时间延时(30s 可调)，发出系统启动信号，启动驱动气体瓶组上的容器阀释放驱动气体，打开通向发生火灾的防护区的选择阀，同时打开灭火剂瓶组的容器阀，各瓶组的灭火剂经连接管汇集到集流管，通过选择阀到达安装在防护区内的喷头进行喷放灭火。

图 6-22　气体灭火系统控制器

二、系统组成

气体灭火系统主要由灭火剂瓶组、驱动气体瓶组、单向阀、选择阀(适用于组合分配系统)、驱动装置、集流管、连接管、喷嘴、信号反馈装置、安全泄放装置、控制盘、检漏装置、低泄高封阀(适用于具有驱动气体瓶组的系统)、管路管件等部件构成。因系统驱动气体不同，部分部件有所差异。图 6-22 为气体灭火系统控制器。

三、设置要点

(1) 管网系统应具有自动启动、手动启动和机械应急启动功能；预制灭火系统应设自动控制和手动控制功能。手动启动和机械应急启动应有防止误动作的有效措施，并用文字或图形符号标明操作方法。

（2）采用自动控制启动方式时，根据人员安全撤离防护区的需要，应有不大于 30s 的可控延迟喷射；对于平时无人工作的防护区，可设置为无延迟的喷射。

（3）组合分配系统的动作程序应在选择阀开启后或同时打开容器阀。

（4）设有气体灭火系统的场所，宜配置空气呼吸器。

（5）防护区的门应向疏散方向开启，并能自行关闭；用于疏散的门必须能从防护区内打开。

（6）防护区应设置泄压口，七氟丙烷灭火系统的泄压口应位于防护区净高的 2/3 以上。

（7）喷放灭火剂前，防护区内除泄压口外的开口应能自行关闭。

四、安全要求

（1）实施气体灭火系统，防护区的入口处喷放指示灯亮或声、光报警器响，人员必须撤离防护区。

（2）灭火后的防护区应通风换气。防护区未完成通风换气前，不准入内。必须进入时应佩戴防毒面具或正压式空气呼吸器。

（3）防护区应有保证人员在 30s 内疏散完毕的通道和出口。

（4）灭火剂喷放指示灯信号，应保持到防护区通风换气后，以手动方式解除。

（5）采用气体灭火系统的防护区，应设置火灾自动报警系统，并应选用灵敏度级别高的火灾探测器。

（6）集流管上的泄压装置的泄压方向不应朝向操作面。

第五节　干粉灭火系统

一、工作原理

干粉灭火系统是以驱动气体（氮气、二氧化碳或压缩空气）为动力，向干粉罐内提供压力，推动干粉罐内的干粉灭火剂，通过管路输送到干粉炮、干粉枪或固定喷嘴后喷出，以达到扑救易燃、可燃液体、可燃气体和电气设备火灾的目的。干粉在灭火过程中，粉雾与火焰接触、混合，发生一系列物理和化学作用，既具有化学灭火剂的作用，同时又具有物理抑制剂的特点。

二、系统组成

干粉灭火系统是由干粉供应源通过输送管道连接到固定的喷嘴上，通过喷嘴喷放干粉的灭火系统，在组成上与气体灭火系统类似。

干粉灭火系统由干粉灭火设备和自动控制两大部分组成。干粉灭火设备由干粉储存容器、驱动气瓶组、启动气瓶组、减压阀、管道及喷嘴组成。自动控制由探测器、信号反馈装置、报警控制器组成，能自动或手动向被保护对象喷射干粉灭火剂。

干粉灭火系统按应用方式可分为全淹没灭火系统和局部应用灭火系统。

扑救封闭空间内的火灾应采用全淹没灭火系统；扑救具体保护对象的火灾应采用局部应用灭火系统。图 6-23 为固定干粉灭火系统在某聚丙烯装置三乙基铝储罐局部应用的布置图。

图 6-23　固定干粉灭火系统(局部应用)

三、设置要点

干粉灭火系统应设有自动控制、手动控制和机械应急操作三种启动方式。当灭火系统局部应用于经常有人的保护场所时可不设自动控制启动方式。

设有火灾自动报警系统时，灭火系统的自动控制应在收到两个独立火灾探测信号后才能启动，并应延迟喷放，延迟时间不应大于 30s，且不得小于干粉储存容器的增压时间。

全淹没灭火系统的手动启动装置应设置在防护区外邻近出口或疏散通道便于操作的地方；局部应用灭火系统的手动启动装置应设在保护对象附近的安全位置。

所有手动启动装置都应明显地标示出其对应的防护区或保护对象的名称。在紧靠手动启动装置的部位应设置手动紧急停止装置，其安装高度应与手动启动装置相同。

四、安全要求

（1）当防护区或保护对象有可燃气体，易燃、可燃液体供应源时，启动干粉灭火系统之前或同时，必须切断气体、液体的供应源。

（2）防护区内及入口处应设火灾声光警报器，防护区入口处应设置干粉灭火剂喷放指示门灯及干粉灭火系统永久性标志牌。

（3）防护区的走道和出口，必须保证人员能在 30s 内安全疏散。

（4）防护区的门应向疏散方向开启，并应能自动关闭，在任何情况下均应能在防护区内打开。

（5）防护区入口处应装设自动、手动转换开关。转换开关安装高度宜使中心位置距地面 1.5m。

（6）地下防护区和无窗或设固定窗扇的地上防护区，应设置独立的机械排风装置，排风口应通向室外。

（7）局部应用灭火系统，应设置火灾声光警报器。

（8）当系统管道设置在有爆炸危险的场所时，管网等金属件应设防静电接地，接地线应连接可靠，接地电阻小于 100Ω。

第六节　蒸汽灭火系统

石油化工企业有蒸汽供给系统时，工艺装置设置固定式或半固定式蒸汽灭火系统简单易行，对于初期火灾灭火效果好。使用蒸汽系统时，当蒸汽流速过高时会产生静电，使用时应引起注意，防止静电产生火花。蒸汽灭火系统设备简单、安装方便、使用灵活、维修容易。

一、工作原理

蒸汽灭火系统是利用水蒸气的不燃特性，它能稀释或置换燃烧区内的可燃气体(蒸气)和助燃气体，并降低这两种气体的浓度，从而达到有效窒息灭火的作用。据实战经验，当封闭区域内空气中含有30%以上的水蒸气时，即能熄灭大多数油类火灾。

二、系统组成

蒸汽灭火系统是以生产或生活用蒸汽锅炉作为蒸汽源，通过设置简单的管道系统、半固定式接头和耐热胶管连接即可实施灭火。蒸汽灭火系统都为手动启动，没有复杂的控制设施，平时维护管理较为简单。

灭火蒸汽宜采用饱和蒸汽，饱和蒸汽的灭火效果优于过热蒸汽，尤其扑灭高温设备的油气火灾，不仅能迅速扑灭漏泄处火灾，而且不会引起设备的损坏，此外饱和蒸汽比过热蒸汽经济。

三、设置要点

(1) 灭火蒸汽管应从主管上方引出以避免支管存液，蒸汽压力不宜大于1MPa。

(2) 半固定式灭火蒸汽快速接头(简称半固定式接头)的公称直径应为20mm；与其连接的耐热胶管长度宜为15~20m。

(3) 炼油装置加热炉的炉膛及输送腐蚀性可燃介质的回弯头箱内应设灭火蒸汽管道接口。灭火蒸汽管道应从蒸汽分配管引出。蒸汽分配管距加热炉不宜小于7.5m，并至少应预留两个半固定式接头。

(4) 室内空间小于500m^3的封闭式甲、乙、丙类泵房或甲类气体压缩机房内应沿一侧墙高出地面150~200mm处设固定式筛孔管，并应沿另一侧墙壁适当设置半固定式接头备用。在其他甲、乙、丙类泵房或可燃气体压缩机房内应设半固定式接头。

(5) 在操作温度等于或高于自燃点的气体或液体设备附近宜设固定式蒸汽筛孔管，其阀门距被保护设备不宜小于7.5m。

(6) 在甲、乙、丙类设备的多层构架或塔类联合平台的每层或隔一层宜设半固定式接头。

(7) 固定式筛孔管或半固定式接头的阀门应安装在明显、安全和开启方便的地点。

(8) 软管站蒸汽管接头也可用作灭火蒸汽管接头。

第七节　火灾自动报警系统

火灾自动报警系统能够提高建筑消防安全等级、保障人员生命安全，是一种最基本的消防系统，通过探测火灾早期特征、发出火灾报警信号、向各类其他自动消防设施发出控制信号并接收反馈信号，为人员疏散、防止火灾蔓延和启动自动灭火设备提供控制与指示，进而实现既定消防功能的自动消防设施。

一、工作原理

火灾自动报警系统由火灾探测报警系统和消防联动控制系统两部分组成，能在火灾初期，将现场燃烧产生的烟雾、热量、火焰等物理量，通过烟感、温感等探测器探测到火灾信号，并将火灾信号变成电信号，传输到火灾报警控制器，控制器自动发出声光报警，同时显示出火灾发生的部位、时间等，并启动自动消防设施等联动装置扑灭初期火灾，防止火灾蔓延，使人们能够及时发现火灾，并及时采取有效应对措施。火灾报警控制器(联动型)见图6-24。

图6-24　火灾报警控制器(联动型)

火灾探测报警系统是实现早期火灾探测并发出火灾报警信号的系统，一般由火灾触发器件(火灾探测器、手动火灾报警按钮)、声和/或光警报器、火灾报警控制器等组成。

消防联动控制系统是接收火灾报警控制器发出的火灾报警信号，按预设逻辑完成各项消防控制的控制系统。由消防联动控制器、消防控制室图形显示装置、消防电气控制装置(防火卷帘控制器、气体灭火控制器等)、消防电动装置、消防联动模块、消火栓按钮、消防应急广播设备、消防电话等设备和组件组成。

二、系统组成

火灾自动报警系统按应用范围可分为区域报警系统、集中报警系统、控制中心报警系统三类。

1. 区域报警系统

区域报警系统适用于仅需要报警，不需要联动自动消防设备的保护对象，应由火灾探测器、手动火灾报警按钮、火灾声光警报器及火灾报警控制器等组成，这是系统的最小组成要求。手动报警按钮和声光报警器见图6-25。

图6-25　手动报警按钮和声光报警器

系统中可包括消防控制室图形显示装置和指示楼层的区域显示器，当未设置消防控制室图形显示装置时，应设置火警传输设备。

2. 集中报警系统

集中报警系统适用于不仅需要报警，同时需要联动自动消防设备，且只设置一台具有集中控制功能的火灾报警控制器和消防联动控制器的保护对象，保护对象应设置一个消防控制室。

系统应由火灾探测器、手动火灾报警按钮、火灾声光警报器、消防应急广播、消防专用电话、消防控制室图形显示装置、火灾报警控制器、消防联动控制器等组成，这是集中报警系统的最小组成。其中火灾报警控制器、消防联动控制器和消防控制室图形显示装置、消防应急广播的控制装置、消防专用电话总机等起集中控制作用的消防设备，应设置在消防控制室内。消防专用电话和消防应急广播见图 6-26。

图 6-26　消防专用电话和消防应急广播

3. 控制中心报警系统

控制中心报警系统适用于设置两个及以上消防控制室的保护对象，或已设置两个及以上集中报警系统的保护对象。

有两个及以上消防控制室时，应确定一个主消防控制室。主消防控制室应能显示所有火灾报警信号和联动控制状态信号，并应能控制重要的消防设备；各分消防控制室内消防设备之间可互相传输、显示状态信息，但不应互相控制。

三、设置要点

（1）火灾自动报警系统应设置交流电源和蓄电池备用电源，交流电源应采用消防电源，备用电源可采用火灾报警控制器和消防联动控制器自带的蓄电池电源或消防设备应急电源。

（2）火灾自动报警系统应设有自动和手动两种触发装置，火灾报警控制器应设置在消防控制室内或有人值班的房间和场所。

（3）任一台火灾报警控制器所连接的火灾探测器、手动火灾报警按钮和模块等设备总数和地址总数，均不应超过 3200 点，其中每一总线回路连接设备的总数不宜超过 200 点，且应留有不少于额定容量 10%的余量；任一台消防联动控制器地址总数或火灾报警控制器（联动型）所控制的各类模块总数不应超过 1600 点，每一联动总线回路连接设备的总数不宜超过 100 点，且应留有不少于额定容量 10%的余量。

（4）系统总线上应设置总线短路隔离器，每只总线短路隔离器保护的火灾探测器、手动火灾报警按钮和模块等消防设备的总数不应超过 32 点；总线穿越防火分区时，应在穿越处设置总线短路隔离器。

（5）火灾声光警报器应由火灾报警控制器的火警继电器直接启动。

（6）具有消防联动功能的火灾自动报警系统的保护对象中应设置消防控制室。

（7）系统应具有将相关运行状态信息传输到城市消防远程监控中心的功能。

（8）需要火灾自动报警系统联动控制的消防设备，其联动触发信号应采用两个独立的报警触发装置报警信号的“与”逻辑组合。

（9）外浮顶油罐宜采用线型光纤感温火灾探测器，且每只线型光纤感温火灾探测器应只能保护一个油罐，并应设置在浮盘的堰板上；采用光栅光纤感温火灾探测器保护外浮顶油罐时，两个相邻光栅间距离不应大于 3m。

四、安全要求

（1）火灾自动报警系统主电源不应设置剩余电流动作保护和过负荷保护装置。

（2）消防设备应急电源输出功率应大于火灾自动报警及联动控制系统全负荷功率的120%，蓄电池组的容量应保证火灾自动报警及联动控制系统在火灾状态同时工作负荷条件下连续工作 3h 以上。

（3）火灾自动报警系统采用共用接地装置时，接地电阻值不应大于 1Ω；采用专用接地装置时，接地电阻值不应大于 4Ω。

（4）火灾自动报警系统存在问题和故障时，应及时进行维修。维修一般应在 48h 内完成；需要由供应商或者生产企业提供零配件时，应在 5 个工作日内完成。

（5）火灾自动报警系统的供电线路、消防联动控制线路应采用耐火铜芯电线电缆，报警总线、消防应急广播和消防专用电话等传输线路应采用阻燃或阻燃耐火电线电缆。

（6）火灾报警信号宜联动报警区域内的工业视频装置确认火灾。

（7）火灾自动报警系统应保持连续正常运行，不得因误报等原因随意切断电源，使系统中断运行。

第八节　灭　火　器

灭火器是一种较轻便的灭火器具，其结构简单、操作方便、使用广泛，是扑救各类初期火灾的重要消防器材。

一、工作原理

灭火器需要由人进行操作，主要借助内部驱动压力将所充装的灭火剂喷射到着火部位，达到实施灭火目的。

二、灭火器的构成

灭火器主要由筒体、阀门(俗称器头)、灭火剂、保险销、虹吸管、密封圈、喷射软管及喷嘴等部件组成。

（1）筒体(钢瓶)：储存灭火剂的容器，能承受一定的压力。

（2）器头(控制阀)：控制灭火器开闭的阀门，与筒体螺纹连接，一般由黄铜材料经热锻加工而成。器头既具有密封灭火剂的性能，又具有间歇喷射的功能，其上还有显示灭火器内部压力的压力表(二氧化碳灭火器无压力表)。

（3）虹吸管(导液管)：灭火剂向外输送的通道，安装在筒体内。材料应根据灭火剂的不同而区别选用。

（4）喷射部件(喷嘴或喷射软管)：灭火剂由筒体内向外喷射的通道。

干粉灭火器和二氧化碳灭火器结构示意图见图 6–27。

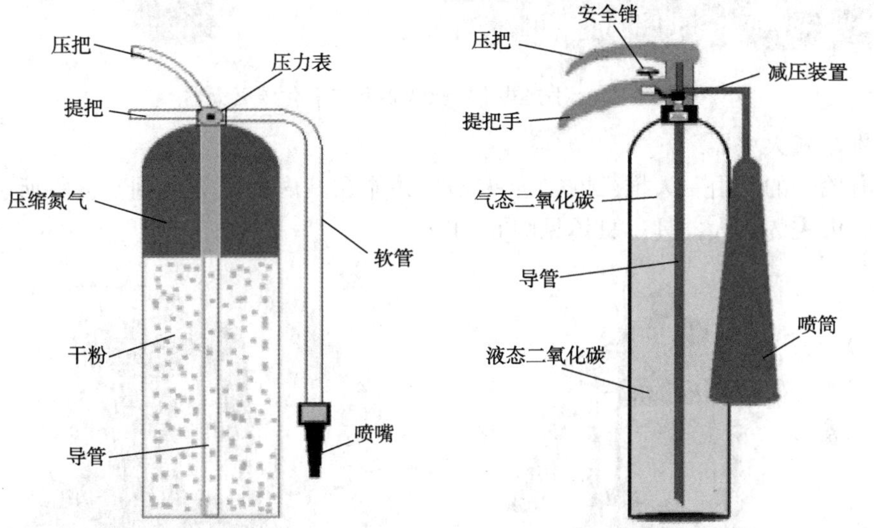

图 6–27　干粉灭火器和二氧化碳灭火器结构示意图

三、灭火器的分类

灭火器主要以移动方式、驱动压力源、灭火剂种类及灭火类型等进行分类。见图 6–28。

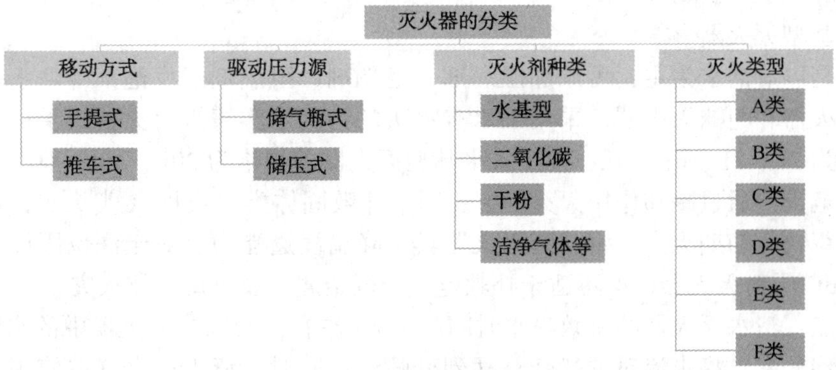

图 6–28　灭火器的分类

1. *以移动方式分类*

（1）手提式灭火器

能在其内部压力作用下，将所装的灭火剂喷出以扑救火灾，并可手提移动的灭火器具。具体见图 6–29。

图 6-29　手提式干粉灭火器和二氧化碳灭火器

(2) 推车式灭火器

指装有轮子的可由一人推(或拉)至火场，并能在其内部压力作用下，将所装的灭火剂喷出以扑救火灾的灭火器具。具体见图 6-30。

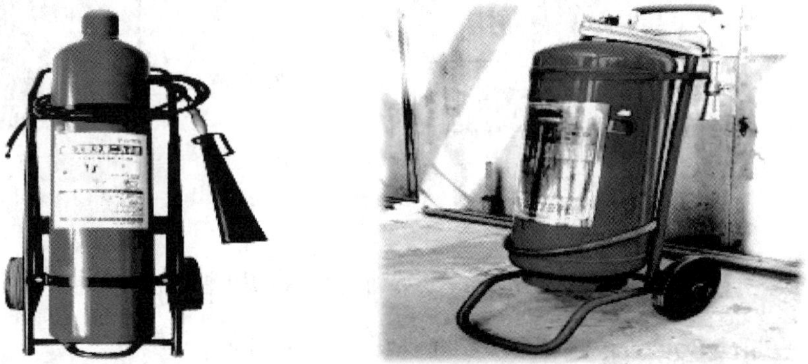

图 6-30　推车式干粉灭火器和二氧化碳灭火器

2. *以充装的灭火剂分类*

(1) 水基型灭火器

充装的是以清洁水为主，可添加湿润剂、增稠剂、阻燃剂或发泡剂等。水基型灭火器包括清水灭火器和泡沫灭火器。采用细水雾喷头的为细水雾清水灭火器。手提式水基型灭火器的规格为 2L、3L、6L、9L；推车式水基型灭火器的规格为 20L、45L、60L、125L。

灭火的范围：通过冷却作用灭火，主要用于扑救固体类火灾即 A 类火灾，如木材、纸张、棉麻、织物等初期火灾。水基型灭火器具有降温浸透能力，对于深位固体火灾的灭火能力优于 ABC 干粉灭火器，但不适于扑救电气、轻金属以及可燃气体火灾。

技术要点：清水灭火器的有效喷水时间为 1min 左右，所以当灭火器中的水喷出时，应迅速将灭火器提起，将水流对准燃烧最猛烈处喷射；同时，清水灭火器在使用中应始终与地面保持大致垂直状态，不能颠倒或横卧，否则会影响水流的喷出。

(2) 二氧化碳灭火器

充装的是二氧化碳灭火剂，二氧化碳灭火剂平时以液态形式储存于灭火器中，其主要依靠窒息作用和部分冷却作用灭火。

二氧化碳灭火器的结构与手提式灭火器的结构基本相似，只是二氧化碳灭火器的充装压力较大，取消了压力表，增加了安全阀。判断二氧化碳灭火器是否失效一般采用称重法，低于充装量95%就应进行维修。

二氧化碳灭火器适合液体、气体以及600V以下的带电设备火灾，不可用于扑灭固体火灾，适用于贵重图书室、精密仪器机房、设备间、配电室等场所。

（3）干粉灭火器

干粉灭火器是利用氮气作为驱动动力，将筒内的干粉灭火剂喷出灭火的灭火器。干粉灭火剂是一种在消防中得到广泛应用的灭火剂，是用于灭火的干燥且易于流动的微细粉末，由具有灭火效能的无机盐和少量的添加剂经干燥、粉碎、混合而成的微细固体粉末组成。除扑救金属火灾的专用干粉化学灭火剂外，干粉灭火剂一般分为BC干粉灭火剂和ABC干粉灭火剂两大类。

BC类干粉灭火剂的成分是碳酸氢钠、碳酸氢钾，用于灭液体、气体、带电设备火灾。

ABC类干粉灭火剂的成分是磷酸铵盐，可以有效扑灭大部分固体、液体、气体、带电设备火灾，应用范围较广，适合大部分场所配置。

四、灭火器的使用

1. 手提式灭火器

灭火时，在距燃烧物3~5m处使用灭火器，先将筒体上、下颠倒几次，然后拔掉开启压把上的保险销，一只手握住喷射软管前端喷嘴，另一只手将开启压把下压，对准火焰根部喷射。

使用注意事项：

（1）操作时一定要握住喷射软管，且要握住软管的喷嘴部。防止带压摆动伤人。

（2）喷射时由远及近，逐步向火焰推进。

（3）喷射点在火焰的根部。

（4）注意风向，选择上风、侧上风向操作，适时调整。

强调：使用二氧化碳灭火器时，在室外应选择在上风方向喷射，使用时宜佩戴手套，不能直接用手抓住喇叭筒外壁或金属连接管，以防止手被冻伤。

2. 推车式灭火器

使用注意事项：

（1）使用前将推车摇动数次，防止干粉长时间放置后发生沉淀，影响灭火效果。

（2）推车式灭火器一般由两人配合操作，使用时两人一起将灭火器推或拉到燃烧处，离燃烧物10m左右操作。

（3）一人取下喷枪，展开喷带，注意喷带不能弯折或打圈，打开喷管处阀门。

（4）另一人拔出保险销，向上提起手柄，使手柄扳到正冲上位置。

（5）对准火焰根部，扫射推进，注意死角，防止复燃。

（6）灭火完成后，首先关闭后部阀门，然后关闭喷嘴处阀门。

五、安全要求

（1）在同一灭火器配置场所，存在不同火灾种类时，应选用通用型灭火器；当选用两种或两种以上类型灭火器时，应采用灭火剂相容的灭火器。不相容的灭火剂有：BC干粉灭火剂和ABC干粉灭火剂；BC干粉灭火剂与蛋白泡沫灭火剂；蛋白泡沫、氟蛋白泡沫与水成膜泡沫灭火剂。

(2) 干粉灭火器的灭火剂粉尘颗粒多，对防尘有要求的场所不适用；水基型灭火器不适于扑救带电设备、可燃气体火灾；二氧化碳灭火器不可用于扑灭固体火灾。

(3) 灭火器的安装设置应便于取用，且不得影响安全疏散。灭火器箱不应被遮挡、上锁或拴系等，以免影响灭火器的取用。

(4) 灭火器设置点的环境温度不得超出灭火器的使用温度范围，防止超出使用温度上限时压力过高而导致灭火器爆裂，也防止低于使用温度下限时压力偏低，影响灭火效果。

(5) 灭火器维修时每次送修的数量不得超过配置场所总数量的1/4，超出时应选择相同类型和操作方法的灭火器替代，且灭火级别不应降低，避免影响灭火器的整体灭火能力。

(6) 使用二氧化碳灭火器扑救电气火灾时，若电压超过600V，应先断电后灭火。

第三篇

消防员日常训练内容

第七章　体技能训练

消防队伍承担灭火救援和其他应急救援工作，应实行军事化管理，制定一日生活制度，严格教育、严格训练、严格管理、严格要求，用铁的纪律和精湛的过硬本领打造一支召之即来、战之必胜的队伍。本章重点介绍体技能训练通用科目，鉴于各队伍装备器材配置不同，可结合实际设定考核标准。

第一节　队列训练

参照《国家综合性消防救援队伍内务条令》，推动安全生产应急救援队伍正规化建设水平，进一步规范执勤、训练、生活秩序等内容，保持严明的纪律作风。队列训练是推进队伍军事化管理的有效方法，通过队列训练，培养队员良好的姿态、严整的仪容、协调一致的动作、雷厉风行的作风和严格的组织纪律性，使队伍正规化建设迈向新台阶。

一、队列指挥

1. 队列指挥的位置

指挥位置应便于指挥和通视全体队员。停止间，在队列中央前；行进间，纵队时在左侧中央前，必要时在中央前，横队、并列纵队时在左侧前或左侧，必要时在右侧。

2. 指挥位置的变换

通常用跑步(5 步以内用齐步)来变换指挥位置，进到预定位置后，成立正姿势下达口令；纵队行进时，可在行进中下达口令。

二、队列动作

1. 单兵队列动作

训练目的：使消防员了解和掌握单兵徒手队列动作的动作要领。

(1) 立正、稍息、跨立

立正要领：立正时两脚跟靠拢并齐，两脚尖向外分开约 60°；两腿挺直，小腹微收，自然挺胸；上体正直，微向前倾；两肩要平，稍向后张，两臂自然下垂，手指并拢自然微曲，头要正，口要闭，下颌微收，两眼向前平视。

稍息要领：稍息时左脚顺脚尖方向伸出约全脚的三分之二，两脚自然伸直，上体保持立正姿势，身体重心大部分落于右脚。稍息过久，可自行换脚。

跨立要领：左脚向左跨出约一脚之长，两腿自然伸直，上体保持立正姿势，身体重心落于两脚之间。两手背后，左手握右手腕，右手手指并拢自然弯曲，手心向后。

(2) 停止间转法

向左(右)转要领：以左(右)脚跟为轴，左(右)脚跟和右(左)脚掌前部分同时用力，使身体和脚一致向左(右)转 90°，身体重心落于右脚，右(左)脚取捷径，迅速靠拢左(右)脚，成立正姿势。

向后转要领：向后转的要领，按向右转的要领向后转 180°。

(3) 脱帽、戴帽

要领：脱帽时，双手捏帽檐或者帽前端两侧将帽取下，置于左小臂，帽徽向前，掌心向上，四指扶帽檐或帽墙前端中央处，小臂略成水平，右手放下。

戴帽时，双手捏帽檐或帽前端两侧，将帽迅速戴正。

(4) 敬礼、礼毕

要领：敬礼时，上体正直，右手取捷径迅速抬起，五指并拢自然伸直，中指微接帽檐右角前约 2cm 处(戴无檐帽时，微接太阳穴上方帽墙下沿)，手心向下，微向外张(约 20°)，手腕不得弯曲，右大臂略平，与两肩略成一线，同时注视受礼者。

礼毕时，右手取捷径迅速放下，恢复立正姿势。

(5) 蹲下、起立

要领：蹲下时，右脚后退半步，臀部坐在右脚跟上(膝盖不着地)，两手自然放在两膝上，上体保持正直。

起立时，全身协调迅速起立，成立正姿势。

(6) 行进与停止

① 齐步行进与立定

要领：左脚向正前方迈出约 75cm，身体重心前移，右脚照此法动作；上体正直，微向前倾；手指轻轻握拢，拇指贴于食指第二节；两臂前后自然摆动，向前摆臂时，肘部弯曲，小臂自然里合，手心向内稍向下，拇指根部对正衣扣线，并与最下方衣扣同高距身体约 25cm；向后摆臂时，手臂自然伸直，手腕前侧距裤缝线约 30cm。行进速度为每分钟 116~122 步。

听到“立—定”的口令，左脚再向前大半步着地，右脚取捷径迅速靠拢左脚，成立正姿势。

② 正步行进与立定

要领：左脚向正前方踢出(腿要绷直，脚尖下压，脚掌与地面平行，离地面约 25cm)，约 75cm，适当用力使全脚掌着地，同时身体重心前移，右脚照此法动作；上体正直，微向前倾；手指轻轻握拢，拇指贴于食指第二节；向前摆臂时，肘部弯曲，小臂略成水平，手心向内稍向下，手腕下沿摆到高于最下方衣扣约 10cm 处，离身体约 10cm；向后摆臂时(左手心向右，右手心向左)，手腕前侧距裤缝线约 30cm。行进速度为每分钟 110~116 步。

听到“立—定”的口令，左脚再向前大半步着地，两脚挺直，右脚取捷径迅速靠拢左脚，成立正姿势。

③ 跑步前进与立定

要领：听到预令“跑步”，两手迅速握拳(四指蜷握，拇指贴于食指第一关节和中指第二节)，提到腰际，约与腰带同高，拳心向内，肘部稍向里合。听到“走”的动令，上体微向前倾，两腿微弯，同时左脚利用右脚掌的蹬力跃出约 85cm，两脚挺前脚掌先着地，身体重心前移，右脚照此法动作；两臂前后自然摆动，向前摆臂时，大臂略直，肘部贴于腰际，小臂略平，稍向里合，两拳内侧各距衣扣线约 5cm；向后摆臂时，拳贴于腰际，行进速度为每分钟 170~180 步。

听到“立定”的口令，再跑 2 步，然后左脚向前大半步(两拳收于腰际，停止摆动)着地，右脚靠拢左脚，同时将手放下，成立正姿势。

2. 班组队列动作

训练目的：使消防员了解和掌握班组队列动作的动作要领。

（1）班的队形

班长位于班横队中央前 5～7 步处，依次下达：“立正”“向右看—齐”“向前—看”的口令。

班长半面向左转，跑步进到横队右侧 3～5 步处，向右后转，依次下达“向右—转”“向前对正”的口令。

班长半面向右转，跑步进到班纵队左侧中央前 5～7 步处，向左后转，依次下达：“向左—转”“稍息”的口令。

（2）集合、解散

班长位于班横队中央前 5～7 步处，依次下达：“立正”“解散”的口令。下达“全班注意”的口令，而后向左或向右转，位于预定队形中央前 3～5 步处，依次下达“成班纵队集合”“解散”的口令。

班长发出：“全班注意”的口令，而后向右或向左转，位于预定队形中央前 5～7 步处，依次下达“成班横队集合”“稍息”的口令。

（3）整齐、报数

班长位于班横队中央前5～7 步处，下达“立正”的口令，而后向左转、齐步进到基准兵正前方，向右转，对正基准兵后下达“第一名，向前一步—走”的口令，对其实施纠正。

班长向右转，齐步回到横队中央前，向左转，对全班依次下达“向右看—齐”“向前—看”的口令。

班长向左转，齐步进到第二名战士的正前方，向右转与其对正，而后从第二名战士起以跨步变位，逐一实施纠正。

班长半面向左转，跑步进到半横队右侧 3～5 步处，向右后转，左跨半步，由右至左依次纠正足跟线，右跨一步，由右至左依次纠正胸线。

班长半面向右转，跑步进到班横队中央前 5～7 步处，向左后转，依次下达“向右看—齐”“向前—看”“向左看—齐”“向前—看”“以×××同志为基准，向中看齐”“向前—看”的口令。

班长依次下达“报数”“稍息”的口令。

（4）出列、入列

班长位于班横队中央前5～7 步处。依次下达“立正”“×××同志、出列”“入列”“稍息”的口令。

（5）行进与停止

班长位于班横队中央前5～7 步处，下达“立正”的口令，班长向右后转，跑步进到适当位置，向左后转。

班长依次下达“齐步—走”“立—定”“向后—转”“齐步—走”“立—定”“向后—转”的口令。

班长依次下达“正步—走”“立—定”“向后—转”“正步—走”“立—定”“向后—转”的口令。

班长依次下达“跑步—走”“立—定”“向后—转”“跑步—走”“立—定”的口令。

班长跑步进到班横队后侧中央前5~7步处，半面向右转，依次下达“向后—转”“稍息”的口令。

（6）队形变换

班长位于班横队中央前5~7步处，下达“立正”的口令。班长向左跨步，进到预定队形中央前5~7步处，下达“成班两列横队走”的口令。班长向右跨步，进到预定队形中央前5~7步处，下达“间隔两步，向左离开”“成班横队走”的口令。

班长半面向左转，跑步进到班横队右侧3~5步处，向右后转，下达“向右—转”的口令。

班长左跨半步，下达“成班两路纵队走”的口令。班长下达“距离两步，向后离开”的口令。班长右跨半步，下达“成班纵队走”的口令。

班长半面向右转，跑步进到纵队中央前5~7步处，向左后转，依次下达“向左—转”“稍息”“立正”的口令。

班长向左后转，跑步进到适当的位置，向左后转，依次下达“齐步—走”“向右转走”“向左转走”“立定”“稍息”的口令。

（7）方向变换

班长位于班横队中央前5~7步处，下达“立定”的口令。班长向右转，跑步进到横队左前方适当位置(预定班横队中央前)，向左转，依次下达“左转弯，齐步—走”“立—定”的口令。班长向左转，跑步进到横队右前方适当的位置(预定班横队中央前)，向后转，依次下达“右转弯，齐步—走”“立—定”的口令。

班长向右后转，跑步进到横队走前方适当位置(预定班横队中央前)，向左后转，依次下达“齐步—走”“左转弯—走”“前进”“右转弯—走”“前进”“立—定”的口令。

班长位于班横队中央前5~7步处，下达“向右—转”的口令。而后向左后转，跑步进到班纵队左侧前适当位置，向右后转，依次下达“左转弯，齐步—走”“立—定”的口令。

班长沿班纵队左侧前跑步到队列左侧适当位置，向后转，依次下达“左后转弯，齐步—走”“立—定”的口令，班长向左转，跑步进到班纵队右侧前适当位置，向后转，依次下达“右转弯，齐步—走”“立—定”的口令。班长沿纵队右侧跑步进到班纵队右后侧适当位置，向后转，依次下达“右后转弯走，齐步—走”“立—定”的口令。

班长半面向右转，跑步进到班纵队左侧适当位置，向左后转，依次下达“齐步—走”“左转弯—走”“左后转弯—走”“右转弯—走”“右后转弯—走”“立—定”“向左—转”“向右(左、中)看—齐”“向前—看”“稍息”的口令。

第二节　体能训练

一、单杠引体向上

（1）训练目的：通过训练，提高消防员的臂力和腹部肌肉力量。

（2）操作程序：操作时，消防员在单杠前成立正姿势，听到“预备”的口令时，消防员两手握单杠，身体保持垂直姿势，双脚离地。听到“开始”的口令时，迅速发力引体屈臂(可前后摆动)，引体至下颚过杠时，还原，反复操作。落地即算完成操作。

（3）操作要求：

① 下颚不过杠的，不计取引体向上个数；

② 操作时有人协助的，不计成绩；

③ 消防员落地即算完成操作。

二、单杠卷身上

（1）训练目的：通过训练，提高消防员的臂力和腹部肌肉力量。

（2）操作程序：两手迅速用力屈臂拉杠，同时含胸、收腹、举腿，上体后倒，两臂继续用力拉杠，腿向后上方伸出过杠，使腹部贴于杠上，翻转手腕，抬头挺胸，伸直臂成正撑。身体沿杠后放下时，含胸收腹，两臂用力，缓冲下落还原成直臂悬垂(两腿必须低于悬垂线且两脚不得触地)，以此反复进行。落地即算完成操作。

（3）操作要求：

① 绕杠后，身体缓冲下落还原成直臂悬垂，两脚不得触地；

② 操作时有人协助的，不计成绩；

③ 消防员落地即算完成操作。

三、100m 徒手跑

（1）训练目的：通过训练，提高消防员的瞬间爆发力。

（2）操作程序：在平地上标出长 100m、每道宽 2. 5m 的跑道，在起点线后 3m 处标出集合线，在 100m 处标出终点线。

操作时，消防员在起点线成立正姿势，听到“预备”的口令后，迅速做好起跑准备(起跑姿势不限)，听到“开始”的口令，迅速起跑，跑出终点线。

（3）操作要求：抢跑两次(含两次)及抢占跑道的，不计成绩。

四、100m 负重跑

（1）训练目的：通过训练，提高消防员的爆发力和臂力。

（2）操作程序：在平地上标出长 100m、每道宽 2. 5m 的跑道，在起点线后 3m 标出集合线，在 100m 处标出终点线，在起点线处放置两盘 65mm 双卷水带(每盘长 20m±0. 5m)。

操作时，消防员在起点线成立正姿势，听到“预备”的口令后，迅速做好起跑准备，听到“开始”的口令，迅速提起两盘水带跑出终点线。

（3）操作要求：

① 如果水带中途散落无法卷起，只能握住两盘或一盘水带接口继续往终点线跑时，要等水带全部拖出终点线后才能计时；

② 消防员跑动过程中如头盔、安全带、水带等物品掉落后，没有重新拾起穿戴好而跑出终点线的，不计成绩；

③ 抢跑两次(含两次)及抢占跑道的，不计成绩。

五、3000m 徒手跑

（1）训练目的：通过训练，提高消防员的耐力。

（2）操作程序：操作时，消防员听到“预备”的口令后，在起点线上做好起跑准备，听到“开始”的口令，迅速起跑，跑出终点线。

(3) 操作要求：

① 跑动过程中有故意撞人、绊人等不良行为的，不计成绩；

② 有他人助跑的，加秒。

第三节　技能训练

一、65mm 两盘水带连接操

(1) 训练目的：使消防员学会两盘 65mm 水带的连接方法，掌握铺设水带和连接接口的技能。

(2) 操作程序：在长 37m、宽 2. 5m 的平地上，标出起点线和终点线。距起点线前 1m、1. 5m、8m 处分别标出器材线、分水器拖止线、水带甩带线。器材线后放置水枪一支、三叉分水器一只、65mm 水带两盘(每盘长 20m±0. 5m)，接口朝前，两接口间相距约 10cm(场地示意见图 7-1)。

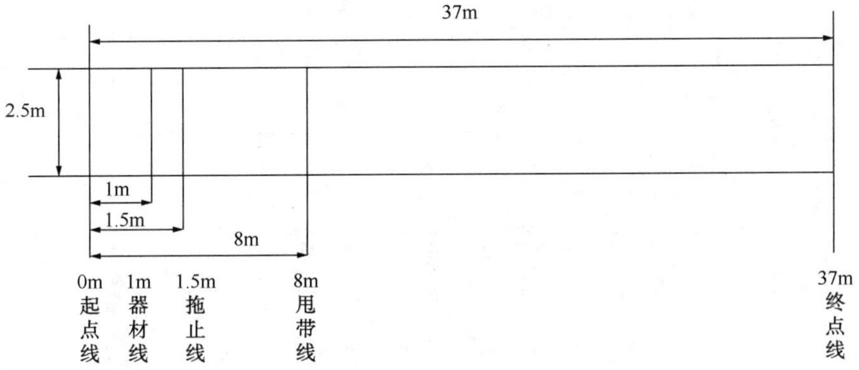

图 7-1　65mm 两盘水带连接操场地示意

操作时，消防员在起点线成立正姿势，听到“开始”的口令迅速向前，手持水带，先甩开第一盘水带，接上分水器接口，在跑动中连接上水带接口，甩开第二盘水带并连接水枪接口，冲出终点线，举手示意喊“好”。

(3) 操作要求：

① 水带不应出线、压线或扭圈 360°；

② 第一盘水带应甩至甩带线；

③ 接口不得脱口或卡口；

④ 分水器不应拖出拖止线；

⑤ 消防员必须在铺带线路内完成全部动作。

(4) 成绩评定：

有下列情况者，不计成绩：

① 接口脱口、卡口、未接上水枪冲出终点线；

② 越过终点线同时水枪脱手；

③ 未经许可擅自卸接口。

有下列情况者，加秒：

① 第一盘水带未甩至甩带线的；

② 扭圈超过 360°的；

③ 分水器接口拖出拖止线的；

④ 水带出线、压线、出线后弹回的。

二、65mm 三盘水带连接操

（1）训练目的：使消防员学会三盘 65mm 水带的连接方法，掌握铺设水带和连接接口的技能。

（2）操作程序：在长 55m、宽 2.5m 的平地上，标出起点线和终点线。距起点线前 1m、1.5m、8m、13m、33m 处分别标出器材线、分水器拖止线、水带拖止线、抛带线。器材线后平放水枪一支、三叉分水器一只、立放三盘 65mm 双卷水带(每盘长 20m±0.5m)，接口朝前，两接口间相距约 10cm(场地示意见图 7-2)。

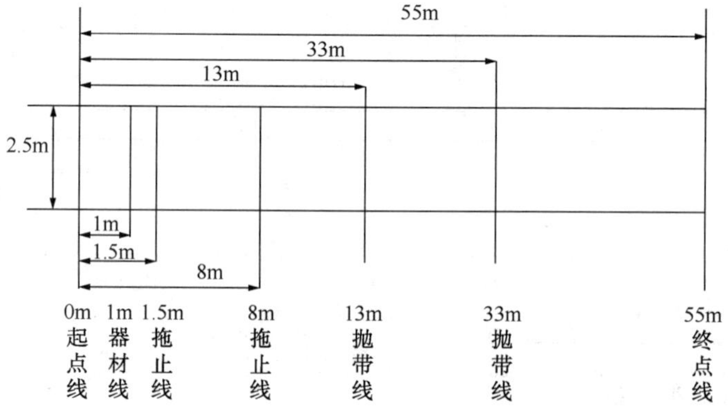

图 7-2　65mm 三盘水带连接操场地示意

操作时，消防员在起点线成立正姿势，听到“开始”的口令迅速向前，甩开第一盘水带，接上分水器接口，另一个接口与第二盘水带连接，然后双手各持一盘水带，跑到 13m 甩带线处，再甩开第二盘水带，与第三盘水带连接，跑到 33m 甩带线处，继续甩开第三盘水带，连接上水枪，冲出终点线，做好立射姿势喊“好”。

（3）操作要求：

① 水带不应出线、压线或扭圈 360°；

② 第一盘水带应甩至甩带线；

③ 接口不得脱口或卡口；

④ 分水器不应拖出拖止线；

⑤ 消防员必须在铺带线路内完成全部动作。

（4）成绩评定：

有下列情况者，不计成绩：

① 接口脱口、卡口、未接上水枪冲出终点线；

② 越过终点线同时水枪脱手；

③ 未经许可擅自卸接口。

有下列情况者，加秒：

① 第一盘水带未甩至甩带线的；

② 扭圈超过 360°的；

③ 分水器接口拖出拖止线的；

④ 水带出线、压线、出线后弹回的。

三、80mm 五盘水带连接操

（1）训练目的：使消防员学会相互配合铺设五盘干线水带的方法，掌握铺设水带和连接水带接口的要领。

（2）操作程序：在长 95m、宽 2. 5m 的铺带线路上，标出起点线和终点线。在起点线前 1m、1. 5m、8m、15m、35m、55m、70m、94. 5m 处分别标出器材线、分水器拖止线、水带甩带线、抛带线和分水器连接线（简称“分水线”）。器材线后平放分水器（前）一只，立放五盘 80mm 双卷衬里水带（每盘长 20m±0. 5m），接口朝前，两接口间相距约 10cm。距终点线 0. 5m 处放置分水器（后）一个，进水口朝后（场地示意见图 7-3）。

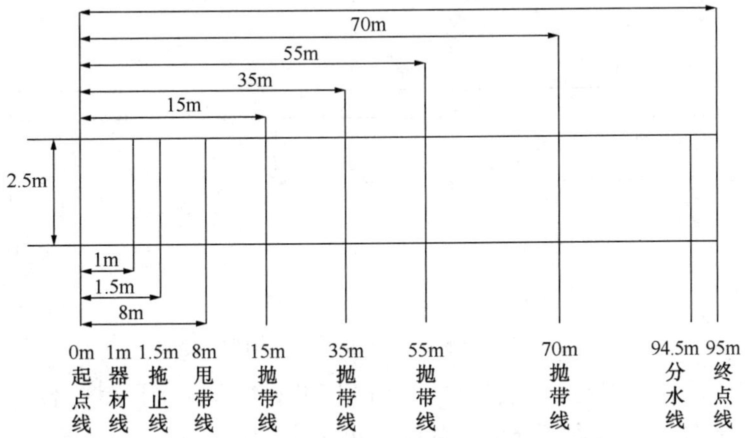

图 7-3　80mm 五盘水带连接操场地示意

操作时，消防员在起点线成立正姿势，听到“开始”的口令，第一名战斗员携两盘水带至 55m 处，甩开第四盘水带，跑动中连接第五盘水带接口至 70m 处甩开第五盘水带，跑至 94. 5m 处，连接分水器（后）进水口后冲出终点线，做好立正姿势喊“好”。第二名战斗员甩开第一盘水带连接分水器（前），连接第二盘水带接口，跑至 15m 处甩开甩第二盘水带，跑动中连接三盘水带接口，跑至 35m 处甩开甩第三盘水带，至 55m 处与第一名放下的水带接口相连接后喊“好”。

（3）操作要求：

① 水带不应出线、压线或扭圈 360°；

② 第一盘水带应甩至甩带线；

③ 接口不得脱口或卡口；

④ 分水器不应拖出拖止线；

⑤ 消防员必须在铺带线路内完成全部动作。

（4）成绩评定：

有下列情况者，不计成绩：

① 接口脱口、卡口、未接进分水器进水口冲出终点线；

② 未经许可擅自卸接口。

有下列情况者，加秒：

① 第一盘水带未甩至甩带线的；

② 扭圈超过 360°的；

③ 分水器接口拖出拖止线的；

④ 水带出线、压线、出线后弹回的。

四、分水器前水带延长操

（1）训练目的：使消防员学会在分水器前延长水带的方法。

（2）操作程序：在 30m 长的平地上，标出起点线和终点线，在起点线前 10m、20m、30m 处分别标出延长线、枪口线和终点线。起点线上放置分水器一只、65mm 水带一盘（每盘长 20m±0.5m），接口朝前，两接口间相距约 10cm，分水器预先铺设一带一枪至枪口线（场地示意见图 7-4）。

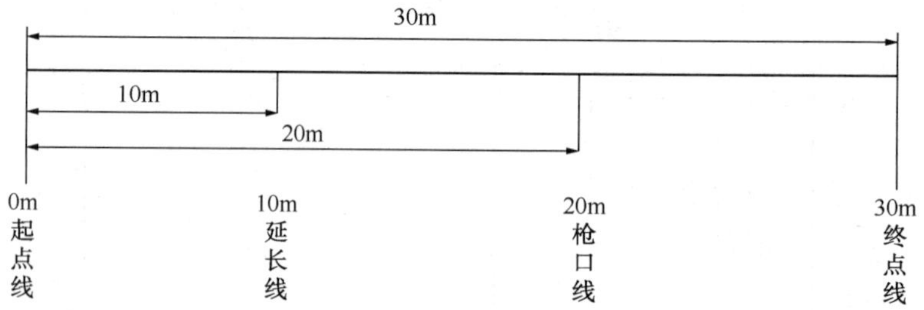

图 7-4 分水器前水带延长操场地示意

操作时，消防员在起点线成立正姿势，听到“开始”的口令，第一名携水带向前甩开，然后右手扶住分水器，左手关闭分水器开关，拆下水带接口，将延长水带下面接口与分水器连接，另一端接口与原先的水带连接，同时喊“拖”；待接口拖至延长线处喊“好”，然后将水带轻放于地面，整理好水带，返回至分水器处开启分水器开关，冲出终点线协助第二名控制水枪；第二名听到“拖”后，将水带向前拖，待第一名喊“好”后停止前进，成立射姿势。

（3）操作要求：

① 铺设水带按要求实施，两盘水带不得重叠；

② 水带接口处不得脱口。

（4）成绩评定：

有下列情况者，不计成绩：水带接口脱口的。

有下列情况者，加秒：

① 两盘水带重叠；

② 水带扭圈 360°的。

五、垂直铺设水带操

（1）训练目的：使消防员学会登高垂直铺设水带的方法。

(2) 操作程序：在训练塔前 10m 处标出起点线，起点线上放置分水器一只、水枪一支、水带挂钩一根、65mm 水带一盘(每盘长 20m±0.5m)，接口朝前，两接口间相距约 10cm。

操作时，消防员在起点线成立正姿势，听到“开始”的口令，第一名将水枪插于腰间，携水带沿楼梯蹬至二楼窗台处，在楼面将水带甩开，然后用双手交替法将水带一端接口向下传递，待第二名喊“好”时，转身将水带另一端接口与水枪连接，挂好水带挂钩，并将水带固定好举手示意喊“开水”，成立射姿势；第二名跑至训练塔窗口的侧面，目视窗口下垂的水带，待握住水带接口后喊“好”，然后将接口与分水器连接，听到第一名喊“开水”后，开启分水器开关，负责供水。

(3) 操作要求：

① 水带不得直接甩抛到窗外；

② 向下传递水带必须双手交替，并有安全保护；

③ 水带挂钩必须固定在窗口处。

(4) 成绩评定：

有下列情况者，不计成绩：

① 水枪接口脱口、卡口的；

② 水带脱手掉至地面的；

③ 水带挂钩未挂牢的；

④ 未用两手交替法传送水带的。

六、原地着战斗服操

(1) 训练目的：使消防员学会正确穿着消防战斗服的方法。

(2) 操作程序：在平地上，标出起点线，在起点线前 0.5m 处，标出装备线。在起点线后 3m 处，标出集合线。战斗服整齐地摆放在装备线前，间距 1m。服装叠放方法：插环式安全带折成双叠，横放在地面上；上装正叠，尼龙搭扣展平，沿两侧向背后折起，然后拦腰折成两叠，衣领翻向两侧，衣袖缩入肩部成圆筒状，平放在安全带上；盔帽平放在上装上，帽徽朝前，帽顶朝上；下装套在消防靴上，放在上装后面，靴跟与装备线相齐。

操作时，消防员在起点线成立正姿势，听到“开始”的口令迅速向前，脱下鞋子，穿好消防靴、下装，黏合下装尼龙搭扣，系好腰带，戴好盔帽，帽带拉至下颏；穿好上装，黏合上装尼龙搭扣，扎牢安全带，立正喊“好”。

(3) 操作要求：

① 消防员着装前，身着作训服，穿球鞋，规定鞋跟扣紧并系好鞋带；

② 上、下装尼龙搭扣必须黏合、对齐，腰带系紧，双脚踏到靴底；

③ 安全带切实扎牢，带尾拉平，衣领平整，前后衣襟在安全带下面；

④ 盔帽戴正，帽带贴于下颏。

(4) 成绩评定：

有下列情况者，不计成绩：

① 安全带插钎未插入孔眼；

② 尼龙搭扣黏合长度不足三分之二。

有下列情况者，加秒：
① 下装纽扣未扣或尼龙扣未黏合的；
② 帽带未贴于下颏的；
③ 前后衣襟未在安全带下面的；
④ 安全带尾未拉平的；
⑤ 腰带未系紧(大于一拳头)的；
⑥ 一只脚未踏到靴底的。

七、沿楼梯铺设水带操

(1) 训练目的：使消防员学会沿楼梯蜿蜒铺设两带一枪的方法。

(2) 操作程序：在训练塔前5m处标出起点线。起点线上放置分水器一只、水枪一支、65mm水带两盘(每盘长20m±0.5m)，接口朝前，两接口间相距约10cm。

操作时，消防员在起点线成立正姿势，听到“开始”的口令，第一名携带两盘65mm沿楼梯攀登并施放水带至三楼，成立射姿势喊“好”。第二名将水带与分水器连接，听到第一名喊“好”后开启分水器阀门，并喊“好”。

(3) 操作要求：
① 水带连接处不得脱口；
② 水带不得扭圈，楼梯转角处水带应有机动长度；
③ 甩第二盘水带必须在二楼平台，不得将水带甩出平台外。

(4) 成绩评定：
有下列情况者，不计成绩：水带、水枪接口脱口。
有下列情况者，加秒：水带甩出平台以外的。

八、徒手抬式救人操

(1) 训练目的：使消防员学会徒手抬式救人的方法。

(2) 操作程序：在平地上标出起点线，起点线前15m标出折返线。起点线、折返线前各铺设一张垫子。

操作时，消防员在起点线成立正姿势，听到“开始”的口令，迅速跑至折返线垫子处，调整被救者，使其平躺于垫子上，第一名至被救者两脚中间下蹲，将双手插入其两膝下抱住；第二名至被救者头部下蹲，双手从背后插入其腋下，然后两人协力将其抬起，救回起点线，轻放于垫子上，操作完毕，举手喊“好”。

(3) 操作要求：
① 救人动作要正确；
② 轻抬轻放。

(4) 成绩评定
有下列情况者，不计成绩：
① 被救者头部先触地；
② 施救过程中，被救者肢体接触地面；
③ 未调整好被救者姿势就开始操作。

第四节　应用项目训练

一、气防监护操

（1）训练目的：使消防员掌握正确的长管呼吸器操作方法。

（2）操作程序：在40m长的平地上，标出起点线和终点线，在起点线前28m处标出三通连接线。起点线上放置长管式空气呼吸器一台（标配：30m一根、15m两根；装6.8L气瓶两只、背带2副、面罩2只，6.8L空气呼吸器一具），场地示意见图7-5。

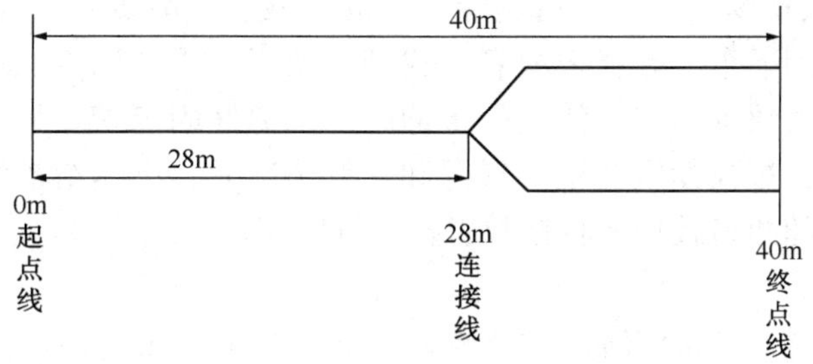

图7-5　气防监护操场地示意

操作时，气防员在起点线成立正姿势，听到“开始”的口令，车组人员（1名驾驶员、3名消防员）协同配合完成展操。

① 连接好从移动气源至呼吸面具的供气干线，包括供气长管、Y形三通、连接背带、面罩，在供气小车上跨接一套空气呼吸器，将自用空气呼吸器放至40m处；

② 驾驶员打开气瓶阀门，对系统管路充气，检查气瓶压力、一（二）级压力表显示情况，检查供气推车上各组件及连接处是否有泄漏，并将检查及准备情况报告班长；

③ 队员检查供气干线（支线）及线路上的快速接口处是否泄漏，将检查及器材准备情况报告班长；

④ 班长确认各环节准备工作到位后下达“准备作业”指令；

⑤ 队员为作业人员正确佩戴好背带及面罩，作业人员激活供气阀，确认面罩气密性能后，班长喊“好”。

（3）操作要求：

供气干线不得打折，不接触高温、尖锐物，垂直铺设时要求在悬空的快速接头下方用绳子与构筑物固定，以免接口脱开，背带、面罩佩戴符合要求。

（4）成绩评定：

有下列情况者，加秒：

① 未跨接空气呼吸器的；

② 防护器材未到位的；

③ 面罩佩戴漏气，背带背反或宽松度超过10cm（大于一拳头）的；

④ 供气时泄压阀未提前关闭的；

⑤ 供气干线出现与高温、尖锐物接触或打结现象的；

⑥ 在铺设干线时，接口等部位在地面有甩、拖曳等情况的。

二、装置区中毒抢救操

（1）训练目的：使消防员掌握突发事故情况下正确的救护方法，能做到熟练佩戴空气呼吸器和正确使用苏生器，迅速有效地抢救中毒人员。

（2）操作程序：临时在生产区任选一装置（平台或塔）作为场地，在某点躺下一名人员充当被救者，要求气防员临场发挥，按操作要求将中毒人员救出。气防车上器材按规定放置，不得随意改变。

操作时，听到“开始”的口令，4名消防员（1名驾驶员、3名气防员）协同配合完成展操。

气防车停在某一指定地点，听到“开始”口令后，气防车启动出发，按指定线路（确保安全）行驶至模拟事故现场，气防员迅速穿戴好规定服装，佩戴好空气呼吸器和安全帽后，携带担架及苏生器立刻下车，寻找被救者。找到被救者，用正确方法搬运，两名气防员在地面打开担架、摆正被救者体位，使其处于仰卧位，绑好固定带。另一名气防员在两名气防员实施抬人的同时，打开苏生器检查气源和完好情况后，迅速给被救者戴上面罩给予输氧。并手携苏生器，随两名救护者将被救者抬上气防车。

（3）操作要求：

① 佩戴空气呼吸器，开启气瓶开关（不影响正常供气），面罩不漏气，鼻子和下颚要套进口鼻罩和面罩的下颚托内，肩带腰带要适度，使呼吸器紧贴身体，在行动中不松动；

② 担架要完全撑平，担架底下支撑杆要完全撑牢，实施抬人时要绑好担架固定带；

③ 转移被救者前应先摆正其体位，使其处仰卧位，转动其体位时要做到头、肩、躯干同步进行，操作过程要动作轻柔；被救者头部不得露出担架；

④ 使用苏生器前，应先检查苏生器完好情况，转移过程中必须使被救者佩戴的输氧面罩固定带处于拉紧状态；

⑤ 气防车上器材应按规定放置，不得随意改变。

（4）成绩评定：

有下列情况者，不计成绩：

① 空气呼吸器气瓶开关未打开；

② 在装置平台或塔区未安全、正确将被救者转移至地面；

③ 被救者在担架上未处于仰卧位；担架绑带未绑牢，被救者掉地或担架脱手的；

④ 对苏生器进行使用前检查时未打开气源或发现无压力的；

⑤ 转移过程未给被救者戴上苏生器面罩。

有下列情况者，加秒：

① 空气呼吸器气瓶阀未完全打开的；

② 转动被救者体位时未按头、肩、躯干需同步的要求进行操作的；

③ 担架未完全撑开的；

④ 被救者的头部露出担架的；

⑤ 担架抬人过程中，被救者身体任何部位触地的；

⑥ 苏生器输氧模式错误的。

三、移动炮出水操

（1）训练目的：使消防员熟练掌握移动炮操作技能，做到动作迅速、配合协调。

（2）操作程序：在指定场地上停放一辆泡沫消防车，车组人员（1名驾驶员、5名消防员）按规定就座，车内器材齐全，且必须按规定摆放，移动炮和底座放在任意工具箱里。

操作时，听到“开始”的口令，协同配合完成展操。

1号员拿移动炮及炮底座至距水泵出口34m炮位处架好（以炮位标记为准），做好出水操炮准备，班长、3号员各拿两盘80mm水带分别按两盘水带连接方法连接好车辆出水口与移动炮接口，然后班长负责现场指挥，3号员巡查线路并做好通信联络。5号员拿两盘65mm水带出一根干线方式连接消火栓与车子进水口，6号员拿两盘65mm水带出二根干线连接另一只消火栓与车子进水口供水。驾驶员待班长、3号员铺设好车辆与移动炮之间的干线，做好出水准备后立即向移动炮供水。

（3）操作要求：

① 驾驶员只要求戴头盔，穿着上半身战斗服；

② 水源只连接不出水；

③ 移动炮炮位离消防车出水口距离不应少于34m，移动炮应朝炮位正前方的射水标志方向射水，移动炮要求到出水稳定后才能停止；

④ 各号之间相互协作，所有动作必须按规定完成。

（4）成绩评定：

有下列情况者，不计成绩：

① 出水未稳定就停止出水或接口脱开；

② 喊“好”前移动炮没朝射水标志方向射水。

有下列情况者，加秒：

① 移动炮摆放的位置离出水口的距离每少0.5m的；

② 出水压力不得超过1.0MPa，每超过0.1MPa的。

四、外浮顶油罐出移动炮操

（1）训练目的：使消防员掌握移动炮登罐扑救油罐火灾的操作方法，熟练掌握车组之间配合进攻的战术技能运用，进一步提高战斗班之间扑救油罐火灾应变能力，做到动作迅速、配合协调。

（2）操作程序：在指定地点（油品储罐区外浮顶油罐）的消防道路上停放一辆泡沫消防车。车组人员（1名驾驶员、5名消防员）按规定就座。战斗员着灭火防护服全套。

操作时，听到“开始”的口令，协同配合完成展操。

1号员携带移动炮一门、2号员携带两盘65mm水带和挂钩登罐，到达罐顶后，1号员装好移动炮，2号员从护栏下端将水带垂直放下，将水带挂钩挂在护栏上，连接好移动炮做好出水准备，班长登罐指挥，3号员连接好车辆出水口与2号员垂直铺设下来的水带并做好通信联络，6号员出三根干线连接水源并开启车辆上进水口阀门，驾驶员待班长、号员铺设好车辆与移动炮之间的干线，做好出水准备立即供水。待全部展操完毕出水后，班长喊“好”。

（3）操作要求：

① 水带接口不得脱口、卡口。

② 登罐要注意安全，展操路线正确，动作迅速，进攻部位明确；

③ 消防车泵出口压力不得超过1.0MPa。

（4）成绩评定：

有下列情况者，不计成绩：

① 班长喊“好”时未完成全部操作的；

② 出现水带爆裂，接口脱口、卡口等严重影响出水未整改的；

③ 垂直铺设的水带未用(携带)水带挂钩、挂钩脱钩未整改的。

有下列情况者，加秒：

① 垂直铺设水带挂钩脱钩后，没有在出水前完成整改的；

② 出水压力每超过 0.1MPa 的；

③ 消防器材未按规定放置，各种接口提前接好，阀门提前打开的。

五、泡沫消防车单干线出三支水枪操

（1）训练目的：使消防员熟悉各自分工掌握干线和支线水带铺设的方法。

（2）操作程序：在长 135m 的场地两端分别标出起点线和终点线。起点线处放置一辆泡沫消防车，消防车出水口与起点线相齐，进水口一侧设有消火栓，距起点线 98m 处标出分水器放置线。车组人员(1 名驾驶员、6 名消防员)按规定就座(场地示意见图 7-6)。

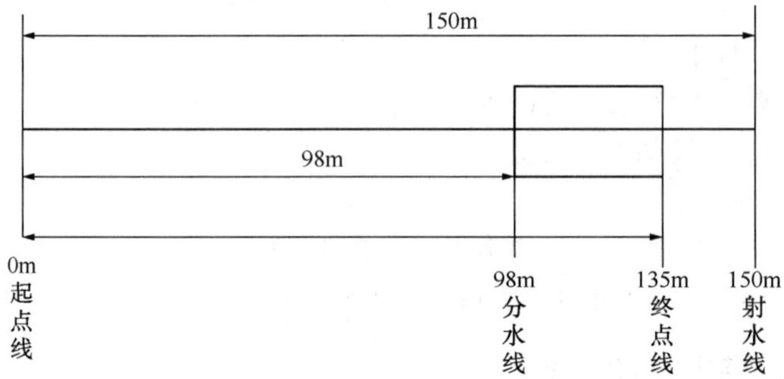

图 7-6　泡沫消防车单干线出三支水枪操场地示意

操作时，听到“开始”的口令，协同配合完成展操。

班长持分水器跑向前方，放置在分水器放置线处，冲出终点线，负责指挥；1、2、3 号员各携带两盘 65mm 水带和一支直径 19mm 直流水枪，跑到分水器处，1 号员向右前方、2 号员向左前方、3 号员向正前方铺设水带，连接好分水器、水带、水枪接口，冲出终点线，做立射姿势；4、5 号员将 80mm 五盘水带按两人五盘水带连接方法，连接从消防车出水口至分水器，4 号员负责操纵分水器，5 号员负责看护线路；驾驶员出一根干线连接消火栓(消火栓不供水)，打开进水阀门，操纵消防车水泵向前方供水；压力不得超过 1.0MPa，当三支水枪射流均射到 15m 射水线，表示战斗展开完毕。

（3）操作要求：

① 全班协同展操，各号员之间相互配合；

② 水枪接口不得脱口、卡口；

③ 水带铺设合理、供水流畅、展操路线正确、动作迅速；

④ 出水时射水姿势要正确，出水要面对正前方并注意安全，一旦有意外及时关闭水枪开关；

⑤ 班长下达命令简明、正确、迅速，前后通信联络畅通；

⑥ 分水器前面支线水带要求为65mm、后面干线水带为80mm。

(4) 成绩评定:

有下列情况者，不计成绩:

① 水枪手站位未过终点线的、水枪射流未射到射水线就停止出水的;

② 出现水带爆裂，接口脱口、卡口等严重影响出水未整改的;

③ 分水器前后支干线水带没分别按65mm和80mm铺设的。

有下列情况者，加秒:

① 出水压力每超过0.1MPa的;

② 各种器材接口提前接好、阀门提前打开的。

六、泡沫消防车快速出水灭火操

(1) 训练目的：使消防员学会利用泡沫消防车直接出水的方法，掌握操作直流水枪的技能。

(2) 操作程序：在长58m的平地上，分别标出起点线和终点线。起点线处停放一辆泡沫消防车，出水口与起点线相齐。车组人员(1名驾驶员、5名消防员)按规定就座。

操作时，听到“开始”的口令，协同配合完成展操。

1、2号员各持一支直径19mm直流水枪和两盘65mm水带，到19m处分左右铺设水带，连接水带与直流水枪的接口，冲出终点线，成立射姿势，准备出水；3、4号员从消防车的左、右侧各铺设一盘65mm水带，连接好消防车出水口和1、2号员的水带接口，操作完毕后，巡查线路并做好通信联络；6号员出一根干线连接消防车进水口和消火栓，同时开启消防车进水口阀门；驾驶员操纵消防车水泵向前方供水；压力不得超过1.0MPa，当两支直流水枪射流均射到15m射水线，完成操作。

(3) 操作要求:

① 全班协同展操，各号员之间相互配合;

② 直流水枪接口不得脱口、卡口;

③ 水带铺设合理、供水流畅，展操路线正确、动作迅速;

④ 出水时射水姿势要正确，出水要面对正前方并注意安全，有意外发生时一定要及关闭泡沫枪开关。

(4) 成绩评定:

有下列情况者，不计成绩:

① 水枪手站位未越过终点线的、直流枪射流未射至射水线就停止出水的;

② 出现水带爆裂，接口脱口、卡口等严重影响出水且未整改的。

有下列情况者，加秒:

① 出水压力每超过0.1MPa的;

② 各种器材接口提前接好、阀门提前打开的。

七、外浮顶油罐出泡沫钩枪操

(1) 训练目的：使消防员掌握开花枪掩护泡沫钩枪登罐扑救油罐火灾的操作方法和利用泡沫产生器扑救浮盘火的操作方法，熟练掌握三车之间配合进攻的战术技能运用，进一步提高战斗班之间扑救油罐火灾应变能力，做到动作迅速、配合协调。

(2) 操作程序：在指定地点(油品储罐区)的消防道路上停放3辆泡沫消防车，主攻车在前，掩护车在后。各车组人员(1名驾驶员、5名消防员)按规定就座。

操作时，听到“开始”的口令，协同配合完成展操。

负责出泡沫钩枪主攻的车组听到“开始”口令时，在班长指挥下，各号员立即下车展操，驾驶员操作水泵出水，6号员出一条干线水带连接水源并开启车辆上进水口阀门；1号员登罐挂泡沫钩枪，班长登罐指挥，待全部展操完毕出水后喊“好”。

负责下浮盘扑救浮盘火的车组听到“开始”口令时，在班长指挥下，各号员立即下车展操，驾驶员操作水泵出水，3号员出两条干线连接泡沫产生器，1、2号员在班长的带领下上罐顶连接罐顶产生器接口后下浮盘出2支泡沫管枪；6号员出一条干线水带连接水源并开启车辆上进水口阀门；待全部展操完毕出水后喊“好”。

负责出开花枪掩护出泡沫钩枪主攻的车组听到“开始”口令后，在班长指挥下，各号员立即下车展操，2号员登至油罐舷梯的中部(以能够用开花水掩护钩枪为宜)，出一支开花枪掩护泡沫钩枪强攻；6号员出一根干线水带连接水源并开启车辆上进水口阀门；驾驶员确认可以供水后，立即向前方供水；展操完毕出水后，班长喊“好”。

(3) 操作要求：

① 水带接口不得脱口、卡口；

② 登罐要注意安全，射水姿势、展操路线正确，动作迅速，进攻部位明确；

③ 掩护水枪没有出水，登罐人员不得将泡沫钩枪挂好；

④ 出泡沫钩枪主攻、开花枪掩护时，消防车泵出口压力分别不得超过0.8MPa和0.6MPa。

(4) 成绩评定：

有下列情况者，不计成绩：

① 班长喊“好”时未完成全部操作的；

② 开花水枪未出水前泡沫钩枪已挂上罐壁的；

③ 出现水带爆裂，接口脱口、卡口等严重影响出水且未整改的；

④ 垂直铺设的水带未用(携带)水带挂钩、挂钩脱钩未整改的。

有下列情况者，加秒：

① 水枪手射水高度起不到掩护作用；

② 垂直铺设水带挂钩脱钩后，没有在出水前完成的；

③ 出水压力每超过0.1MPa的；

④ 开花枪脱手、未出雾状水的；

⑤ 消防器材未按规定放置、各种接口提前接好、阀门提前打开的。

八、油罐冷却出水操

(1) 训练目的：使消防员熟练掌握直流水枪冷却着火油罐的操作方法，做到动作迅速、配合协调。

(2) 操作程序：在指定地点(油品储罐区)的消防道路上停放一辆泡沫消防车，车组人员(1名驾驶员、5名消防员)按规定就座。

操作时，听到“开始”的口令，各号员协同配合完成展操。出三支直流水枪对目标油罐进行冷却；驾驶员确认可以供水后，立即向前方供水；6号员出一条干线水带连接水源，班长指挥冷却，待全部展操完毕喊“好”。

（3）操作要求：

① 水带接口不得脱口、卡口；

② 选择停车位置合理、便于展操；

③ 水带铺设合理、供水流畅、展操路线正确、动作迅速、冷却部位明确；

④ 射水姿势正确、水枪手站位间距应在8~10m之间、水枪充实水柱不少于15m；

⑤ 水枪手阵地留有不少于3m的机动水带；

⑥ 冷却水要均匀、不能出现空白点、水枪射流要射到罐壁上沿、不能射入罐内；

⑦ 班长下达命令简明、正确、迅速，通信联络畅通；

⑧ 分水器前面支线水带要求为65mm、后面干线水带为80mm；

⑨ 消防车泵口压力不得超过1.0MPa。

（4）成绩评定：

有下列情况者，不计成绩：

① 班长喊“好”时未完成全部操作的；

② 出现水带爆裂，接口脱口、卡口等严重影响出水未整改的。

有下列情况者，加秒：

① 停车位置选择不合理，不便于展操的；

② 水带铺设不合理、造成供水不流畅的；

③ 展操路线不正确、动作缓慢、冷却水不均匀出现了空白点、水枪射流没射到罐壁上沿、冷却水射入罐内的；

④ 水泵压力每超过0.1MPa的；

⑤ 水枪手阵地的机动水带应不少于3m，每少1m的；

⑥ 射水姿势不正确、水枪手站位间距不符合8~10m的、水枪充实水柱达不到15m的；

⑦ 没按规定穿戴消防装备的、分水器前后支干线水带没分别按65mm和80mm铺设的。

九、工艺管线带压堵漏操

（1）训练目的：掌握危险化学品泄漏事故处置措施，提高应急消防员处置危险化学品泄漏事故的判断、操作和协同配合能力。

（2）操作程序：在平地上标出起点线(终点线)、设置消防栓一只。在距离起点线前方1~3m处设置器材放置区，放置防护垫两个，将空气呼吸器五套、一级防化服三套、二级防化服两套放置在防护垫上；在防护垫一侧放置警戒带一盘、钢带捆扎堵漏工具组一套、多功能气体侦检仪一部、水带六盘(含两盘备用)、多功能水枪一支、水幕枪一支。在终点线前方右侧设置洗消帐篷，洗消帐篷出口与终点线对齐，在终点线处设置“信号铃”一个。在距离起点线31m处(防火堤外)标出1m×1m水幕枪射水区；以泄漏点为中心划定半径为6m的警戒区，并放置警戒杆五个。在距离起点线前方37m处地面上放置泄漏装置一套，设置一个泄漏点(泄漏点距离平台台面约为60cm，泄漏槽槽径约为6.3cm，泄漏部位约为7cm×0.2cm纵切口，泄漏点压力为0.2MPa)，泄漏装置旁设置“信号铃”一个。在距离装置区侧面3m处标出1.5m×1.5m水枪射水区(场地示意见图7-7)。

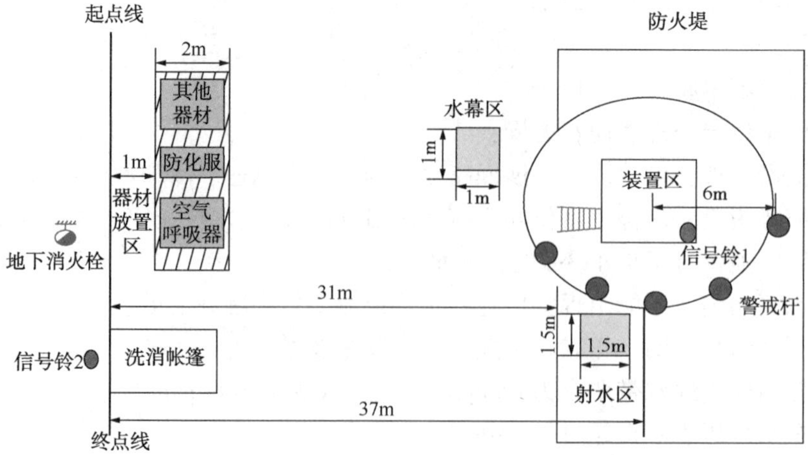

图 7-7　工艺管线带压堵漏操场地示意

操作时，消防员在起点线成立正姿势，听到“开始”的口令，协同配合完成工艺管线带压堵漏。

消防员按操法要求着装(驾驶员着迷彩服、迷彩鞋、防护头盔。1、2、3 号消防员佩戴空气呼吸器，着一级防化服。4、5 号队员佩戴空气呼吸器，着二级防化服。)然后，驾驶员做好操作消火栓供水准备，1 号消防员携带气体侦检仪，2 号消防员携带警戒带，两人同时进入事故区进行侦检。1 号消防员每到一个警戒杆处举手示意，2 号消防员跟随 1 号消防员将警戒带固定在每根警戒杆上，完成警戒区的圈定。然后两人在泄漏装置区进行侦检确认泄漏点，依次敲响“信号铃 1”后，通过洗消帐篷返回终点线，最后 1 人敲响“信号铃 2”，携带堵漏工具准备堵漏。

1、2 号消防员完成侦检和警戒区圈定返回终点敲响“信号铃 2”后，驾驶员负责连接消火栓和水带接口，3、4、5 号队员携带一支水幕枪、一支多功能水枪、六盘水带(含两盘备用)在指定区域设置两个水枪阵地并巡视水带线路。驾驶员打开消火栓向前方供水。

水幕枪以充实水流、多功能枪以充实开花射流全部出水后，1、2 号消防员携带堵漏工具到装置区对泄漏点进行堵漏作业，确定堵漏完成后，举手示意，驾驶员停止供水。1~5 号消防员迅速通过洗消帐篷冲出终点线，最后一名消防员冲出终点线敲响“信号铃 2”。

(3) 操作要求：

① 水带对折双卷立放，两接口距离不大于 10cm，所有器材接口不准接触或提前连接，放置在起点线后，警戒带不得提前拉出或打结；

② 整个操作过程，空气呼吸器气瓶阀应完全打开，不得漏气，空气呼吸器出现报警应通过洗消帐篷返回起点及时更换气瓶；

③ 操作开始后，驾驶员不准越过起点线或协助其他队员；

④ 1 号队员到达每个警戒杆举手示意，2 号队员圈围警戒带不得拖地，警戒杆不得倒地；

⑤ 1、2 号队员依次敲响“信号铃 1”后，方可返回；

⑥ 1、2 号队员完成侦检和警戒区圈定返回终点最后 1 人敲响“信号铃 2”后，3、4、5 号队员方可操作器材越过起点线；驾驶员连接消火栓供水；

⑦ 水枪阵地设置在指定区域内，消火栓开关及水枪流量开关完全打开保证不间断供水；

⑧ 水枪阵地设置完毕并出水后，1、2 号队员方可登上装置区堵漏；

⑨ 只有着特级防化服队员才能进入警戒区；
⑩ 堵漏任务完成后，将剩余工具带回终点；
⑪ 更换气瓶、更换水带、侦检结束等需返回起点线时，应通过洗消帐篷进行洗消；
⑫ 堵漏结束，用干毛巾擦拭后，泄漏点 10s 内不得有漏液；
⑬ 全过程操作用时不超过 20min。
(4) 成绩评定：
有下列情况者，不计成绩：
① 未按操作规程操作；
② 未着一级防化服队员进入警戒区内；
③ 驾驶员协助其他队员操作；
④ 侦检人员敲响“信号铃 2”前，3、4、5 号消防员及驾驶员操作器材越过起点线；
⑤ 堵漏结束，用干毛巾擦拭后，单处泄漏点 10s 内漏液超过 10 滴(不含 10 滴)；
⑥ 全过程操作用时超过 20min。
有下列情况者，加秒：
① 水带未对折双卷立放、两接口距离大于 10cm、所有器材接口有提前接触或连接、警戒带不得提前拉出或打结、全部器材未放置在起点线后地面上的；
② 操作过程中，空气呼吸器气瓶阀未完全打开的；
③ 侦检时 1 号消防员到警戒杆处未举手示意的；
④ 警戒杆倒地、警戒带漏围警戒杆、警戒带触地的；
⑤ 侦检时 1、2 号消防员没有依次敲响“信号铃 1”的；
⑥ 水枪阵地未设置在指定区域内的；
⑦ 侦检完毕后，1、2 号消防员第一个返回起点的人敲响“信号铃 2”的；
⑧ 水枪阵地未设置完毕并出水前，1、2 号消防员即登上装置区堵漏的；
⑨ 堵漏任务完成后，未将剩余工具带回终点的；
⑩ 侦检结束、更换气瓶、更换水带等返回起点线未通过洗消帐篷的；
⑪ 堵漏完成后，冲出终点线敲响“信号铃 2”的不是最后一名消防员的。

十、65mm 三盘水带连接射水打靶操

(1) 训练目的：使消防员学会三盘 65mm 水带的连接方法，掌握铺设水带和连接接口的技能并熟练运用正确射水方法。

(2) 操作程序：在长 70m、宽 2.5m 的场地上标出起点线；在距离起点线后侧 5m 处标注站立线；在距离起点线后侧 3m 处设置器材放置区，放置水带三盘、多功能水枪一支；在起点线外侧设置消火栓一只；在距离起点线前方 8m、18m、38m 处标出甩带线、抛带线，57~60m 处设置射水区域、标出射水线；在距离起点线前方 70m 处标出放靶点，放置靶牌一个(场地示意见图 7-8)。

操作时，消防员在起点线成立正姿势，听到“开始”的口令，协同配合完成三盘水带射水打靶。

(3) 操作要求：
① 水带应甩至甩带线；
② 接口不得脱口或卡口；

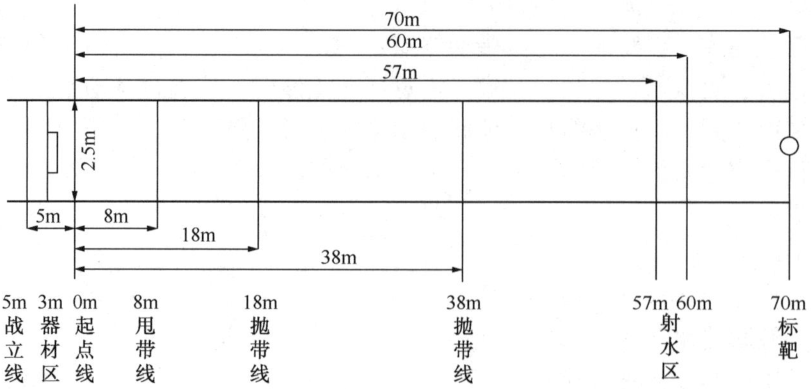

图 7-8 65mm 三盘水带连接射水打靶操场地示意

③ 消防员应在射水区域内射水打靶；

④ 消防员操作过程中发生器材或防护装备脱落，应重新拾起、佩戴后，方可继续操作。

(4) 成绩评定：

有下列情况者，不计成绩：

① 指定的打开消防栓人员(2 号员)除开关供水阀门外有其他协助操作动作的；

② 水枪在射水过程中脱手掉落地面的；

③ 射水过程中卡扣脱开的。

有下列情况者，加秒：

① 第一盘水盘未甩至甩带线的；

② 1 号员射水打靶时，未在射水区内或踩线的。

第五节 心理训练

一、常用心理适应性训练

1. 缺氧训练

在内攻灭火、受限空间等环境中，由于空气中的氧含量较低，会使消防员出现心率加快、四肢乏力、呼吸困难的不良现象。通过缺氧模拟训练，消防员可在缺氧环境下学习呼吸方法和增强身体的适应性。缺氧训练需在缺氧室、深井或在高原环境中开展，消防员进入缺氧室后、协助人员将缺氧室含氧量稀释至 19%左右，同时降低缺氧室可视程度，受训人员按照指令在室内完成奔跑、负重等训练。

日常训练中也可采用受限空间等方法进行训练，寻找 1~2 个废弃储罐，开始训练后三名消防员携带相关救援器材，1 号员负责架设三角救援支架、2 号员穿着安全带并负责照明，3 号员负责空气呼吸器的检查和准备，并协助 2 号员穿着安全带。准备工作结束后，进入储罐内部完成救人动作，可通过调节空气呼吸器空气流量来模拟真实的缺氧环境。整个训练过程中，三名消防员必须做好沟通工作，在受限空间救援过程中，每一个细节都有可能影响救援，在训练过程中必须有专业人员带队，做好参训人员的安全防护措施，从而确保训练有效。

2. 高温训练

在石化类火灾现场，火场中心温度可达2000℃甚至更高，消防员常常需要在高温环境下近距离作战，石化类物质燃烧通常伴随着一氧化碳、二氧化碳、二氧化硫等有毒气体，会刺激消防员的感官系统，不但会对生理产生影响，同样也会对心理产生消极效应。可通过高温环境训练提高消防员在复杂条件下扑救火灾的能力。

高温训练需配备有真火训练室、烟热训练室等，在特殊训练房间内可模拟沙发、床、桌子等常见物体的真实燃烧形态，同时烟热训练室中可模拟真实火场产生的浓烟，可开展多种形式灭火战术战法，以此降低消防员在真实火场中的应激反应，提升心理适应能力、承受能力及耐力。

二、常用心理调节训练

根据XF/T 1039—2012《消防员心理训练指南》中常见的心理调节训练有转换法、言语暗示法、身体练习调整法、呼吸调整法、自我察觉监督法、自我暗示法。通过心理调节训练可有效帮助消防员有效应对火场恐惧，降低火场应激行为，预防创伤后应激障碍的产生。现将其中转换法、呼吸调整法和自我察觉监督法进行介绍。

1. 转化法

阅读转换法：通过阅读书籍、有趣味的小说、翻阅收藏品(如邮票、纪念章等)转换思维意识。

聆听转换法：通过聆听喜爱的音乐、故事等转换思维意识。

观看转换法：通过观看引人入胜的风景或场景转换思维意识。

其他转换法：通过回忆美好画面或与他人交谈等方式转换思维。

2. 呼吸调整法

第一练习(以坐姿或卧姿进行)：深呼吸一次，然后屏住呼吸，同时轻微地使全身肌肉紧张约5~7s。然后，一边尽量放松全身肌肉，一边缓慢呼吸。反复9~10次，每次均延长屏息和呼气时间，并增加放松肌肉的程度。

第二练习(仰身躺下)：叉开双膝，使双脚掌着地。在突然并拢双膝时，做一次深吸气。用这种姿势屏住呼吸几秒钟，然后一边做一次缓慢地呼气，一边使双膝自主地倒向两侧。反复9~10次。

第三练习(在站立、静坐或躺卧时)：按一定速度做若干次缓慢而不紧张的深呼吸。吸气时轻微地使各部分肌肉紧张，呼气时尽量使全身肌肉放松。此练习做2~3min。

3. 自我察觉监督法

消防员通过有意识地自问自答，同时完成一定的动作，使呼吸节奏均匀，减少心跳次数，在执行困难任务前保持镇静，以预防不良情绪的发展。主要做法如下：

① 边思索“肌肉有没有无意识地紧张？是否感到拘束”边放松手臂、双腿和身躯的肌肉；

② 边思索“我做得怎么样？表情如何(是否紧靠战斗员座位上的靠背或车厢内壁，缩着头并紧缩下颚)”边放松背部、胸部、颈部和脸部肌肉；

③ 边思索“我的呼吸怎么样(是否连贯、短促、不由自主地暂停)”边做二三次深呼吸，使呼吸节奏平稳。

第六节 训练安全

一、训练管理

训练中要严格落实各项安全措施，遵守操作程序，合理安排训练强度，加强保护与防护，避免事故发生。

(1) 组训人员对安全防范和动作要领应示范到位，在消防员掌握相关动作要领后，方可实施训练。

(2) 开展训练时，要加强训练组织，保持良好的训练秩序。

(3) 要按照训练计划和步骤科学组训，先讲解后示范，先分解后连贯，从易到难，由简及繁，循序渐进，合练安排课间休息，严禁超强度训练或盲目蛮干。

(4) 要严格按照项目操作规程进行操作；根据训练科目的危险性，落实保护措施，措施不到位严禁操作；训练中，发现安全隐患，应及时制止并纠正。

(5) 高温时段应合理安排训练时间和场地，气温在35℃以上时，原则上应停止室外训练。训练过程中，要及时补充水、盐分及营养成分，防止中暑。

(6) 寒冷季节户外训练应穿戴防寒服装和用具，保持干燥，防止冻伤。

(7) 夜间训练要加强通信、照明，训练区域做好警戒，防止行人车辆闯入。

(8) 严禁在通行车辆的道路上开展训练。

二、训练准备

开展训练前，要了解消防员的身体和心理状况，防止带病、带伤和带情绪训练。不宜安排在酷暑、严寒季节、恶劣气候和高海拔条件下进行大强度、长时间的训练。在训练过程中严格按要求着装，做好各项防护、保障和准备。

(1) 训练前，要对消防员进行针对性的安全教育或提示，讲清注意事项，强调安全纪律，落实安全措施。

(2) 严格按训练科目要求着装，不得携带与训练无关的坚硬、锋锐物品。

(3) 设置安全员，训练前(后)对训练场地、设施、器材进行检查、测试，训练中落实安全保护措施。在道路等开阔地带开展训练时，应做好安全警戒。

(4) 必须组织慢跑、活动操等热身运动，增加骨骼肌血流量，提高体温，增大关节的活动范围，从心理上和身体上使参训人员为训练和比赛做好准备，训练前的准备可以有以下环节：

① 热身慢跑：结合天气原因，使身体机能缓慢进入运动状态的过程，使身体微微发热出汗，时长不少于15min。

② 常规关节操：头部运动；肩部运动；扩胸运动；体转运动；俯背运动；弓步压腿；侧压腿；膝关节运动；手腕脚腕运动。

③ 动态热身操：正踢腿；后踢腿；侧踢腿；外踢腿；小步跑；高抬腿跑；交叉步练习；加速跑练习；深蹲跳；8字形跑。

三、体能训练

体能训练必须遵循运动规律，坚持循序渐进的原则，科学组织。

（1）训练要因人而异，注重核心力量训练，逐步加大训练强度。在进行大运动量、高强度训练时，要做好腰、膝、腕等关节部位的保护。

（2）训练中要全程观察、了解参训人员状况，出现不适症状应立即停训，视情况采取休息调整、干预治疗等措施。

（3）训练后必须组织放松训练，并安排足够的恢复时间。

四、装备训练

开展装备训练前，应检查器材装备是否完好，发现问题及时解决。

（1）要熟悉掌握训练装备的技术性能、操作规程、操作要求和安全注意事项。

（2）破拆、起重、撑顶训练时，严格做好个人防护、支撑稳固等措施，防止发生意外伤害。

（3）特种车辆操作训练，驾驶员必须经过系统培训，熟悉车辆结构及功能，掌握正确使用方法，避免操作失误。举高消防车训练前必须对场地、周边及上空、天气及风力等因素进行安全评估，不得在承重能力差、周边障碍多、上空设有电线的区域开展训练，不得超载、超限训练。臂架操作区域下方严禁站人。

五、出水训练

开展出水科目训练时，应严格遵守操作规程，严禁盲目施训。

（1）训练前，应检查器材准备性能，磨损严重、性能下降、存在安全隐患的器材装备不得用于出水训练。

（2）应根据供水高度和距离确定供水压力，通常不得超过消防水泵的额定工作压力。

（3）供水时，应明确供(停)水、加(减)压的手势和旗语等信号；驾驶员根据指挥员制定实施供水，并注意观察，发现危险情况立即停水。

（4）实施供水作业时，水泵出口、水带接口附件不得站人，防止接口崩脱伤人。

（5）在营区以外道路、场地开展训练时，必须采取警戒措施，防止伤及周边行人及车辆。

（6）场地、器材出水湿滑不具备训练条件时，应及时清扫擦拭或果断停训，防止滑倒摔伤。

六、实战演练

实战演练必须根据假设的灾害事故现场特点，在单位有关技术人员的配合下，按照要求严密组织实施。

（1）演练前，对车辆、装备等安全性能进行全面检查。

（2）安排人员或利用技术手段对整个演练行动进行有效监控，演练中出现危险情况，要迅速做出应急处理或暂停训练。

（3）进入模拟有毒气体、高温、浓烟、等环境中的人员，应做好个人防护，并严格执行演练操作规程。

七、整理活动

训练结束后，必须现场组织讲评，对训练中出现的安全苗头问题及隐患提出批评，倾向性问题要制定整改措施。组训人员要组织进行整理活动，及时清点人员和检查器材装备，并做好拉伸放松，通过观察和交流，掌握参训人员身体状况，作为调整训练强度的参考依据。训练后的放松可以有以下环节。

（1）慢跑时长不少于 15min。

（2）韧带拉伸 20min。

（3）其他：头颈部拉伸；肩部拉伸；大腿前侧拉伸；小腿后侧拉伸；脚踝拉伸；仰卧扭转。

第八章　消防预案演练

第一节　消 防 预 案

消防队伍编制的消防、气防等各类应急救援预案，从广义上而言都属于应急预案。即，都是在辨识和评估队伍参与救援的各类事故及其发生的可能性、发生过程、事故后果、影响程度的基础上，对应急机构与人员、响应程序、救援设施与物资、指挥与协调等方面预先做出具体安排，它明确了在突发事故发生之前、发生过程中以及刚刚结束之时，谁负责做什么、何时做，以及相应的策略和资源准备等。

一、消防队伍预案体系

消防队伍可根据自身承担的各项应急救援任务，针对下述内容编制预案，建立有总有分、层级分明的预案体系。

1. 队伍应急救援综合预案

相当于队伍预案体系的总纲，主要包括总则、风险识别评估、组织机构与职责、应急响应程序、预案体系介绍、预案管理等内容。部分规模较大的队伍还会增加应急响应分级和相应的启动条件等内容。

（1）总则

主要包括编制目的、编制依据、适用范围、应急救援原则等内容。预案应适用于队伍在企业内部及周边区域开展的各类应急救援工作。

（2）风险识别评估

重点要对队伍辖区范围内可能发生的各类事故进行分析。为确保预案编制有的放矢，消防队伍应对企业内部及周边区域存在的危险源及风险进行分析评估，例如井喷失控、生产装置火灾爆炸、油品罐区和装卸区火灾爆炸、危险化学品(含剧毒品)泄漏、放射性事件、交通事故等。

以某炼化企业专职消防队伍为例，该队伍的主要辖区是危险化学品生产企业，具有生产过程风险程度高、工艺过程复杂、周边环境敏感等特点。由于大部分石油化工原料、中间体、产品或副产物都具有易燃易爆、有毒有害等危险特性，在其生产、经营、储存、运输、使用和废弃处置等过程中，存在泄漏、人员中毒、火灾爆炸等风险。同时，由于这些风险源可能临近工厂、商(市)场、学校、医院等人员密集场所，邻近乡镇、社区等生活社区和水源地、铁路、公路等其他敏感场所设施，发生火灾爆炸、泄漏等突发事件后，可能造成重大人员伤亡、重大环境污染、重大财产损失、严重的社会影响。

（3）组织机构与职责

重点要根据队伍的实际情况，明确参与救援时的应急指挥机构组成与各自职责。仍以上述某炼化企业专职消防队伍为例，他们在预案中明确：原则上由消防支队长担任救援总指挥。接警出动时，成立临时指挥部，按照支队长、书记、副支队长、战训科科长、气防科科长、消防科科长、执勤站站长的排列顺序，以到达现场的最高领导为应急组织的总指挥，当排序在前的领导到达时，现场指挥者立即汇报情况，移交指挥权。

另外，根据救援任务需求和各科室(站)职能分工，设侦检搜救组、应急攻坚组、战勤保障组、洗消输转组、火场通信组等5个应急救援专业组。

(4) 预案体系介绍

重点描述队伍自身建立的各级各类预案。一般可采取“1+N”形式，其中1指队伍应急救援综合预案，是队伍应急救援工作的总纲；N指各类具体的个案，包括针对责任区域内保护目标的消(气)防救援预案，针对直接作业伤害事故、自然灾害等其他险情的救援预案，针对长时间救援的灭火药剂和车辆燃料补充预案，以及企地、企企之间的联防增援预案。仍以上述某炼化企业专职消防队伍为例，他们在“N”的部分，共编制了约120个针对具体保护目标的消防、气防救援预案，以及与属地所在市、区两级政府消防队伍的联防预案。

预案体系中，应做好预案的上下、左右衔接，包括与所属企业、与属地政府、与外部队伍的预案接口。

一是队伍建立的“1+N”应急预案体系中，1个综合预案和N个个案相互衔接，避免交叉重复。

二是队伍的应急救援综合预案应与所在企业的生产安全事故应急预案相互衔接。对于所属企业而言，消防队伍是其中的一个单位、是骨干救援力量，在企业的应急预案中多数扮演着“消防救援组”等职能角色。

三是队伍的应急救援综合预案应与驻地政府和综合消防队伍的救援预案相互衔接。对于属地政府而言，企业是其中的一个属地单位，危化品企业往往还是政府应急预案的假想目标，专职消防队伍是企业发生火灾爆炸等事故后的第一到场力量和专业救援力量。

理顺上述背景信息后，队伍的应急救援综合预案就能找准自身定位，在整个队伍预案体系中搭建起“四梁八柱”。

(5) 应急响应程序

主要包括应急报告、应急行动、应急终止、应急总结等内容，重点描述从接处警到组织指挥、作战行动、应急保障、归队恢复战备等全过程的应急处置动作安排。关于组织指挥，应明确指挥部的设立、现场指挥、指挥权的交接及后续协同指挥等内容；关于作战行动，应明确灾情侦察、毒害物质检测、人员疏散、警戒区设置、火灾扑救和抢险救援战(技)术运用等内容；关于应急保障，应明确通信保障、灭火药剂保障、技术专家保障等内容。另外，还应包括人员撤退、伤员救护、突发险情的排除方案等特殊状况处置内容。

考虑到消防队伍参与救援的事故种类较多，可以针对典型场景编写应急处置措施及注意事项作为综合预案的附件。而在预案体系中下一层级的具体个案中，结合具体场景对此进行有针对性的详细描述。

(6) 预案管理

可以简要介绍预案的编制、审批、发布、备案及培训、演练等相关安排。值得注意的是，应急预案必须与应急类的管理制度既分工又合作，应急制度主要明确日常管理内容，例如预案由谁组织编制、何种情况下必须修订、多久组织演练、培训有何具体要求等；应急预案主要明确应急行动内容，对于应急制度中已经详细说明的内容不宜再有大段的重复，以突出应急处置的“干货”内容。

2. 针对责任区域内保护目标的消(气)防救援预案

在队伍预案体系中，针对责任区域内保护目标的消(气)防救援预案是主要内容。这些具体个案的编写，不必严格套用GB/T 29639—2020《生产经营单位生产安全事故应急预案编制导则》的要素格式，内容以实用为主。

就石化企业专职消防队伍而言，对于关键装置、要害部位应做到“一个一案”，例如易发生火灾爆炸事故的高温重油类机泵、换热器，液化烃类机泵、反应器、加热炉等；对于$400m^3$及以上的液化烃罐、$5000m^3$及以上的拱顶罐、$10000m^3$及以上油罐应做到“一罐一案”，对于$400m^3$以下的液化烃罐、$5000m^3$以下拱顶罐、$10000m^3$以下油罐组成的单双排罐组，每排应选择最难扑救的油罐制定预案。

针对责任区域内保护目标的灭火等救援预案，一般采用图、文结合的方式进行编制，明确以下内容：

(1) 责任区域基本情况：模拟事故部位的工艺流程、关键设备，周边消防设施，以及相邻单位及部位情况。

(2) 模拟险情(风险分析)：灾害事故性质、可能蔓延的方向、危及目标、人员伤亡和建筑毁损、可能造成的危害及影响。

(3) 力量调集：按事故类别和大小确定救援力量，包括人员和战斗装备的数量、出动次序和路线，增援力量的调集时机和权限。

(4) 力量部署：按不同力量到场次序依次部署，包括停车位置、占领水源和供水线路；进攻路线、任务分工；事故各阶段的力量调整等。力量部署的内容通常以示意图进行展示。

(5) 注意事项：针对不同事故类型，提示参战人员采用必要的个人防护措施。

3. 针对直接作业伤害事故、自然灾害等其他险情的救援预案

专职消防队伍不仅是“灭火队”，而且是企业各类突发事件应急救援的骨干力量。在企业近年来的安全生产实践工作中，对于直接作业伤害事故和自然灾害等其他险情的救援备受重视，个别消防队伍因为缺乏必要的预案准备和人员训练，所以在应急救援中出现救援不力问题。

部分石化企业消防队伍已陆续针对生产装置操作员工在生产装置高层平台和塔、反应器等密闭空间受到外伤或中毒窒息失去知觉后的快速转移，生产装置特别是关键设备在暴雨或内涝等险情时快速排涝等情况编制具体的“一事一案”。

此外，部分消防队伍还会针对经常参与的危化品槽罐车泄漏处置、居民住宅区火灾救援等事件编制具体的个案。

4. 针对长时间救援的灭火药剂和车辆燃料补充预案

石化企业消防队伍在参与油品储罐等危化品火灾救援时，通常需要长时间作战，需要编制远程消防供水、消防泡沫补充、车辆燃料补充等预案。

5. 企企联防预案

以中国石化为例，该集团将下属的油田、炼化企业及销售企业的油库划分为13个应急联防区域，各区域指定一个组长单位，该区域内的所有消防队伍建立联防机制。组长单位牵头编制联防预案，发生重大事故险情时，发挥各自在消防、危险化学品、长输管道、井控、海(水)上救助和防污染等方面的应急资源优势，提高协同应对危险化学品事故能力，有效处置重特大危险化学品事故灾难。

此外，中国石油、中国石化、中国海油等石油化工类中央企业还建立了“三大油”应急

联防机制，在整合“三大油”所属专职消防队、工程抢险队、管道抢修队等应急救援力量的基础上，依托各单位原有联防区，建立了11个陆上联防区、4个海上联防区，分别承担陆上、海上危险化学品事故救援任务。

二、预案编制程序

（1）成立预案编制工作小组

一般由队伍负责人牵头，战训、装备、气防等科室或岗位，以及基层队伍人员参加。

（2）资料收集

收集整理辖区单位的基本情况，包括单位概况，消防道路和水源、消防设施，主要生产工艺和流程、原料及产品的储量和理化性能，主要设备的技术参数、危险部位的危险特性，相邻单位及部位情况等。

（3）风险分析评估

全面分析、评估重点单位或部位可能发生的事故类型和事故影响。

（4）编制应急预案

针对模拟险情，明确救援目标与任务、战术与技术措施、力量部署与战斗编成等。其中，应结合现场消防设施、道路、水源情况，科学计算，确定现场消防应急所需参战人员、战斗车辆、保障器材和物资等方面的数量，为完成救援任务提供基本依据。

消防救援类的应急预案应针对模拟事故对象的火情，科学计算进攻所需的消防水、泡沫用量，合理布置参战力量和战斗编成。例如，常见储罐灭火力量估算可参考表8-1。

表8-1　常见储罐灭火力量估算表

容积/m^3	内径/m	高度/m	周长/m	液面积/m^2	一次进攻用水量/L	一次进攻泡沫量/L
5000	22.27	14.31	69.93	389.32	226584.24	7007.76
10000	28.42	15.89	89.24	634.04	369011.28	11412.72
20000	40.68	15.89	127.74	1299.07	756058.74	23383.26
30000	46	19.3	144.44	1661.06	966736.92	29899.08
50000	58.92	19.07	185.01	2725.18	1586054.76	49053.24
100000	80	22	251.2	5024	2923968.00	90432

（5）审核发布

预案编制完成后，工作小组应组织队伍内部审核，必要时报上级主管单位批准后发布。

（6）演练评估

组织人员现场实战演练，不断检验完善预案。

三、常见预案编制存在的问题

（1）预案编制管理不规范

部分消防队伍对于预案编制重视不足，将预案当成应付检查的工具，将编制工作指定给某个岗位人员独立完成。由于缺少队伍负责人牵头组织，战训、装备、气防等相关专业科室参与不够，仅仅是个别人员闭门造车，导致编制的预案实用性不强，质量较低。

（2）预案与风险评估脱节

部分消防队伍没有认真分析评估辖区范围内的生产单位安全风险，对于生产装置、油品罐区的工艺流程、关键设备特性缺乏了解；或是虽然在预案的风险评估中引用了生产单位相关信息，但没有做出针对性的安排，甚至出现高温部位安排直流水冷却等低级错误。

（3）预案内容不实用

部分消防队伍的预案关于应急报告、应急行动、应急终止、应急总结等内容过于空洞，全是原则性描述，或者与实际做法不一致，出现“两张皮”现象。特别是少数队伍针对责任区域内保护目标的消(气)防救援预案，行车路线不具体、力量部署不明确，失去了应有的指导功能。

（4）预案更新滞后。

部分消防队伍的预案多年不组织评估，辖区范围内有新改扩建生产装置、罐区等重大变更，或是队伍自己的消防车辆、机器人、无人机等关键装备有报废、更新，或是保护目标周边的消防栓、消防竖管等固定消防设施有调整，没有及时修订预案。

四、典型示例

示例一：生产装置灭火预案(以某企业5号常减压装置超60m高塔为例)

1. 基本情况

（1）装置概况

某企业5号常减压装置加工能力为1000×10^4t/a，2012年12月5日建成投产。该装置位于厂区中部，装置由换热、脱盐、初馏、常压蒸馏、减压蒸馏、轻烃回收和干气液化气脱硫等七部分组成。

（2）工艺情况

该装置的原料为原油，通过原油初馏、常压分馏、减压分馏、轻烃回收等系统，产出：汽油、煤油、柴油、催化原料、加裂原料、润滑油料、减压渣油、瓦斯及液化气等半成品。生产过程具有高温、易燃、易爆、有毒的特点。

（3）超60m高塔情况

初馏塔T101(60.1m)、常压塔T102(87.5m)、减压塔T201(70.4m)。

（4）消防设施及灭火器材情况

炼油厂区有南、西、北三座消防泵房，消防水系统为稳高压系统。日常消防水管网压力为0.8MPa，全厂消防给水由动力厂供水车间新鲜水泵供水，消防用水时由南、西、北三座消防泵互援加压供水，管网末端压力可达到0.7MPa。三座消防泵房各配备2台水泵，单台流量1181m^3/h，扬程112m，一用一备。每座消防泵房各安装2台稳压泵，单台流量45~200m^3/h，扬程90~98m，设计压力可达到0.7MPa，补水量15~56L/s。

本装置的消防用水量按300L/s考虑，火灾时可连续供水不小于3h。装置沿消防路设有消火栓31个，供水压力为0.8~1.2MPa，环状管径为东(*DN*450)、南(*DN*450)、西(*DN*400)、北(*DN*450)、中(*DN*350)。

装置四周及重要部位设有固定消防水炮(水炮喷嘴为直流-水雾两用型)，当压力为0.8~1.2MPa时，射程为50~60m，对装置进行全面保护。装置内设有消火栓、箱式消火栓、消防给水竖管，设有手提式干粉灭火器和推车式干粉灭火器等消防器材。

（5）装置周边情况

东面：第三套糠醛精制装置、石蜡加氢　　西面：中间罐区

南面：5号路、加氢裂化原料罐区　　北面：3号路、重整中间罐区

（6）消防队伍情况

本装置所在厂区内建有炼油中队，配有大功率消防车 7 辆，举高消防车 4 辆，气防救护车 1 辆，该消防站距本装置小于 2.5km。

另外临近有乙烯消防中队、工业园区特勤消防中队，必要时可调动增援。

2. 模拟险情

模拟场景一：初馏塔 T101(60.5m)塔顶轻组分出口腐蚀穿孔，造成高温轻组分泄漏，引起火灾，风向东南。

模拟场景二：减压塔 T201(70.4m)塔中部进料口腐蚀穿孔，造成高温轻组分泄漏，引起火灾，风向东南。

模拟场景三：常压塔 T102(87.5m)塔中部进料口腐蚀穿孔，造成高温轻组分泄漏，引起火灾，风向东南。

3. 处置对策

（1）接到报警 5min 内赶到火灾现场展开救灾工作。

（2）在火灾现场上风向适当位置设立火场指挥部。

（3）设置安全警戒区域，杜绝一切无关人员和车辆进入。

（4）迅速采取有力措施或堵漏或控制火势，防止火势(泄漏)扩大。

（5）展开火场侦察，向受灾单位了解是否有人员受伤、被困，若有人员被大火围困，迅即组织力量在水枪掩护下进行营救被困人员。

（6）结合装置已采取的措施或准备采取的应急工艺措施，利用固定和移动消防设施展开灭火(控制)和保护火点周围的容器、管线及重要设备。

（7）逐级指挥，统一指挥，及时向指挥中心汇报灭火救灾情况。

（8）发生重大、特大火灾事故时，及时向现场指挥中心请示，请求增援并向公司总调值班室汇报，请求公司紧急启动应急预案，必要时启动区域灭火联防方案。

4. 力量部署

（1）模拟场景一力量部署(T101 塔顶轻组分出口腐蚀穿孔，造成高温轻组分泄漏，引起火灾，风向东南风)

气防车(从 14#消防路经 5#消防路和装置消防路进入现场)停在着火装置的东南侧，按指令建立火场指挥部，进入火场搜救；不间断侦察现场火势、泄漏情况和现场气体检测情况并及时报告中队指挥部。

2-02 消防车(从 14#消防路经 5#消防路和装置消防路进入现场)停在 T101 西面消防路上，利用分水器接 FH-5#消火栓供水，出一支移动炮及出车顶炮随时做好扑灭飞火的准备。

2-05 消防车(从 14#消防路经 5#消防路和装置消防路进入现场)停在 T101 东面消防路上，利用分水器接 3-043#、3-044#消火栓供水，利用举高车顶炮对塔顶着火点周围设备实施冷却。

2-10 消防车(从 14#消防路经 5#消防路和装置消防路进入现场)停在 T101 东消防路上，利用分水器接 FH-1#、3-045#消火栓供水，利用举高车顶炮对塔顶着火点周围设备实施冷却。

其他车辆停在 5#路装置路段待命。

消防车辆的行车路线详见图 8-1。

参与救援的消防队伍力量布置详见图 8-2。

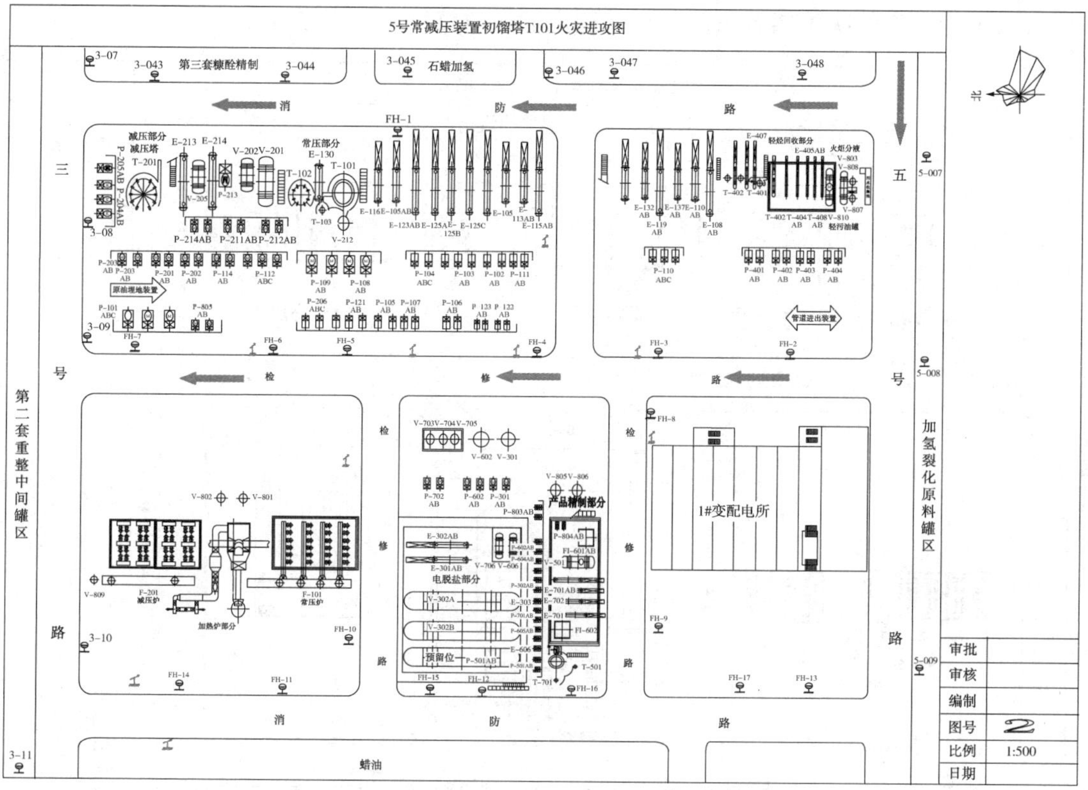

图 8-1　常减压装置高塔火灾进攻示意图

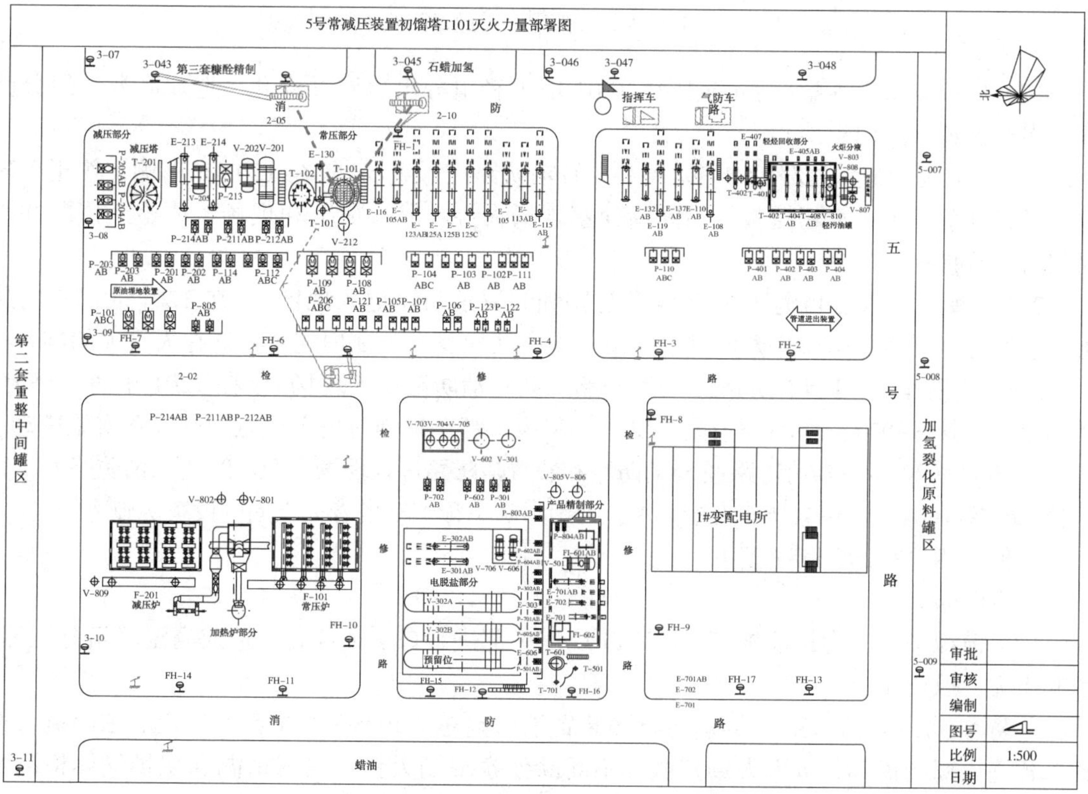

图 8-2　常减压装置高塔火灾灭火力量布置示意图

针对可能发生的次生事故风险，提前制定的撤退路线可参考图 8-3。

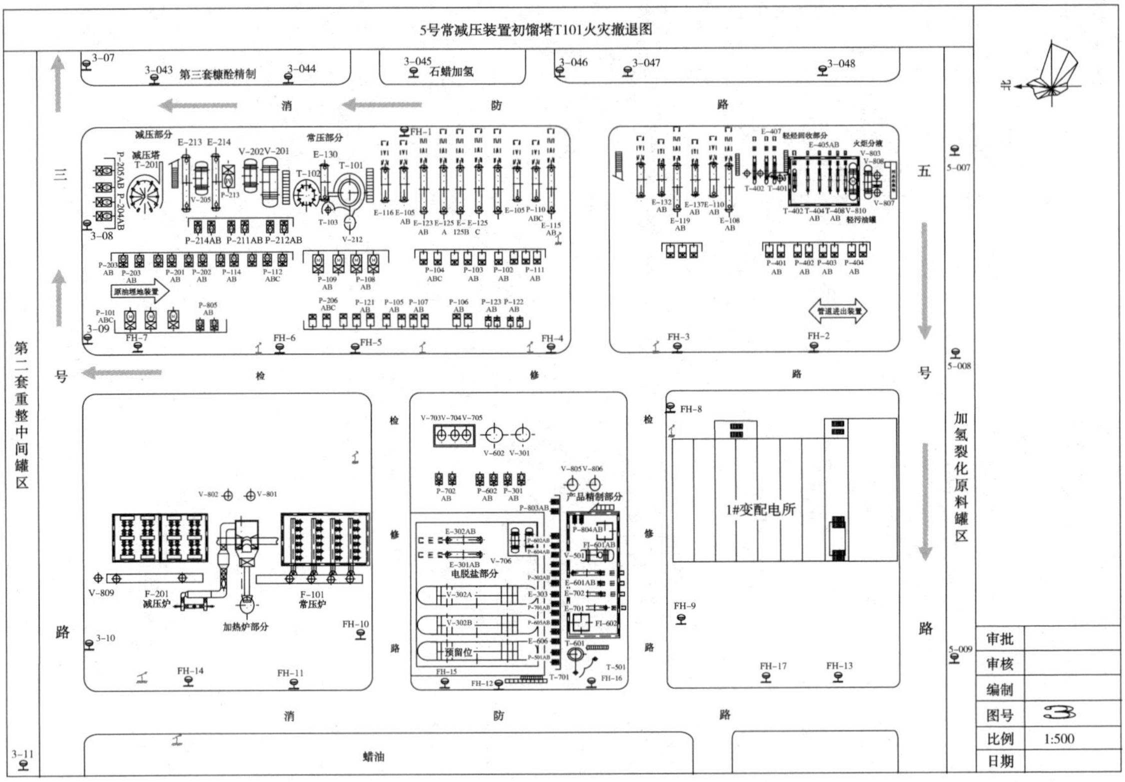

图 8-3　常减压装置高塔火灾撤退路线示意图

（2）模拟场景二力量部署（减压塔 T201 塔顶轻组分出口腐蚀穿孔，造成高温轻组分泄漏，引起火灾，风向东南）

气防车（从 14#消防路经 5#消防路和装置消防路进入现场）停在 T201 东南侧，按指令建立火场指挥部，进入火场搜救；不间断侦察现场火势、泄漏情况和现场气体检测情况并及时报告中队指挥部。

2-02 消防车（从 14#消防路经 5#消防路和装置消防路进入现场）停在 T201 北面消防路上，利用分水器接 3-08#消火栓供水，出一支移动炮及出车顶炮随时做好扑灭飞火的准备。

2-05 消防车（从 14#消防路经 5#消防路和装置消防路进入现场）停在 T201 东消防路上，利用分水器接 3-07#、3-043#消火栓供水，利用举高车顶炮对塔着火点周围设备实施冷却。

2-10 消防车（从 14#消防路经 5#消防路和装置消防路进入现场）停在 T201 东消防路上，利用分水器接 3-043#、3-044#消火栓供水，利用举高车顶炮对塔着火点周围设备实施冷却。

其他车辆停在 5#路装置路段待命。

示意图略。

（3）模拟场景三力量部署（常压塔 T102 塔中部进料口腐蚀穿孔，造成高温轻组分泄漏，引起火灾，风向东南）

气防车（从 14#消防路经 5#消防路和装置消防路进入现场）停在着火装置的东南侧，按指令建立火场指挥部，进入火场搜救；不间断侦察现场火势、泄漏情况和现场气体检测情况并及时报告中队指挥部。

2-02 消防车(从 14#消防路经 5#消防路和装置消防路进入现场)停在 T102 西面消防路上，利用分水器接 FH-6#消火栓供水，出一支移动炮及出车顶炮随时做好扑灭飞火的准备。

2-05 消防车(从 14#消防路经 5#消防路和装置消防路进入现场)停在 T101 东面消防路上，利用分水器接 3-043#、3-044#消火栓供水，利用举高车顶炮对塔着火点周围设备实施冷却。

2-10 消防车(从 14#消防路经 5#消防路和装置消防路进入现场)停在 T101 东消防路上，利用分水器接 FH-1#、3-045#消火栓供水，利用举高车顶炮对塔着火点周围设备实施冷却。

其他车辆停在 5#路装置路段待命。

示意图略。

5. 泡沫液补给办法

(1) 当灭火战斗中的个别车辆泡沫液用完，而火灾仍然没有被扑灭时，灭火阵地的车辆立即做出如下调整，将负责冷却的车辆改为出泡沫(灭火)，已用完泡沫液的车辆改为出水冷却(邻近设备)，并根据现场实际情况调整水带距离及枪炮位置。

(2) 泡沫液罐车在灭火现场待命，随时向用完泡沫液的战斗车辆进行补给。

(3) 把泡沫液桶推至车旁或移动至泡沫枪、炮旁，用泡沫液吸管抽取泡沫液进行灭火。

6. 供水方案

直接利用装置周围的消火栓向消防车供水。

7. 灭火力量增援

根据火灾现场情况，选择留守中队的执勤车辆增援。

8. 注意事项

(1) 密切注意火场风向变化，正确设立火场指挥部位置；

(2) 切实做好防毒、防爆、防高温安全措施；

(3) 设置警戒区，杜绝无关车辆、人员进入现场；

(4) 正确选用灭火剂，合理布置停车位置、移动炮和水枪冷却阵地；

(5) 及时冷却装置邻近设备，防止火势蔓延；

(6) 火灾扑灭后，加强冷却保护，防止复燃复爆；

(7) 战斗结束后，及时补充灭火器材，恢复战备状态。

示例二：生产装置灭火预案(以某企业加氢裂化装置高温热油泵为例)

1. 基本情况

某企业加氢裂化装置占地面积 11250m^2，原设计处理能力为 80×10^{4}t/a，经过加工含硫蜡油改造后处理量提高至 90×10^{4}t/a。

该装置主要由反应、分馏、脱硫和液化气分馏等组成，以高硫原油的减压馏分油(VGO)为原料，产品主要有轻石脑油、重石脑油、航空煤油、白油、柴油和轻润滑油原料等。原料、产品、副产品多为可燃、易燃、易爆、有毒的气体或液体，且大多数为甲、乙类，一旦遇到火源，就能发生燃烧或爆炸，且扑救难度较大。

该装置所在区域稳高压消防水系统设计最大供水能力为 1800m^3/h，设有高压泵 5 台，稳压泵 3 台，消防水罐(2000m^3)1 座，消防水池(2000m^3)1 座。周边设有高压消防栓 14 只、低压消防栓 9 只；输水管线管径 350~500mm，水压 0.4~0.9MPa，供水强度约 350L/s。周围道路设消防水炮 8 门；消防栓箱 10 只，内设 65mm 出水口 2 只，水带 2 盘，开花水枪 1 支；在泵区上方和加热炉与反应器之间设有水幕。

2. 模拟险情

情景假设：塔底高温热油泵(P302)切泵过程中，泵体大盖泄漏着火；泵出入口气动阀没有全部关闭，机泵无法隔离，泵体泄漏扩大，塔底热油喷出，火势迅速扩大。

3. 处置对策

(1) 停泵降压，关阀断料。首先要切断电源，停止泵的运转，降低压力。同时要迅速关闭上、下游阀门，切断物料，从而达到削弱火势的目的。

(2) 四面合击，泡沫覆盖。在战术方法上要实施四面合击，切断火势向外扩展的途径。用强大的泡沫流夹击泄漏点，覆盖地面流淌火。

(3) 冷却降温，防止复燃。火灾扑灭后，要对着火部位和上部管线进行冷却，防止发生复燃。

4. 力量部署

指挥车到达现场后在上风方向选合适位置停车，并迅速设立火场指挥部；

气防车对事故区域展开人员搜救及对现场可燃气体浓度实施动态检测，并将工作进展情况及气体检测数据随时向中队指挥员报告；

主战车辆采取“停泵降压、关阀断料；移动消防力量四面合击、泡沫覆盖；冷却降温、防止复燃；干粉主攻、一举歼灭”的战术措施展开。

参与救援的消防队伍作战示意图详见图 8-4。

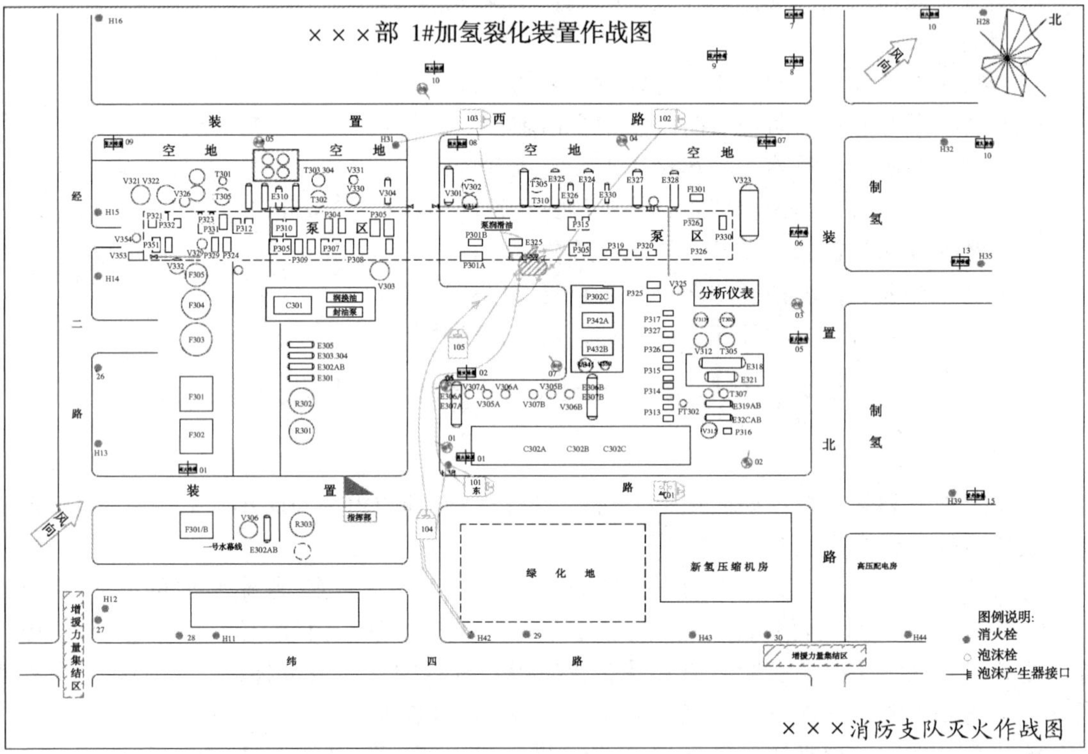

图 8-4　加氢裂化装置高温热油泵火灾扑救力量布置图

5. 供水方案

结合现场实际，采取消火栓供水、接力供水的方式进行供水，并联系泵房开启消防水泵确保水源。

6. 注意事项

（1）贯彻工艺优先原则，时刻关注燃烧介质温度、压力及工况，须在技术人员的指导下有效应急，不可盲目灭火，以免发生次生灾害。

（2）充分发挥消防装备射程优势，利用装置框架、平台合理设置枪、炮阵地，确保灭火无死角、无盲点。

（3）组织合理的供水、供药剂的途径和方法，确保现场供给有序、充足。

（4）火场侦察贯穿事故全过程，根据事故演变的走向灵活调整力量和灭火应急措施。

（5）加强个体防护、确保人身安全。

示例三：大型油罐灭火预案(以某企业50000m^3原油罐为例)

1. 基本情况

某企业九号罐区为中、轻质原油罐区，外浮顶钢质油罐，901～906罐外壁采用普通棉保温，外包铝合金。907～908罐储存低凝原油，未做保温处理。罐区总储量为$40\times10^4m^3$，单罐储量为$5\times10^4m^3$，罐径60m、高19.35m、周长188.4m、液面积2826m^2，罐区内油罐排列为4只一组，共两组。其西南面是单个储量分别为400m^3和1000m^3的液化气、丙烯球罐区。东南面与炼油一部三加氢相邻，西北面为储运部油品作业区气柜，东北面与芳烃罐区和第三罐区。

西北侧是储运部消防泵房，配有消防专用水池一座，分成两间，水池最高液位标高0.8m，最低液位标高-1.7m，总有效体积为2975m^3。泵房配置2套(一开一备)平衡压力式泡沫比例混合装置，流量为215L/s，3台泡沫供水泵(两开一备)、3台消防稳压水泵(两开一备)。罐区四周设有23只高压消防栓、23只泡沫栓，泡沫连续供给时间为30min。

2. 模拟险情

受强雷电袭击，904储罐浮盘边沿一二次密封处可燃性混合气体被点燃后爆炸，一二次密封多处被炸开，在罐壁与堰板之间的环形带30～40m范围内发生多处燃烧，半固定设施多处遭到破坏……

3. 处置对策

（1）该罐区储罐发生火灾后，要树立集中优势兵力打歼灭战，加强第一出动，尽早调集增援力量，速战速决力争把火灾扑灭在初期阶段。

（2）通盘考虑兵力部署，全面协调主攻车、供水车、后备车的协同作战。既要组织灭火，又要冷却保护罐和阀等邻近设备。坚持便于进攻、有利转移的原则布置参战车辆的停车位置，避免现场停车混乱，既不便于调动兵力，又不利于在出现喷溅情况下的紧急撤离。

（3）固定设施完好的情况下，要贯彻以固定为主，固移结合，快速集结兵力，迅速实施上下合击、登罐强攻扑灭火灾。

（4）固定泵房出现故障时，立即切换管网控制阀，通知公用工程部供水作业区消防泵房向火场供水，利用半固定设施和大功率泡沫车等向着火罐发起进攻。

（5）出现油罐变形、开裂造成燃烧油品外溢时，要采取工艺配合，降低液位，堵截包围、泡沫覆盖，先外后内，先下后上，逐片消灭的战术，将火灾控制在有限的范围内，为最终扑灭火灾创造有利条件。

（6）积极预防油品喷溅。加强冷却，脱尽水分，必要时注入冷油以破坏高温层，专人观察及时发现喷溅预兆，统一命令有序撤离，泡沫覆盖邻近罐围堰。喷溅过后要分片包围、消灭外围，迅速挺进、尽快到位，以便抓住有利时机组织进攻。

(7) 当浮顶下沉，燃烧面积从 150m^2 扩大到 2800m^2 时，要加强冷却，保护罐壁，调集区域联防力量，以移为主，以固为辅，钩枪、泡沫炮并用，强攻扑灭火灾。

(8) 在对着火罐发动进攻中，要坚持备足力量，统一进攻扑灭火灾，防止复燃。避免盲目进攻，零打碎敲，造成火还未灭，后勤就供给不上，导致火场被动等情况，大火扑灭后还要向储罐注泡沫，以防复燃。

4. 力量部署

指挥车到达现场后在上风方向选合适位置停车，并迅速设立火场指挥部；

气防车对事故区域展开人员搜救及对现场可燃气体浓度实施动态检测，并将工作进展情况及气体检测数据随时向支队指挥员报告；

主站车辆采取先控制、后消灭的方针。贯彻固定设施为主、移动力量配合，坚持快速出动、快速调集兵力和药剂原则。坚持统一指挥和集中优势兵力打歼灭战的战术措施展开。

考虑到事故罐的消防喷淋等固定消防设施可能损坏无法使用，参与救援的消防队伍作战力量部署可参考图 8-5。

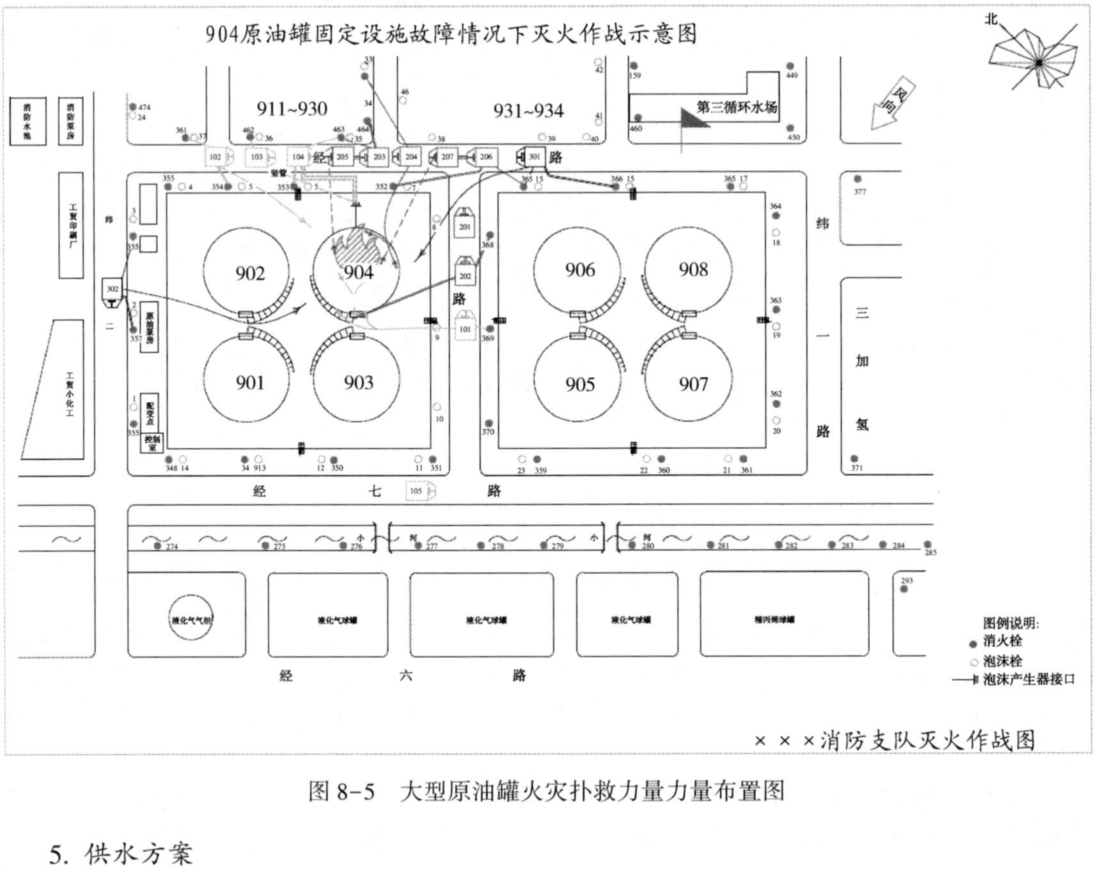

图 8-5　大型原油罐火灾扑救力量力量布置图

5. 供水方案

结合现场实际，采取消防栓供水、接力供水等方式进行供水，并联系泵房开启消防水泵确保水源。

6. 注意事项

(1) 选择合理停车位置，既要便于进攻，又要便于撤离；主攻炮位(大流量拖炮、移动炮)的设置应在着火罐的上风方向

（2）扑救重质油罐火灾时，指挥员应时刻注意观察是否有沸溢、喷溅的征兆。发现危险征兆时迅速下达撤退命令，避免造成人员伤亡和装备损失。

（3）现场人员看到或听到统一撤退信号后，应立即撤至安全地带。

（4）加强个体防护、确保人身安全。

示例四：生产装置气防救援预案（以某企业乙炔运行部一氧化碳泄漏为例）

1. 基本情况

某公司乙炔运行部下辖煅烧区域、发生区域和电石区域。电石区域包括 6 台 46.5MW 密闭电石炉，设计产能 75 万吨/年，配套 6 套净化系统。

在电石区域，石灰和炭材经炉顶料仓进入电石炉，被高温电弧加热发生碳还原反应，生成电石和副产品一氧化碳。一氧化碳进入净化单元，降温、除尘后，通过粗气、净气两级风机引压，送至煤气总管（压力 65kPa，CO 含量 50%~70%），进入气柜。

一氧化碳是无色、无臭、无刺激性、有毒的气体，而且是极易燃气体。常见的一氧化碳中毒症状，包括头痛、恶心、呕吐、头晕等，高浓度吸入可导致人体窒息死亡。

2. 模拟险情

乙炔运行部某电石炉 9.6m 层盲板阀一氧化碳泄漏，导致巡检人员一氧化碳中毒被困。

3. 处置对策

（1）侦检人员迅速进入现场侦检，并把侦检数据报告指挥员。

（2）根据侦检情况确定警戒范围，切断警戒区内所有火源。

（3）搜寻遇险被困人员，组织营救与疏散。

（4）联系工艺人员关闭泄漏点附近阀门。

（5）组织进行二次搜救确保泄漏地点无任何中毒被困者。

（6）任务完成清理现场，经侦检达到安全浓度后解除警戒。

（7）清点出警人数，并向指挥员进行准确汇报。

（8）完成救援后对所有救援使用过的器材及装备进行洗消处理，更换战备空气呼吸器气瓶。

4. 力量部署

1 号指挥车：迅速在上风方向设立指挥部，向总指挥报告，做好现场的影像记录、后勤保障、通信保障、命令传达等工作。

9 号气防救援车（抢险救援小组）：车辆由乙炔运行部北大门进入到达电石炉西侧经三路，由值班领导迅速和生产单位的技术人员取得联系了解中毒人员情况，到现场指挥部领取任务。同时，应急中心（消防大队）救援小组准备好担架、急救箱并戴好空气呼吸器和四合一气体检测仪做好进入现场的准备，救援小组首先对泄漏现场进行侦检将侦检结果汇报指挥员，由北侧楼梯登上 9.6m 层对中毒被困者进行搜救，并且打开泄漏层的所有窗户及通风处，根据现场情况选择南北楼梯将中毒被困者抬出，并且实时将救援情况向指挥员进行汇报。

2 号德国曼 16t 泡沫水罐车（救援处置小组）：车辆由乙炔运行部北大门进入停于电石炉西侧经三路，各号员佩戴空气呼吸器和四合一气体检测仪由南侧楼梯登上 9.6m 层对中毒被困者进行搜救，并且实时将救援情况向指挥员进行汇报。

3号干粉泡沫联运车(救援处置小组)：车队由乙炔运行部北大门进入停于电石炉西侧经三路，各号员佩戴空气呼吸器和四合一气体检测仪主要对泄漏区域路段进行交通封锁，避免无关车辆、人员进入危险区域，同时中毒被困者被救出后协助救援小组人员将被困者移交医务车辆。

对照上述险情，参与救援的消防车辆站位可参考图8-6。

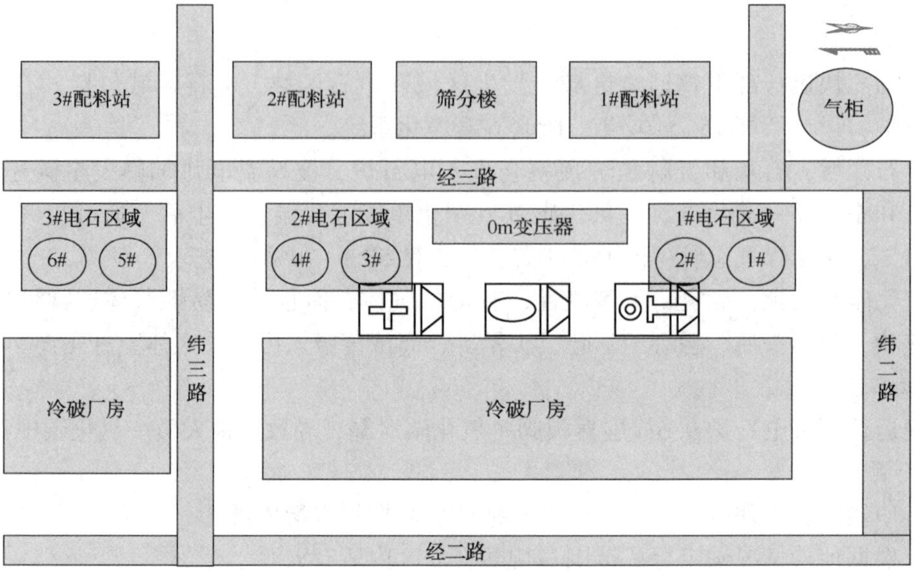

图8-6　乙炔运行部一氧化碳泄漏救援车辆站位示意图

针对电石炉9.6m层现场的被困人员，救援疏散路线可参考图8-7。

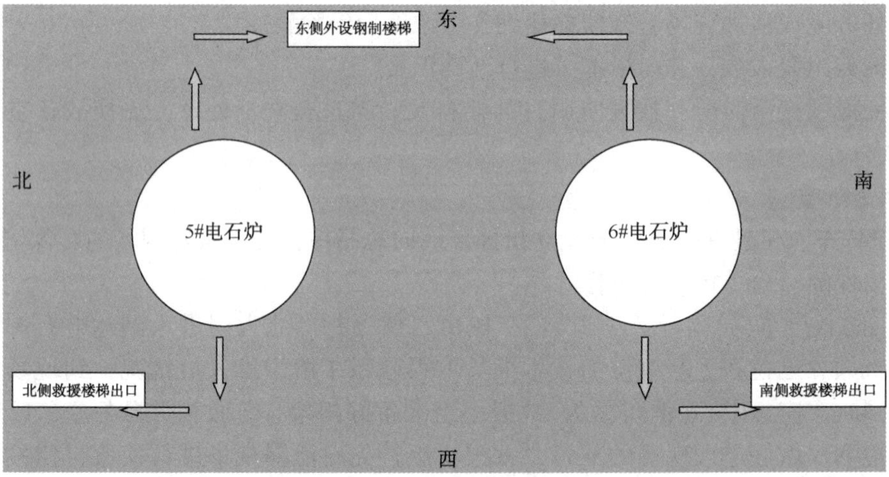

图8-7　乙炔运行部一氧化碳泄漏电石炉9.6m层救援疏散路线图

5. 注意事项

(1) 当一氧化碳大量泄漏时，必须在装置周围主要路口设监护车及人员，进行警戒。

(2) 所有进入现场的人员必须佩戴有效个人防护器具。

(3) 抢救过程中应撤出无关人员，尽量减少现场人员的数量，防止中毒范围的扩大。

示例五：直接作业伤害救援预案（以某企业生产装置框架高处伤员转移为例）

1. 基本情况

某企业加氢装置有多个塔器高度超过 30m，部分上下通道采用直梯，且需多次中转才能到达地面。直梯内部空间狭小，无法满足救援担架使用需求。

2. 模拟险情

1 名操作工在装置框架巡检时因吸入硫化氢中毒昏迷，伤员所在位置距离地面约 35m。

3. 处置对策

（1）利用登高平台消防车救援

救援人员：中队指挥员 1 人，战斗员 4 名（包括 1 名气防班长、1 名 1 号员、1 名 2 号员、1 名 3 号员）、云梯消防车一辆（1 名司机云梯车班长、1 名驾驶员）。

救援装备：54m 平台车、气防车、呼吸器 7 套、四合一检测仪一台、30m 救援绳一根、软式担架、折叠担架、腰带一条，七套个人防护装备。

人员分工：班长带领 1 名 1 号员和 1 名 2 号员到达伤员层位置；指挥员带领 1 名 3 号员在地面，做好接应准备。

救援步骤：

气防车到场后，停在上风方向 50m 外，指挥员寻找厂方知情人，了解情况。

54m 平台车到场后，气防车人员将本车所用救援器材，气防班长、1 号员、2 号员携带救援装备直接沿斜梯爬至平台上，气防 3 号员在地面展开折叠担架。

气防班长到达平台前利用四合一检测仪对现场进行监测，气防班长发现伤员后迅速将氧呼佩戴给伤员并检查伤员状况汇报给指挥员，气防 1 号员到达平台后立即将安全带绑到伤员身上，2 号员到达平台后与 1 号员共同展开软式担架将伤员转运至担架上，吊笼升起过程中云梯车班长负责将 30m 救援绳固定在吊笼上，作为保护绳使用。

云梯车到达平台后，云梯车班长将保护绳交给气防班长，气防班长负责将保护绳连接到伤员安全带上，气防班长、1 号员、2 号员共同将伤员转运至吊笼中，云梯车班长驾驶员负责在吊笼中接伤员，伤员转运至吊笼后，云梯车驾驶员操作吊笼至地面后，气防班长、1 号员、2 号员迅速沿斜梯到达地面，指挥员，3 号员，云梯车驾驶员、班长迅速将伤员从吊笼转运至折叠担架中并移交 120 急救中心。

（2）利用绳索徒手救援转运

救援人员：气防车组和抢险救援车组（8 人）。

人员分工：人员分成两个小组，登高救援小组（6 人）、地面接应小组（2 人）。

救援装备：登高救援组携带救生绳（根据事故点的高度选择绳长）、全身性安全带（中毒人员用，数量根据实际中毒人数携带）、结绳用安全带（配有安全钩）、牵引绳、电台、有毒气体检测仪等。地面接应组携带三脚架、担架等。

救援步骤：登高救援组到达事故点后，立即检查护栏的牢固和完好程度，根据护栏的情况分别采取如下转运措施。

① 如果护栏牢固，且护栏为圆形金属管，则可直接作为支点使用。采取的救援程序如下：

a. 第 1 名、第 2 名队员将救生绳带有安全钩的一端绕过护栏，由外向里绕上 1 圈，锁紧安全钩，准备好救生绳。

b. 第 3 名、第 4 名、第 5 名队员负责为中毒人员系上全身性安全带、戴好安全帽，连接上救生绳，系上牵引绳，并将牵引绳下抛给地面接应组，抬起中毒人员准备放置护栏外。(该步骤与第 1 步同时展开)

c. 第 1 名、第 2 名队员寻找固定点(例如竖梯)，把本人安全带上的安全钩挂到固定点上，用以保护自己。然后双手握住救生绳，准备下放中毒人员。

d. 在指挥员的统一指挥下，第 1 名、第 2 名队员收紧救生绳，第 3 名、第 4 名、第 5 名队员把中毒人员放置护栏外，第 1 名、第 2 名队员缓慢放松救生绳使被救人员逐渐下降，地面人员牵引抛绳，防止被救者碰撞到障碍物，使被救者安全降到地面。

被救者到达地面后，地面接应组立即解开安全钩，利用担架把被救者抬至救护车。

② 如果护栏为角钢，不能直接缠绕救生绳。则应采取如下救援程序：

a. 第 1 名队员安全带上配备两个安全钩，其中一个安全钩挂于安全带的前侧，作为救生绳的支点，另一个安全钩位于背后，用于自身的保护。第 1 名队员将救生绳套在身体前侧的安全钩上，由里向外绕上两圈，锁紧安全钩。把背后的安全钩挂到固定点上，用于自我保护。然后戴上手套，将救生绳置于背后紧贴安全带，一脚蹬在护栏上，一手握住安全钩前的救生绳进行放绳，另一手在身体另一侧紧握紧贴安全带处的救生绳，用于控制绳的下降速度。

b. 第 2 名队员把本人安全带上的安全钩挂到其他固定点(例如竖梯)上，用以保护自己，然后紧贴第 1 名队员，双手握住第 1 名队员的安全带上的小绳，用于放人时对第 1 名队员的保护。

c. 第 3 名、第 4 名、第 5 名队员负责为中毒人员系上全身性安全带、戴好安全帽，连接上救生绳，系上牵引绳，并将牵引绳下抛给地面接应组，抬起中毒人员准备放置护栏外。(该步骤与前面 2 步同时展开)

d. 在指挥员的统一指挥下，第 1 名队员收紧救生绳，第 2 名队员紧拽住用于保护第 1 名队员的小绳，第 3 名、第 4 名、第 5 名队员把中毒人员放置护栏外，第 1 名队员缓慢放松救生绳使被救人员逐渐下降，地面人员牵引抛绳，防止被救者碰撞到障碍物，使被救者安全降到地面。

被救者到达地面后，地面接应组立即解开安全钩，利用担架把被救者抬至救护车。

③ 如果事故点所处的平台没有护栏或者护栏不能作为支点，则立即采取三脚架救援。程序如下：

a. 第 1 名队员把牵引绳抛向地面接应组，把三脚架吊至事故点。

b. 第 2 名队员将救生绳准备好。

c. 第 3 名、第 4 名队员负责为中毒人员系上全身性安全带、戴好安全帽(该步骤与前面两步同时展开)。系上牵引绳，并将牵引绳下抛给地面接应组。

d. 第 1 名队员、第 2 名队员、第 5 名队员负责展开三脚架并调至合适的高度，将救生绳穿过三脚架外环上悬挂的安全钩上绕两圈，留出足够的绳长，并锁紧安全钩。

e. 第 3 名队员、第 4 名队员将救生绳与中毒人员所戴的全身性安全带连接好，抬起中毒人员准备放置护栏外。

f. 第1名队员将本人安全带上的安全钩挂到固定点(例如竖梯)上，用以保护自己，然后双手握住救生绳，准备收、放救生绳。

g. 在指挥员的统一指挥下，第1名队员收紧救生绳，第3名、第4名队员把中毒人员放置护栏外，第2名、第5名队员、指挥员双手扶住三脚架的三个腿，确保三脚架的稳固。第1名队员缓慢放松救生绳使被救人员逐渐下降，地面人员牵引抛绳，防止被救者碰撞到障碍物，使被救者安全降到地面。

被救者到达地面后，地面接应组立即解开安全钩，利用担架把被救者抬至救护车。

(3) 利用电动升降器救援

救援人员：中队指挥员1名；当日值班员；战斗员6名(包括1名班长、5名号员)。

救援装备："小飞人"电动升降器，升降器配套绳索一根，锚点固定钢索两根，遥控器一个；30m救援绳两根，牵引绳一根；三角救援带一条；安全带两条；化学氧自救呼吸器一个；硫化氢检测仪四台；折叠担架一具；正压式空气呼吸器七套。

人员分工：指挥员带领1名1号员到达伤员位置；班长带领1名1号员到达伤员上一层位置；2名2号员在地面，做好接应准备。

救援步骤：

指挥员与参战人员携带装备进入现场，气防班长佩带硫化氢检测仪并携带救援绳一根和锚点固定钢索两根，1号员佩带硫化氢检测仪并携带救援三角带和化学氧自救呼吸器以及升降器遥控器，2号员携带救援绳一根和安全带两条，3号员佩带硫化氢检测仪并携带电动升降器和救援绳，4号员佩带硫化氢检测仪并携带牵引绳一根，5号员携带折叠担架一具。气防班长登塔寻找伤员，1号员和2号员跟随其后，当发现伤员后，查看伤员情况，并查看硫化氢检测仪数值，气防班长向指挥员汇报。

气防班长继续爬升至伤员位置的上一层，打开救援绳，一端固定在塔上牢固位置，另一端下放至地面。1号员为伤员佩戴化学氧自救呼吸器，使其能够吸入新鲜氧气，同时为其穿戴救援三角带。2号员在伤员腋下位置固定一条安全带，做保护绳的受力点；再在伤员肘关节位置捆绑一条腰带，防止其苏醒挣扎；然后在所处位置寻找固定点，将绳索在固定点位缠绕，绳头端预留，做保护绳备用。3号员在塔下，接到气防班长下放的绳头后，将电动升降器、救援绳绳头和牵引绳绳头挂于下放救援绳后，通知上方提拉。4号员拉动牵引绳，避免器材与其他物体磕碰。5号员提前将折叠担架摆放于塔下伤员垂降位置。

2号员提拉器材，气防班长同时将多余绳索收至身后，当器材提至2号员位置时，气防班长继续将器材提到所处位置。气防班长将提拉的救援绳索与其他器材分离，先将牵引绳解开，临时固定在护栏上；将钢索缠绕在牢固锚点，并与电动升降器连接；将救援绳安装在电动升降器上；将牵引绳绳头与救援绳绳头连接；最后将升降器从护栏底端下放至被困伤员上方半空。气防班长通知1号员进行操作。

1号员操作遥控器，将救援绳与牵引绳下放至伤员位置，然后将救援绳和牵引绳固定在三角带上。2号员将保护绳固定在安全带上。1号员操作遥控器，将伤员提起，推至护栏外，并继续操作遥控器下放。同时通知地面人员，做好牵引。2号员松动保护绳，随时保持警惕。

3号员协助四号员拉动牵引绳，确保伤员不与其他物体碰撞。2号员持续操作遥控器下放伤员。待伤员即将到达地面时，5号员将伤员牵引至担架，解开身上绳索。将伤员转运至气防车，送至医院。

第二节 应急演练

一、基本要求

1. 演练目的

应急演练是消防队伍加强战斗力、发挥应急保障功能的有效手段，队伍应以熟练掌握预案为目的，定期组织演练。通过演练可以检验预案，发现应急预案中存在的问题，提高应急预案的针对性、实用性和可操作性；可以完善准备，完善队伍管理制度，改进应急处置技术，补充应急装备和物资，提高应急能力；可以磨合机制，落实队伍内部各岗位以及相关单位和人员的工作职责，提高协调配合能力；可以锻炼队伍，帮助参演人员熟悉应急处置流程、锤炼实操技能，提高紧急情况下妥善处置事故的能力。

2. 演练计划

队伍应制订预案演练计划，演练计划应包括应对不同突发事件、气候条件(含夜间)的内容，每年至少对辖区所有预案轮训一遍。

基层大(中)队每周至少安排一天“演练日”，通过桌面推演、实战演练等形式，针对责任区域内保护目标的消(气)防救援个案组织演练。某企业消防支队所属炼油一中队辖区主要包括800万吨/年常减压装置、260万吨/年催化裂化装置、150万吨/年S Zorb装置等，该中队采取上一休二的三班倒工作方式，表8-2为该中队某月上半月的演练计划，可供参考。

表8-2 某消防中队某月上半月预案演练计划

单位	演练地点	演练时间	组织人	备注
一分队	150万吨/年S Zorb装置	×月1日(白)	张××	
一分队	260万吨/年催化裂化装置稳定塔	×月4日(白)	张××	
一分队	260万吨/年催化裂化装置	×月7日(白)	张×	
一分队	800万吨/年常减压装置高压泵区	×月10日(白)	张××	
一分队	800万吨/年常减压装置换热区构架	×月13日(夜)	张××	
二分队	150万吨/年S Zorb装置	×月2日(白)	李××	
二分队	260万吨/年催化裂化装置稳定塔	×月5日(白)	李××	
二分队	260万吨/年催化裂化装置	×月8日(白)	李××	
二分队	800万吨/年常减压装置高压泵区	×月11日(白)	李××	
二分队	800万吨/年常减压装置换热区构架	×月14日(夜)	李××	
三分队	150万吨/年S Zorb装置	×月3日(白)	王××	
三分队	260万吨/年催化裂化装置稳定塔	×月6日(白)	王××	
三分队	260万吨/年催化裂化装置	×月9日(白)	王××	
三分队	800万吨/年常减地压装置高压泵区	×月10日(白)	王××	
三分队	800万吨/年常减压装置换热区构架	×月12日(夜)	王××	

注：1. 基层各分队值班期间每月不低于5次现场演练，其中夜间不少于1次(含联防区域每月每分队1次)。

2. 如遇天气、应急救援等特殊情况下演练计划顺延。

二、演练实施

1. 队内实战演练

实战演练是针对事故情景，选择(或模拟)生产经营活动中的设备、设施、装置或场所，利用各类应急器材、装备、物资，通过决策行动、实际操作，完成真实应急响应的过程。

消防队伍对于责任区域内保护目标的消(气)防救援个案，应当定期组织实战演练，帮助队员熟悉行车路线、现场消防设施分布、重点保护目标的现场布局和工艺、设备等信息，以及车辆、器材展操过程，同时也在检验队员的实操技能。

2. 队内桌面推演

桌面推演是针对事故情景，利用图纸、沙盘、流程图、计算机模拟、视频会议等辅助手段，进行交互式讨论或推演的应急演练。桌面推演的主要特点是组织形式相对灵活，没有时间压力，不受天气、场地等因素影响，演练成本几乎为零。消防队伍应充分利用桌面推演形式，组织指挥员和驾驶员、战斗员对照预案开展演练。

特别是基层消防队伍，由于责任区域内保护目标的消(气)防救援个案数量较多，无法全部组织实战演练，可组织队员在室内进行桌面推演，指挥员口述模拟险情提出“考题”，消防员以战斗班组为单位，借助图纸、沙盘等工具进行口头作答，即可帮助队员熟悉预案，也能深入讨论某类救援的战术战法和注意事项。

具备条件的队伍可以建立桌面推演系统，例如三维仿真模拟培训系统、石化仿真模拟演练推演系统等，通过三维技术手段还原真实的厂区环境，实现消防装备三维仿真模拟培训、石化生产设施3D数字化工厂模型构建、典型火灾灾害模型构建、石化仿真模拟演练推演系统等功能。

3. 参与综合演练

队伍所在企业，每年都会组织大型综合演练，对照企业级应急预案检验全部或大部分应急响应功能。其中，消防队伍作为主力救援力量，往往扮演重要角色，特别是火灾、爆炸等科目演练时，出动车辆和人员多，持续时间长，是对消防队伍整体战斗能力的综合检验。

4. 与基层单位联合演练

队伍还应与企业所属各单位定期开展联合演练，此类演练一般由生产装置、罐区等基层生产单位牵头，前期是初期应急处置，之后是专职消防队伍救援。队伍通过参与演练，可以了解现场安全风险，掌握现场应急(消防)设施情况，理顺应急处置流程。

三、演练考核

1. 演练讲评

队伍在应急演练后，应针对演练过程进行总结讲评，重点评估预案是否实用、职责是否落实等，发现问题及时整改。例如，在车辆出动环节，评估合格标准包括行车路线正确、停车位置准确、车辆展操安全；在战斗展开环节，评估合格标准包括及时开展火场侦察及人员搜救；队员进入现场路线合理；展操迅速，各类灭火剂运转顺畅；灭火目标准确，不留空白点；能够准确、熟练使用各类救援装备、器材；处置过程中通信畅通等。

2. 演练考核

对于基层队伍组织小型拉动演练，可参照表8-3组织现场考核。

表 8-3　基层消防队伍小型演练考核记录表

<table>
<tr><td colspan="7">演练项目名称：</td></tr>
<tr><td colspan="2">参加考核单位</td><td></td><td>考核日期</td><td></td><td>考核人</td><td></td></tr>
<tr><td colspan="2">接警时间</td><td></td><td colspan="2">第一出动到场时间</td><td colspan="2"></td></tr>
<tr><td colspan="4">气防侦检展开时间：
消防力量展开时间：</td><td>结束时间</td><td colspan="2"></td></tr>
<tr><td>序号</td><td colspan="3">考核标准</td><td>扣分</td><td colspan="2">备注</td></tr>
<tr><td>1</td><td colspan="3">接警员未按程序受理报警，受理报警记录不规范，少项、漏项各扣 2 分</td><td></td><td colspan="2"></td></tr>
<tr><td>2</td><td colspan="3">值班队长未按程序受理报警，受警过程内容不准确，少项、漏项各扣 2 分</td><td></td><td colspan="2"></td></tr>
<tr><td>3</td><td colspan="3">未按要求调集消气防力量扣 2 分</td><td></td><td colspan="2"></td></tr>
<tr><td>4</td><td colspan="3">灭火救援力量未按设计标准时间到达事故点扣 2 分</td><td></td><td colspan="2"></td></tr>
<tr><td>5</td><td colspan="3">消气防车辆占位不符合要求扣 1 分/台</td><td></td><td colspan="2"></td></tr>
<tr><td>6</td><td colspan="3">支队指挥员到场后属地队指挥员未汇报请示扣 1 分</td><td></td><td colspan="2"></td></tr>
<tr><td>7</td><td colspan="3">指战员个人防护与介质危害程度防护要求不相适用扣 1 分/人</td><td></td><td colspan="2"></td></tr>
<tr><td>8</td><td colspan="3">作业现场未对部位相应实施侦检的扣 2 分</td><td></td><td colspan="2"></td></tr>
<tr><td>9</td><td colspan="3">现场内侦检仪器的使用不符合程序扣 1 分</td><td></td><td colspan="2"></td></tr>
<tr><td>10</td><td colspan="3">进行侦检及其他作业时器材选型错误扣 2 分</td><td></td><td colspan="2"></td></tr>
<tr><td>11</td><td colspan="3">未按器材操作规程操作，存在安全隐患扣 1 分</td><td></td><td colspan="2"></td></tr>
<tr><td>12</td><td colspan="3">侦检方式或水枪阵地选择不合理扣 1 分</td><td></td><td colspan="2"></td></tr>
<tr><td>13</td><td colspan="3">未及时向指挥部报告侦检数据扣 1 分</td><td></td><td colspan="2"></td></tr>
<tr><td>14</td><td colspan="3">侦检小组未在现场做记录和标识扣 1 分</td><td></td><td colspan="2"></td></tr>
<tr><td>15</td><td colspan="3">号员动作配合衔接不紧凑，操作程序不规范，前后出现连接失误扣 1 分</td><td></td><td colspan="2"></td></tr>
<tr><td>16</td><td colspan="3">未达到现场“六熟悉”和装备器材“五知一熟练”要求，扣 1 分/人</td><td></td><td colspan="2"></td></tr>
<tr><td>17</td><td colspan="3">演练结束后未讲评或讲评不到位扣 1 分</td><td></td><td colspan="2"></td></tr>
<tr><td colspan="4">得分总计</td><td colspan="3"></td></tr>
</table>

3. 演练评估

对于消防支队参与组织的大型演练，可参照下文完成演练评估报告。

应急演练评估报告参考示例：

一、演练基本情况

1. 演练时间

2. 演练地点

3. 演练形式

4. 演练目的

5. 演练情景设置

二、演练情况分析及结论

1. 演练组织与实施情况

2. 演练实施情况

(1) 简要总结演练经验做法;

(2) 详细记录并分析演练暴露出的问题,包括参演人员应急能力是否满足需求、应急消防设施是否完好备用、应急响应程序是否流畅、应急资源保障是否到位等。

3. 评估结论

对演练组织实施情况的综合评价。量化评估分级标准为:优秀(90 分及以上)、良好(80~89 分)、一般(60~79 分)、不合格(60 分以下)。

三、改进建议

1. 应急预案方面

2. 应急资源方面

3. 人员应急能力方面

4. 其他方面

四、典型实例

消防队伍在应急演练中,除了实战出水、现场摆位等传统演练方式,还应该积极运用情景构建等模式组织桌面推演。情景构建是在风险评估的基础上,基于典型案例分析、科学模拟计算和系统推演,围绕重大风险构建“最坏、可信”情景,为应急准备提供科学目标和合理假想敌的过程。中国石化自 2015 年以来不断探索开展情景构建模式的预案编制和应急演练工作,初步建成了石化行业情景构建的流程、框架和技术方法,完成了一批覆盖石化行业上、中、下游板块重大风险的典型实例。

消防队伍定期针对“三高”油气井井喷、高风险装置泄漏爆炸、$10\times10^4m^3$ 原油罐区火灾等重大安全风险开展情景构建模式的桌面推演,分步骤研判事故演化过程、对应梳理应对任务,细化各个阶段的应急救援力量部署等内容,发现和补全应急能力差距,有效应对各类突发事件。

某油田企业消防中心针对井控抢险现场环境复杂、救援难度大、所需力量多等特点,定期对辖区内的“三高”油气井开展情景构建模式的桌面推演,将可能发生的险情、可能遇到的困难进行充分讨论,并将桌面推演确定的应急措施进行固化落实,取得较好效果。以下为该队针对 TP348 井开展桌面推演的方案,可供参考。

1. 背景信息

(1) 基础信息

TP348 井位于××县境内,位于 TP311 井北东 18°23′3″,平距 390m;TP351 井南西 210°47′4″方位,平距 438m,是一口四开制结构开发直井,根据地质预测,TP348 井储层段地层压力系数 1.14~1.17,H_2S 含量 20~100ppm,设计井深 6973m。

(2) 施工情况

本井由××钻井队承钻,2020 年 10 月 3 日一开开钻,10 月 4 日完钻,2020 年 10 月 9 日二开开钻,10 月 30 日完钻,2020 年 11 月 15 日三开开钻,12 月 7 日完钻,2020 年 12 月 22 日四开开钻,12 月 24 日完钻,井队目前常驻 50 人,常年风向东北风。

(3) 井身结构

井身结构示意图见图 8-8。

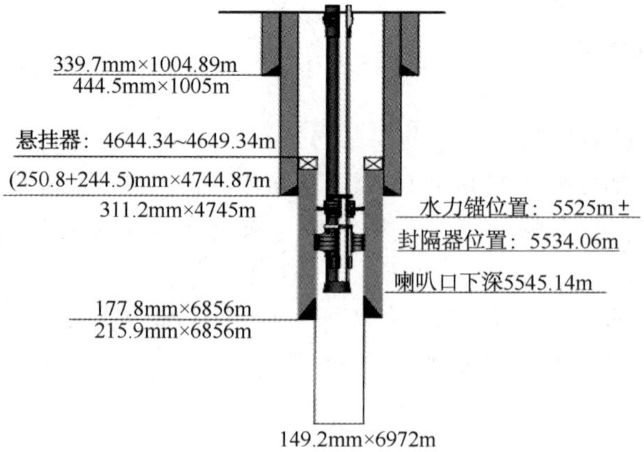

图 8-8　井身结构示意图

（4）井场布局(图 8-9)

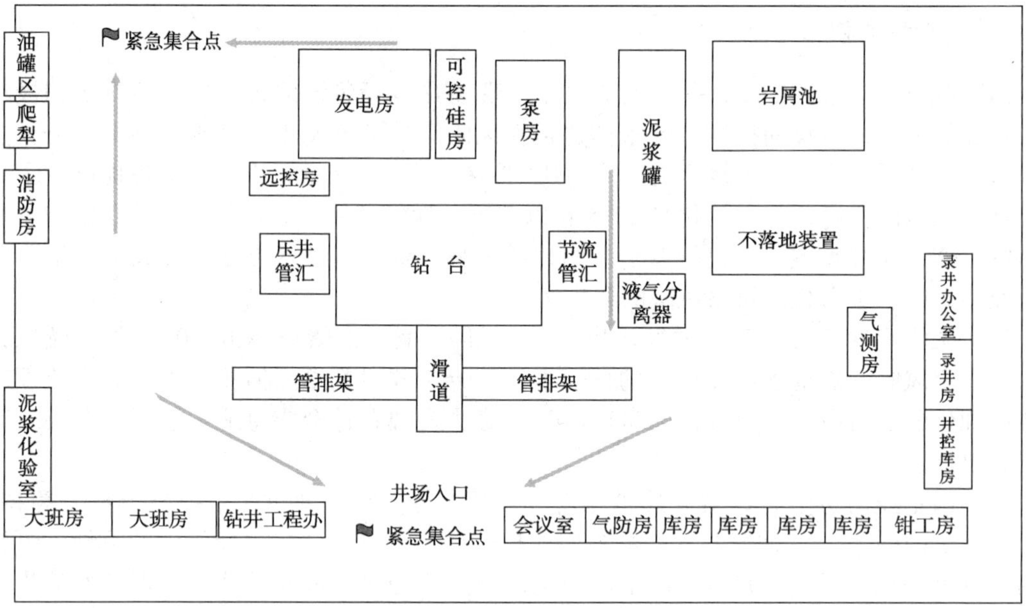

图 8-9　井场平面布局图

（5）井场安全装置配置情况

二层台紧急逃生装置 1 套、液面报警装置 2 套、正压式空气呼吸器 15 套、手摇报警器 2 套、防爆风机 10 台、固定式 H_2S 检测仪 1 套(主机 1 台、6 个探头)，固定式可燃气体检测仪一套(2 个探头)，便携式 H_2S 检测仪 13 台，便携式复合监测仪 2 台，正压式空气呼吸器充气泵 1 台；井场工区消防设施 5kg CO_2 灭火器 5 只、3kg CO_2 灭火器 5 只、MFZ/ABC2 型干粉灭火器 33 只、MFZ/ABC35 型干粉灭火器 7 只、MFZ/ABC50 型干粉灭火器 3 只、MFZ/ABC8 型干粉灭火器 28 只、消防斧 5 把、消防锹 16 把、消防钩 8 支、消防桶 15 个、消防水枪 2 支、消防水带 5 盘、机动泵 2 台。

（6）气象资料

塔里木盆地阿克库勒凸起西南斜坡位于沙漠边缘，地面为第四纪流动沙丘覆盖，干旱少雨，多风沙，年平均气温 5~10℃，属于温带大陆性荒漠极端干旱气候。4~5 月为春季风沙季节，6~8 月为沙漠酷暑期，地面温度可达 45℃以上，9~12 月温度适中，无风。

（7）道路交通情况

属地特勤队——顺北 1 号主干路 10km 处右转——进入跃哈联络线——直行至富源 2 计转站左转——直行至 TP348 井，消防车单趟用时需约 2h（柏油路 61km、沙石路 26km）。见图 8-10。

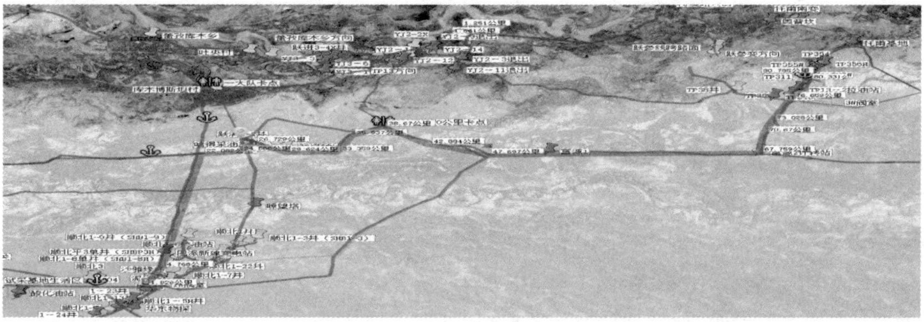

图 8-10　到达井场道路交通示意图

2. 模拟险情

TP348 井在揭开油气层过程中，因油气上窜速度过快，导致井口发生溢流，司钻人员立即实施关防喷器压井作业，因油气压力过大，继而发生防喷器刺漏。现场立即开展关井、停止压井作业，实施停车、停电等紧急措施，据检测，现场可燃气体浓度为 15%LEL，无人员伤亡。

3. 处置对策

（1）接到报警立即调派辖区特勤队赶赴现场开展初期处置。

（2）调派应急中心抢险、气防、消防、治安、医疗等专业力量赶赴现场进行增援。

（3）联络周边联动单位保障现场初期供水。

（4）抵达现场后开展喷淋稀释，保护井场关键装置。

（5）及时向应急中心汇报现场处置情况。

（6）如发生事件升级，及时按照应急预案信息接报程序，向油田公司请求支援。

4. 演练步骤

（1）初期处置力量部署

① 险情侦检部署

托甫应急救援站与钻井队现场负责人对接，由消防组及井场岗位人员组成险侦组开展险情侦察，掌握井口失控点的部位、喷势大小、处数、喷出物、喷溅方向，泄漏物质、泄漏量、浓度、扩散范围，井口井架装置损毁程度，测定有毒有害气体浓度、风向、风速，周边地形地貌、是否有毒害、腐蚀、易燃易爆物质及各重点装置之间风险联系等。

队部应急力量到达现场后，负责人与托甫、钻井队现场负责人对接，组成现场临时指挥部，由气防、消防及井场岗位人员组成险侦组险情侦察，了解掌握险情动态，并向现场指挥部、应急中心指挥大厅报告，提出防范措施及处置建议。

② 治安力量部署

协调钻井队人员至 TP348 井路口进行道路封控和应急车辆引导、联络 TP356H 井协调人员协助对 TP354 井路口进行管制及车辆引导。交通示意图见图 8-11。

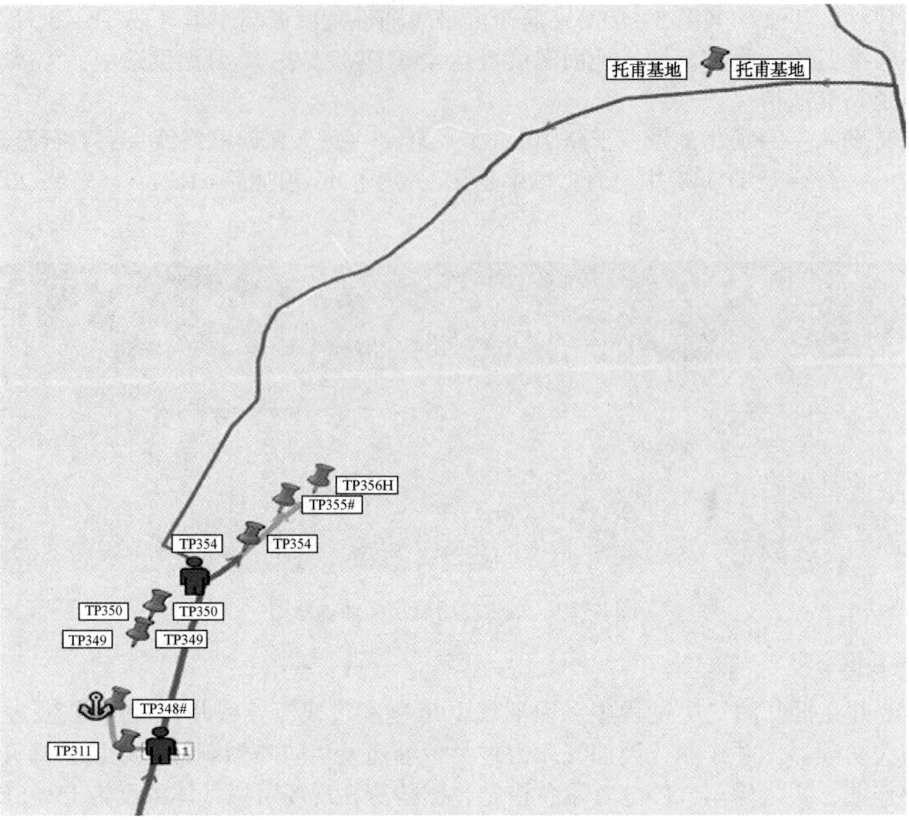

图 8-11　治安力量前往井场交通示意图

第一警戒组(顺北检查站)4 人分别在 TP354 井路口(1 人)、TP348 井路口(1 人)，TP348 井井场(2 人)进行车辆管控、引导，到达现场后，负责现场应急车辆管控和治安警戒。

第二警戒组(巡逻班)4 人分别在跃哈联络线富源 2 计转站路口(1 人)、TP353 井路口(1 人)、2 人到达现场后，联合进行车辆管控和治安警戒，并根据人员情况调整至井队生活区或平整停车场进行车辆管控引导。

③ 消防力量部署

根据气体侦检和警戒区划分，结合消防车载水量及泵浦供水压力，011 号、012 号消防车(水 26t、泡沫液 6t)停放于井场道路东侧，012 泡沫消防车为主战车辆，根据现场险情和人员安全，出两把多功能水枪对井口进行喷淋稀释保护(一把多功能水枪的控制面积为 $50m^2$，可保证 30min 不间断供水)，利用周边天然水源(图 8-12)可保证 20h 不间断供水；备用一门移动消防炮待命(控制面积为 $200m^2$)，根据取水供水情况调整进行喷淋稀释；备用两把泡沫枪，做好出泡沫覆盖泄漏油气、防止着火及灭火准备，011 号消防车为泡沫车接力供水。

井场有危险源一处(柴油罐一座储存 55t 柴油)，托甫应急救援站到达现场消防展开后，012 泡沫消防车另布设水带干线、备用一把多功能水枪，根据现场险情发展情况对柴油罐进行降温保护。

011 号水罐消防车前往周边天然水源，利用机动泵进行取水，约 25min 取水供水往返一次。

图 8-12　井场周边消防水源布局示意图

(2) 增援处置力量部署

① 气防医疗部署

气防医护站到达现场后，结合特勤四队气防部署力量，将一台无限多点检测仪摆至安全防护区域和第一人员集结点处(能够第一时间让防护区域以外的人员及时撤离危险区域并且实时检测有毒有害气体数据)。见图 8-13。

图 8-13　外部增援力量部署示意图

医护组做好现场医疗监护救治转运工作；移动供气车停在安全区域，保障现场气瓶充装。

气防各小组人员佩戴智能空气呼吸器、便携式检测仪、热成像仪、测温仪等，做好现场作业人员的监护和危险区域数据检测，及时将实时数据上报指挥部。

② 抢险力量部署

一是搭建指挥通信网络：应急通信指挥车到达现场，迅速展开进行多链路连接，在方圆 5km 内建立 1 频通信保障，并对现场情况进行视频回传，及时传输至中心应急指挥大厅和局、分公司应急指挥大厅；无人机对现场进行险情侦察；布控球、手持终端迅速展开，与应急通信指挥车联动，进行现场视频实时传输。见图 8-14。

图 8-14　抢险力量搭建井场周边通信网络示意图

二是开展场地平整：小松挖掘机在道路靠一侧开挖 55m×60m×3m 的万方蓄水池一个，在泥浆池外围挖掘排污池，铺防渗膜，做好污油收集、防渗工作；使用卡特推土机，在指定区域平整出营房摆放区（面积：1200m²）、平整抢险作业面及抢险车辆停放区；联合特勤队，使用掩体水炮、火 1、火 2、火 3 按照指令开展灭火、稀释作业；营房车、移动会议室，根据现场情况，由 55t 吊车将营房吊装至指定位置，构建抢险营区；架设水泵机组、软体水罐，为消防车辆提供后续水源保障；根据现场指挥部指令，在井口指定位置架设防爆照明灯（有效照明范围：100m²/台），在营区及井场道路建立照明灯塔（有效照明范围：500m²/台）、海洋王照明灯具（有效照明范围：100m²/台）等照明设施。

三是破拆清障工作：使情况利用挖掘机、切割支架、引火筒、水力喷砂切割等机具、装备，开展井场破拆清障、井口切割、井口换装等工作。

5. 泡沫液补给

属地特勤队：泡沫液储备 10t。

增援队伍：特勤三队（距离井场 90km）携带泡沫液 9t，特勤一队（距离井场 163km）携带泡沫液 16t。

6. 供水方案

针对现场实际情况，制定的详细供水方案。详见表 8-4。

表 8-4　消防供水方案安排

编号	地理位置（场站名称）	水量/m³	联系电话	备注
1	TP348 井场	90	……	消防水罐
2	TP348 生活区	50	……	生活水罐
3	TP348 井西南方向 200m 处（多处）	1000	……	蓄水池
4	距离 TP348 井 7km 处（托甫基地）	50	……	消防水池
5	距离 TP348 井 10km 处（河道）	水源充足	……	河道
6	距离 TP348 井 2km 处（托甫台水源井）	水源充足	……	水源井

属地特勤队增援力量到达现场后，载水 54t、泡沫液 10t，031 号、023 号泡沫消防车为主战车辆，根据现场险情，人员做好安全防护的同时，023 号消防车出 2 门遥控炮，根据供水情况适时调整配合进行喷淋稀释、保护井口，并做好出泡沫覆盖泄漏原油、防止着火及

灭火准备；031 号消防车布设水带干线，接替 012 号消防车保护现场柴油储罐安全任务，并做好泡沫液供给准备；013 号、032 号消防车为泡沫车接力供水。待应急中心消防增援力量全部到达现场后，现场水源充足的情况下可将多功能水枪更换为遥控炮长时间进行稀释保护。消防车辆供水路线示意图见图 8-15。

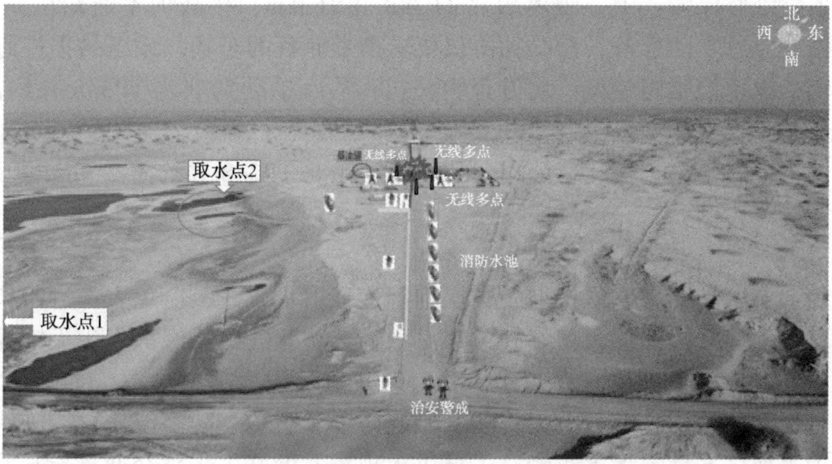

图 8-15　消防车辆供水路线示意图

应急中心增援力量到达现场后，在取水点 1 利用机动泵吸水供水，并向移动式消防水池蓄水，单台消防车可以在 15min 内完成吸水供水往返一次，通过不间断往返供水，可满足 3 把多功能水枪喷淋稀释消防用水需求。二是在取水点 2 利用机动泵吸水供水，由消防车采用接力供水的方式为主战车辆供水，可满足较长时间消防炮喷淋稀释消防用水需求。

待大型抢险机械到场后，对据周边天然水源进行疏通连通，便于长时间在取水点 1 蓄水取水；同时，对取水点 2 周边场地进行平整，供消防车、运水车停放补水。

联动单位供水车辆可在哈德塔河大桥周边河道进行取水供水，距离现场约 30km。

在现场供水保障充足情况下，可使用布设两门遥控消防炮进行消防喷淋保护，减少人员进场处置(两门炮用水量 $6m^3/m$)。

消防车辆现场站位示意见图 8-16。

图 8-16　消防车辆现场站位示意图

7. 其他保障措施

（1）油料保障：盖孜库木乡有一加油站（沙雅塔南加油站），距离 TP348 井约 127km，油品种类齐全，有四台 10t 加油车可提供送油服务，到现场约需 2.5h。联系人：×××，手机号：×××××××××××。

（2）设备检维修保障：中心距离顺北 TP348 井 163km，接战训室通知后，设备室立即通知承修商做好应急联动准备，按联动协议要求携带储备的车辆、设备易损件赶赴现场。

（3）车辆、设备检维修单位：北方奔驰公司，从库尔勒到顺北 TP348 井约需 8.5h。联系人：×××，手机号：×××××××××××。

（4）空调检维修单位：塞瓦特公司，从塔河到顺北 TP348 井约需 2.5h。联系人：×××，手机号：×××××××××××。

8. 注意事项

（1）做好人员防护，采取遥控炮、自摆炮等远程射水方式，避免人员近距离处置；

（2）现场如发生井喷失控，做好井口喷淋稀释，防止喷出物摩擦发生火灾爆炸；

（3）现场如发生井喷失控着火，保护井口、井架及周边关键装置，如喷出物高含硫化氢等易燃、有毒气体，切忌盲目灭火；切实做好防毒、防爆、防高温安全措施；

（4）设置警戒区，杜绝无关车辆、人员进入现场，做好主干路交通疏导与岔路间引导；

（5）第一时间联络周边联动单位，建立初期供水保障；

（6）抢险机具设备配置齐全，提前做好营房、切割等大型机具吊装与准备；

（7）处置结束后，做好人员清点与装备维修、恢复，确保立即处于战备状态；

（8）严格信息接报与舆论管控。

第九章 装备器材操作

消防救援装备，是消防救援的作战武器。要提高消防救援能力，保障消防救援工作的高效开展，迅速化解险情事故，就必须为应急救援人员配备专业化的消防救援装备。救援无装备，如作战没武器，要打胜仗，绝不可能。而有了先进的应急装备，不能正确选择使用，充分施展其功能，再好的应急装备也会大打折扣，降低救援效果。因此，必须深刻理解消防救援装备的重要作用，并加强装备选择与使用培训，做到会选择、会使用、会维护、会排除故障，充分发挥消防救援装备的最大性能。

第一节 消 防 车

一、基础知识

消防车是供灭火、辅助灭火或消防救援的机动消防技术装备，根据需要，设计制造成适宜消防队员乘用、装备各类消防器材或灭火剂的特种汽车的总称，是最基本的移动式消防装备。消防车是消防队伍的重要装备。消防车的品种、数量、质量和性能，反映一个队伍的消防装备水平，也是衡量一个队伍消防实力的重要标志之一。

1. 分类

消防车按功能分为灭火消防车、专勤消防车、举高消防车和保障消防车四类。

灭火类消防车：即可喷射灭火剂并能独立扑救火灾的消防车。有水罐消防车、泡沫消防车、干粉消防车、干粉泡沫联用消防车、二氧化碳消防车、泵浦消防车、A 类泡沫消防车、高倍泡沫消防车等。

专勤类消防车：具有专项技术功能(灭火作业除外)，担负某项专项消防技术作业的消防车。有照明消防车、供气消防车、排烟消防车、通信指挥消防车、水带敷设消防车、抢险救援消防车、化学事故抢险救援消防车、化学洗消消防车、自装卸式消防车等。

举高类消防车：装备了举高、救援和灭火装置，可进行登高灭火和救援的消防车。有登高平台消防车、云梯消防车和举高喷射消防车。

保障类消防车：向火场补充各类灭火剂、消防器材、个人防护装备等的消防车。有供水消防车、供液消防车、空气呼吸器充气车、装备器材检测维修车等。

2. 标识

参照中华人民共和国国家标准 GB 7956.1—2014《消防车 第 1 部分：通用技术条件》，标识见图 9-1。

消防车结构参数代号见表 9-1。

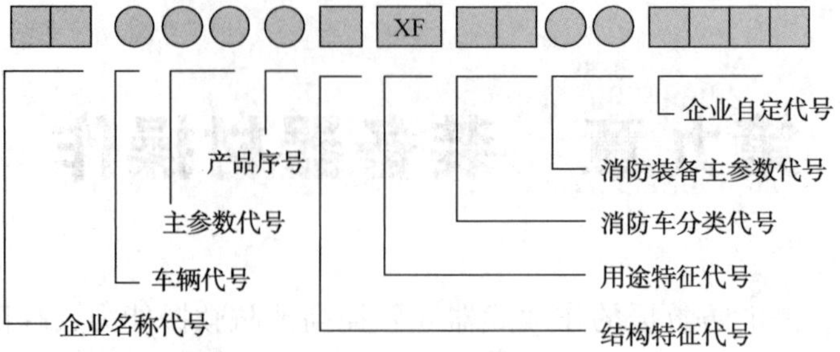

图 9-1　消防车标识

表 9-1　消防车结构参数代号

序号	消防车名称	结构特征代号	分类代号	消防装备主参数代号	
				含义	代号单位
1	水罐消防车	G	SG	额定水装载量	100kg
2	泡沫消防车	G	PM	水、泡沫液额定总装载量	100kg
3	供水消防车	G	GS	额定水装载量	100kg
4	供液消防车	G	GY	额定泡沫液装载量	100kg
5	A 类泡沫消防车	G	AP	水、泡沫液额定总装载量	100kg
6	机场消防车	G	JX	额定灭火剂装载量	100kg
7	供气消防车	T	GQ	充气泵的供气能力	m^3/h
8	泵浦消防车	T	BP	水泵额定流量	L/s
9	干粉消防车	G	GF	额定干粉装载量	100kg
10	干粉泡沫联用消防车	G	GP	灭火剂总装载量	100kg
11	干粉水联用消防车	G	GL	灭火剂总装量	100kg
12	二氧化碳消防车	T	EY	额定二氧化碳装载量	kg
13	后援消防车	T	HY	额定灭火剂装载量	100kg
14	抢险救援消防车	T	JY	抢险救援器材件数	件
15	排烟消防车	T	JY	抢险救援器材件数	件
16	照明消防车	T	ZM	发电机组额定功率	kW
17	高倍泡沫消防车	T	GP	泡沫液、水额定装载量	100kg
18	排烟照明消防车	T	PZ	发电机组额定功率	kW
19	高倍泡沫排烟消防车	T	PP	排烟机额定流量	m^3/s
20	自装卸式消防车	T	ZX	装载箱总质量	100kg
21	水带敷设消防车	T	DF	携带水带总长度	m/100
22	化学事故抢险救援消防车	T	HJ	化学救援器材件数	件
23	化学洗消消防车	T	HX	洗消液装载量	100kg
24	登高平台消防车	J	DG	最大工作高度	m
25	云梯消防车	J	YT	最大工作高度	m
26	举高喷射消防车	J	JP	最大工作高度	m
27	器材消防车	T	QC	消防器材件数	件
28	勘察消防车	T	KC	火场勘察器材件数	件
29	通信指挥消防车	T	TZ	通信指挥设备总功率	W
30	宣传消防车	T	XC	专用设备数	套

二、典型装备

1. 水罐消防车(消防车中的大力士)

用途：主要以水作为灭火剂进行火灾扑救，适宜用来扑救房屋建筑及一般固体物质(A类)火灾；具有较大容量的储水罐及水枪、水炮，可以出水、供水、吸水；当采用高压喷雾射水时，还可扑救电气设备等火灾。

参数原理：主要参数包括发动机功率、水罐容积、水泵流量、水泵压力、最大吸水深度，引水装置产生的最大真空度不应小于 85kPa，1min 内真空度下降不大于 2.6kPa；通过取力器将发动机的动力输出到消防泵，用消防炮或水枪出水灭火。

操作要点：使用前检查轴承箱及引水泵内润滑油位，关闭所有放余水旋塞及阀门；消防车水泵使用完毕后，打开放水开关放掉泵内余水，以利防冻及下次使用；水泵严禁无水空转(1min 以上)；串联供水时水泵进口压力不能超过 0.5MPa。

维护：做好车辆日常保养，确保油、水、电、气、灭火剂充足；检查警灯、警报器及各类电气的线路、开关、保险等是否完好无缺，灵活有效；定期对容罐进行检查，确保无渗漏；确保引水泵润滑油、防冻液充足；定期进行水泵及引水性能测试。

2. 泡沫消防车(石油石化消防的弹药库)

见图 9-2。

图 9-2　泡沫消防车

用途：主要装备消防水泵、水罐、泡沫混合系统、泡沫枪、炮及其他消防器材；特别适用于扑救石油等油类火灾，也可以向火场供水和泡沫混合液，是石油化工企业、输油码头、机场以及城市专业消防必备的装备。

参数原理：主要参数包括发动机功率、水罐容积、泡沫罐容积、水泵流量、水泵压力、泡沫炮流量；通过消防泵，泡沫比例混合装置将水和泡沫按一定比例混合，再经消防炮和泡沫灭火枪喷出灭火。

操作要点：调整离心泵出水压力，使之满足喷射器具性能；按泡沫液型号和需求调解比例混合器浓度；在使用泡沫比例混合器时，水泵不能吸入消火栓的压力水；使用后必须用清水冲洗干净泵及管路并放净余水。

维护：同水罐消防车。

3. 干粉消防车(消防车中的狙击手)

见图 9-3。

图 9-3　干粉消防车

用途：装备干粉灭火剂罐及干粉喷射装置消防水泵和消防器材等，主要使用干粉扑救可燃和易燃液体火灾、可燃气体火灾、带电设备火灾，也可以扑救一般物质的火灾，对于大型化工厂管道火灾，扑救效果尤为显著，是石油化工企业常备的消防车。

参数原理：主要参数包括发动机功率、干粉载量，干粉消防车由粉储罐、动力气瓶、减压阀、输粉管道组成，利用氮气瓶(或燃气)驱动干粉进行喷射灭火，干粉灭火剂化学抑制灭火速度快，但冷却效果差。

操作要点：干粉车所携带的干粉灭火剂主要适合扑救场所火灾；严禁将干粉消防车停在下风口或逆风喷射；干粉系统压力容器和管路不得随意敲打和改动；使用干粉消防车喷射干粉时必须使干粉储罐充气至额定压力后再行喷射；干粉消防车使用后及时清洗干粉枪、干粉炮等，以免残余干粉堵塞和腐蚀管道。

维护：粉剂罐应每三年检验一次，定期检查一次氮气瓶、管接头、阀门等连接部位；每次使用后应检查充填氮气瓶内的压力。

4. 涡喷消防车(暴风雨发生器)

图 9-4　涡喷消防车

用途：涡喷消防车(图 9-4)是当前应对油、气大火最强有力的灭火装备，涡喷消防车也是一种强风力发生器，是抢险救援的有力助手，可迅速吹除、稀释泄漏出的有毒有害气体，以便迅速组织人员实施救援措施。

参数原理：安装在汽车底盘上的航空涡轮喷气发动机产生的高流速气体作为灭火剂的喷射动力，采用外接灭火剂或者自备常规消防车的水箱、水泵。在灭火的现场，涡喷发动机产生的高流速尾气射流与注入的灭火剂射流发生撞击、切割，产生粒径细小的雾状射流，进行远距离、高强度的喷射，对火灾进行快速地扑救。

操作要点：每次启动涡喷发动机之前，应将涡喷消防车停放平稳，尽量迎风停放并刹好车；调低喷射筒，为启动涡喷发动机做好准备；液压马达压力为 10～12MPa 并保持稳定，才能启动发动机；启动发动机，发动机慢车转速为(2500±100)r/min，温度在 540℃，并将喷射筒调到所需位置；当转速为 8000r/min 时，按下喷雾和泡沫按钮实施灭火；涡轮尚未停止转动，不得再次启动发动机。

维护：涡喷发动机不允许长期停放，必须结合车检日开车运转一次，保持各系统工作良好；涡喷发动机累计工作 50h 必须更换润滑油；定期做好涡喷发动机主要部件检查。

5. 云梯消防车(消防车中的擎天柱)

见图 9-5。

用途：云梯消防车主要用于高层救人，云梯消防车设有液压升高平台，供消防人员进行登高扑救高层建筑、高大设施、油罐等火灾，营救被困人员，抢救贵重物资以及完成其他救援任务。

参数原理：主要参数为举升高度，采用伸缩式臂架结构，其优点是质量小，动作迅速，操作简便，到达目标直接，云梯由行驶位置伸展到最大长度、最大工作高度并旋转 90°，达到最大救援范围的工作时间只有 85s 左右；工作臂最大展开角较低(75°)，云梯消防车目前最高高度为 56m，因其制造工艺限制，高度难有更大的突破，平台承载相对较小，大概能容纳 2 人(270～320kg)、水炮流量相对

图 9-5　云梯消防车

较低(1800~3800L/min)。

操作要点：在行驶过程中，要注意限高标志，车辆重心高度及行驶高度的警告；转弯时车速不应过快且不能加速，应确保在转弯时有足够的空间；注意离地间隙和角度对车辆结构的影响；在操作车上各手柄过程中应缓慢启动和缓慢停止，以防止梯架过大的抖动；车辆支腿必须全部伸足，增大支撑面，严禁支在松软地面或下水道上；必须在规定风力等级下方可使用；车辆应在交通条件允许的情况下尽量靠近目标建筑物，防止因工作平台无法到达而进行二次停车操作；高空操作时应时刻保持警惕，要保持与障碍物(特别是电力系统)足够的安全距离。

维护：每次消防作业后，需要对底盘等构件的伸缩装置进行检查，润滑油不够时及时添加，构件松动时进行加固等，以确保各个构件的灵活稳定；定期更换电气系统的元部件，以确保电力系统安全稳定运作；定期进行液压油的抽取及清洁，并且在液压油达到使用年限之前进行更换。

6. 登高平台消防车(高空救援机械臂)

见图 9-6。

用途：该消防车又名油压升降台车，因其采用曲臂结构又俗称曲臂车，其特点是机动灵活，工作平稳，工作跨度大，范围广，工作平台面积大、工作平台承重相对较高，便于开展灭火救援工作，甚至抢救贵重物资。

图 9-6　登高平台消防车

参数原理：主要参数为举升高度，工作臂最大展开角为 85°，工作高度高，目前世界上使用最高的登高平台消防车为 104m，大型救援平台可承载 5 人(500kg)，由于其工作平台承载大，其整合的水路和固装水炮系统，可以立即投入灭火战斗的能力，水炮流量大(2300~6000L/min)。

操作要点：当臂架扬起角度达到 15°以上时方可进行回转和伸梯动作；上臂运动至伸展极限、变幅角极限自动停止运行发出报警；利用缓降器和救生滑道救人时，还应考虑器械自重，绝对禁止平台超重；战斗员进行登高射水作业时应该系好安全带，避免突然开停射水，防止水锤现象。其他操作要点同云梯消防车。

维护：同云梯消防车。

7. 举高喷射消防车(消防车中的高射炮)

见图 9-7。

图 9-7　举高喷射消防车

用途：高喷消防车由于没有工作车斗，只能用于灭火，在扑救高层建筑、高大厂房、高架仓库、石油化工的高大装置、大型油罐及大面积火灾时，高喷消防车具有一定的优势。

参数原理：主要参数为举升高度、消防炮流量、灭火剂容量，采用曲臂结构，顶端装有消防炮。

操作要点：车辆上方无障碍物妨碍臂架的升、降或回转，风速不大于 6 级；车辆的安全作业范围内不得有电源线；地面坚硬、平坦，支腿下面及周围应躲开化粪池、暖气、水管、煤气、电缆等暗沟和不坚固的地下建筑物；严禁在泵内无水的情况下高速运转，否则会损坏水泵；向罐内充水时最大充水压力不大于0.5MPa，以免压力过高而损坏罐体，当炮以俯角回转时应注意其回转路线，以免损坏，操作时要缓慢进行，防止水流产生涌浪。

维护：日常应随时添加燃油、润滑油、液压系统工作的液压油，以及添满水罐，保持高喷车值勤的正常接警出动；检查和维护车辆车各总成机构的连接情况，确保高喷车各部总成及连接部位安全、可靠地投入作业；检查水路系统中球阀，开闭转是否灵活，接口清洁；车辆臂架的润滑主要是回转机构的回转轴承、内齿圈与小齿轮以及减速机等；车辆在日常演练中要随时检查并发现液压系统或元件是否有性能失调，失控现象，可根据情况进行修理或更换。

第二节　消防水枪、炮

一、基础知识

1. 分类

消防水枪(以下简称为水枪)是由单人或多人携带和操作的以水作为灭火剂的喷射管枪。水枪通常由接口、枪体、开关和喷雾或能形成不同形式射流的装置组成，工作压力为0.2~4.0MPa、流量不大于16L/s。

水炮是流量大于16L/s的喷射器具，当大规模火灾伴随强烈的热辐射和热气流、浓烟，并且存在建筑物崩塌等危险，消防队员难以接近火点实施射水活动。当有大风或火场产生上升气流，以及当火场中有猛烈燃烧点时，射水流会被冲散。在这些情况下，需要使用带架枪或水炮进行灭火。

2. 标识

参照中华人民共和国国家标准GB 8181—2005《消防水枪》，消防水枪标识见图9-8。消防水枪代号含义见表9-2。

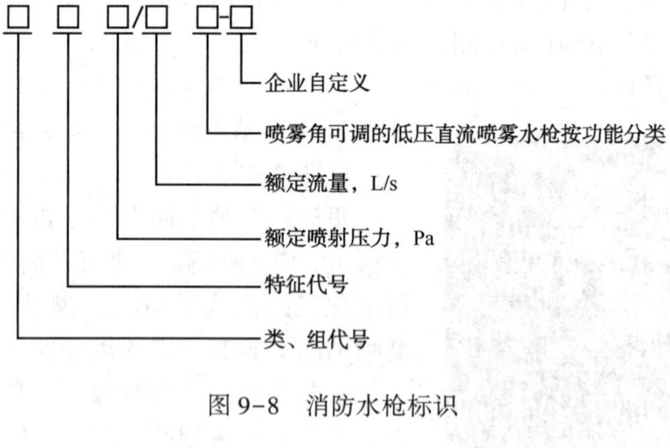

图9-8　消防水枪标识

表 9-2　消防水枪代号含义

类型	组	特征	代号	代号含义
消防水枪(Q)	直流水枪(Z)		QZ	直流水枪
		开关(G)	QZG	直流开关水枪
		开花(K)	QZK	直流开花水枪
	喷雾水枪(W)	机械撞击式(J)	QWJ	撞击式喷雾水枪
		离心式(L)	QWL	离心式喷雾水枪
		簧片式(P)	QWP	簧片式喷雾水枪
	直流喷雾水枪(L)	球阀转换式(H)	QLH	球阀转换式直流喷雾水枪
		导流式(D)	QLD	导流式直流喷雾水枪
	多用水枪(D)	球阀转换式(H)	QDH	球阀转换式多用水枪

参照国家标准 GB 19156—2003《消防炮》，消防水炮标识见图 9-9。

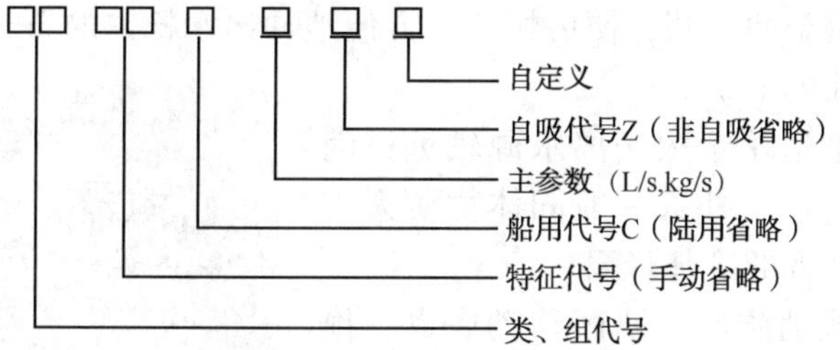

图 9-9　消防水炮标识

二、典型装备

1. 直流水枪(图 9-10)

用途：适用于远距离扑救一般固体物质火灾，冷却装置、储罐。

参数原理：扑救和冷却易燃、可燃液体的油罐火灾时，有效射程不应小于 15m；扑救油罐火灾时，有效射程不应小于 17m；直流水枪的有效射程的增加是有一定限度的，在火场上使用水枪时，其工作压力不宜超过 0.7MPa。

图 9-10　直流水枪

操作要点：操作直流水枪射水时，由于操作者受到反作用力影响，所以如果变更射水方向，应缓慢操作；使用开关水枪时，开关动作应缓慢进行，以免产生水锤现象，造成水带破裂或影响消防员安全。

维护：检查各密封部位的垫圈是否完好，注意密封，并远离热源，以防橡胶件老化；防止碰撞造成变形开裂；检查开关是否灵活，接口是否完好。

2. 低后坐力多功能水枪——QLD8B 型(图 9-11)

用途：枪头前端设置涡轮齿，喷雾优异，能有效吸去热量和吸附烟尘，保护操作人员安全，适用于扑救带电火灾，在喷射混合泡沫液时，调节枪头保护套前后伸缩能喷出高质量泡沫。

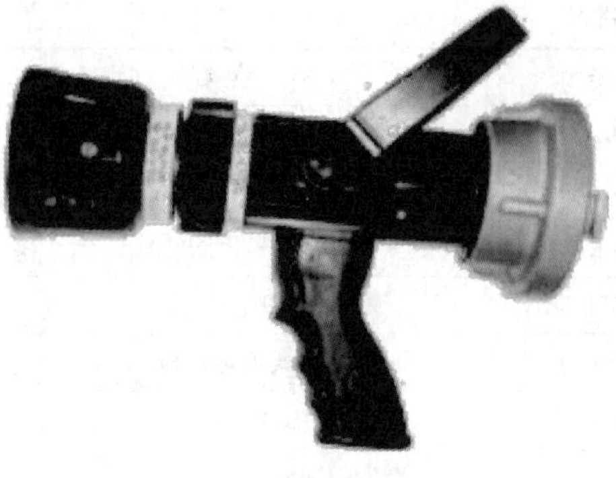

图 9-11　低后坐力多功能水枪

参数原理：该多功能水枪主要由枪头、挡位调节套、枪体、操作手柄、接口和手拎把等几部分组成，水枪后坐力低，单人可以操作；其喷射距离远，直流射程可达 36~40m，水流量可在 2~8L/s 范围内进行随意调节；具备消烟能力，在进行喷雾喷射时，在水压下高速旋转能强制高度细化造雾颗粒。

操作要点：水枪在工作压力范围内接入水源，打开其操作手柄，使水流平稳流过枪体，再通过调节流量挡位使其内部的喷嘴芯部件发生位移变化，控制其流量大小，旋转枪头可以调节直流、喷雾、开花水流。

维护：检查各密封部位的垫圈是否完好，注意密封，并远离热源，以防橡胶件老化；应防止碰撞造成变形开裂，影响正常使用；检查开关是否灵活，接口是否完好；具有自动冲洗功能，当调节套调至冲洗档，便可快速、方便地冲出水枪内的石子和其他杂物。

3. 遥控移动炮(图 9-12)

用途：移动式水炮适用于火场离水源较远，消防车不能进入的空间，用于扑灭一般固体物质火灾和油类火灾，也用于油罐的冷却降温。

参数原理：移动式消防炮主要由移动底盘、拖把、进水管、回转体、炮头、电控部分等机构组成，远程无线遥控距离大于 100m，水炮的流量可远程调整，并可实施直流至 90°水雾射流的无级调节，起到更好的灭火降温效果，流量可根据要求在 20~80L/s 调节，炮身可遥控做水平、俯仰回转并可实现自锁等，有利于操作人员撤离火场。

图 9-12　遥控移动炮

操作要点：移动炮底盘支撑完好稳固，水带铺设顺畅，避免产生应力造成移动炮倾覆；合理铺设供水干线，确保移动炮进口压力符合要求。

维护：移动炮泡沫喷射使用后要立即清洗；定期检查移动炮遥控操作是否灵敏；遥控器，驱动电源都要定期进行充电，以确保电量充足。

4. 拖车移动式消防水炮(图 9-13)

用途：它能够用来扑救大型油气罐区火灾，可用于应急性大流量冷却、人员保护、毒气疏散。

图 9-13　拖车移动式消防水炮

参数原理：主要附件为载炮拖车，该类水炮由于不受体积、质量和喷射稳定性的限制，其流量可以远远超过手抬移动式消防水炮，现今世界上最大的拖车移动式消防水炮的流量可达 400L/s，射程可达 150m。

操作要点：确保连接充足的供水线路，满足流量和水炮进口压力要求；根据火灾扑救需要，调整射流形式和流量，在扑救油罐火灾时应该均匀喷射，不留空白；在扑救砖瓦结构建筑或者易坍塌建筑时要慎重使用，防止在强水流的冲击下，发生垮塌事件。

维护：做好水炮进水口的检查清理，发现接口老化开裂应立即更换；检查旋转部位及操作手柄，确保灵活好用。

第三节　防护装备

一、基础知识

消防员个人防护装备是消防员在消防救援作业或训练中，用于保护自身安全必须配备的安全防护装备，其配备适用的标准为 XF 621—2013《消防员个人防护装备配备标准》。

消防员在执行火灾扑救、抢险救援任务以及日常训练时，经常和高温、有毒烟气、有毒危险品、有坍塌危险的建筑物、爆炸危险物等危险源发生频繁接触，很容易发生伤亡事故和患上各类职业病。

1. 分类

依据 XF 621—2013《消防员个人防护装备配备标准》的要求，消防员应配备躯体防护类、呼吸保护类和随身携带类防护装备。

2. 防护等级

消防防护服根据其性能不同，分为普通防护服和特殊防护服两类，特殊防护服包括隔热服、避火服、防化服等多个种类。危化品救援防护分三个等级，即一般性防护、轻型防护、重型防护。

二、典型装备

1. 消防头盔(图 9-14)

用途：消防头盔用于在火灾扑救现场作业时佩戴，以保护消防员头部、颈部以及面部，使其免受坠落、迸溅物体冲击，阻挡高温辐射、绝缘电击、侧向挤压等伤害。

性能及组成：其技术性能应当符合 XF 44—2015《消防头盔》标准规定的要求，头盔由帽壳、面罩、披肩、下颌带等基本构建构成，可以与防爆手电和无线通信器材配套使用。

使用：佩戴时应将头部完整包裹在头盔内，头围大小调节合适，确保重心稳定，下颌带扎住，调节松紧适度，确保头盔与头部结合紧密，披肩完整保护颈部和面部两侧。

图 9-14　消防头盔

维护：使用完毕后及时清洗清洁，阴凉干燥处保存。检查头盔无老化开裂，确保头盔处于正常调节状态，定期对头盔进行检验，如果没有达到相关标准，应及时进行报废处理。

2. 灭火防护服(图 9-15)

用途：灭火防护服适用于消防员在消防救援现场穿着，是对消防员躯干及四肢进行保护的个人防护装备。

图 9-15　灭火防护服

性能及组成：灭火防火服为分体式结构，由防护上衣、防护裤子组成。防护服由表面层、防水透气层、隔热层、舒适层等多层织物复合而成，其表面设有黄白相间的反光标志带，其技术性能应符合XF 10—2014《消防员灭火防护服》标准规定的要求。

使用：上、下装尼龙搭扣必须黏合、对齐，上装的反光标识带对齐，安全带扎牢，与身体保持约一拳间隙，下装套在防护靴筒外侧。

维护：使用完毕后及时清洁，检查无老化破损，阴凉干燥处保存。

3. 正压式空气呼吸器(图 9-16)

用途：正压式空气呼吸器是目前广泛使用的一种人体呼吸器官的防护装具，供作业人员在浓烟、毒气性气体或严重缺氧的环境中使用。

组成：空气呼吸器一般由储气瓶、气瓶开关、减压器、高、中压导管、压力表、余气报警器、背架、供给阀、面罩等组成。

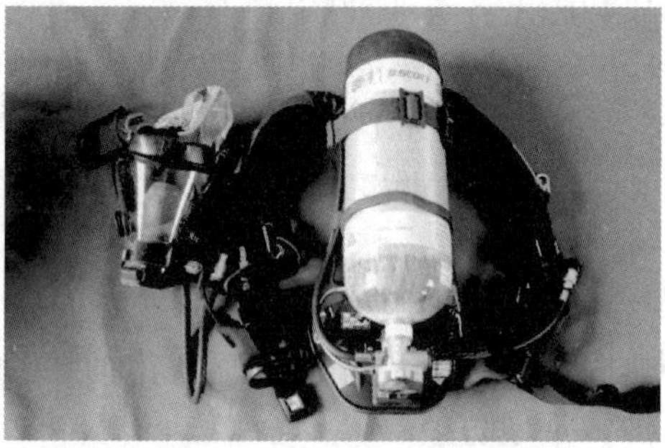

图 9-16　正压式空气呼吸器

使用：使用前做好三检，一检气瓶压力，压力低于 10MPa 禁止使用；二检气密性，高、中压导管及面罩气密性；三检余气报警器。佩戴时贴身舒适，面罩贴合严密不漏气。使用中一听二看，一听，当听到余气报警哨报警音时即行撤离作业场所至安全环境；二看，经常看压力表示值，当压力表指针指到报警预置压力时，不管哨声是否响起也应即行撤离。使用时，应组成两人以上作业小组进入作业区作业，相互监护，确保安全。作业完毕，先撤离至安全区，再行卸装。

维护：储气瓶、供给阀定期检验；经常性检查储气瓶压力，一般应保持在 28~30MPa；装具使用结束后，应立即检查储气瓶压力，压力不足时应及时补充；对面罩进行清洗、消毒，并于阴凉干燥处保存。

图 9-17　避火服

4. 避火服(图 9-17)

用途：适用于高温有火焰灼伤危险的场合，可短时间进入火焰区进行救人或关阀操作。

性能及组成：由玻璃纤维制成，内可佩戴呼吸器，头部有观测面镜，由防热玻璃制成，可抵御 1000℃的火焰，并能够有效防护高温水蒸气喷溅。

使用：着装者先佩戴好空气呼吸器，着装时应有一人协助，拉链、尼龙带应拉好、粘好，将腋下带固定好，全身检查后再进入火场操作。

维护：防止表面破损，不可超温使用，使用后表面烟垢可用棉纱擦洗，存放于干燥通风处，以防霉变。

5. 隔热服(图 9-18)

用途：为在高温场所作业人员提供隔(防)辐射热保护的服装。

性能及组成：它一般是由阻燃纤维织物与真空镀铝膜的复合材料混合在一起而制作成的，能反射 90%以上辐射热，能有效地保障消防队员、在高温场所作业人员不会被酷热、蒸汽灼伤的一种保护服装。

使用：着装者先佩戴好空气呼吸器，着装时应有一人协助，拉链、尼龙带应拉好、黏好，该产品适合接近火源使用，但不适合进入或穿越火源。

维护：防止表面破损，不可超温使用，每 3 个月进行一次开包检查，储存期限 2 年。

6. 轻型防化服(图 9-19)

用途：轻型防化服是供消防、抢险队员进入固体、液体酸碱类化学物品现场进行抢险、救援、工作时穿着的一种特种个人防护服装，轻型防化服不适用于在有毒、有害气体的火灾现场、事故现场或工作场所穿着。

性能及组成：轻型防化服又称半封闭防化服，轻型防化服是利用特殊研制的纤维所制造的防尘服装，既可以防护各种化学物质，同时又具有阻燃性；抗水渗透性，不渗漏；防碱渗透性能(6.1mol/L NaOH，100×100mm)，30min 不渗透。

使用：撑开连体上衣的开口处，两脚伸进裤子穿上胶靴，整理服装，提至腰部后再穿入双手；戴上防化服的帽子，理顺上衣护胸布，折叠后拉过胸襟盖片将护胸布盖严；穿着完毕后，佩戴空气呼吸器。

维护：用后进行清洗、晾干，内、外表面上滑石粉储存。

图 9-18　隔热服

图 9-19　轻型防化服

7. 封闭式防化服(图 9-20)

用途：适用于化学危害场所，可防有毒气体、液体、酸、碱溶剂对人体的伤害。

性能及组成：全密闭防化服按型式分为配置超压排气阀的全封闭式(正压式消防空气呼吸器内置)和不配置超压排气阀的半封闭式(正压式消防空气呼吸器外置)两种，防酸渗透性(80%H_2SO_4，60%HNO_3，30%HCl)，60min 不渗透；防碱渗透性能(6.1mol/L NaOH)，60min 不渗透。

使用：着装者先佩戴好空气呼吸器，确认呼吸及其他一切正常后，拉合密封拉链；正常呼吸大约1.5min后，防化服鼓起，此时可以进入作业现场；全密封防化服不得与火焰及熔化物直接接触；使用前必须认真检查服装有无破损，如有破损，严禁使用。

维护：全封闭防化服每次用后可用清水、肥皂水或0.5%~1%的碳酸钠水溶液冲洗，再用清水冲净，放在阴凉通风处晾干后收存；全封闭防化服应在室内悬挂储存，不宜折叠挤压；储存时应远离热源，避免日光照射避免与活性化学品及油类接触。

8. 防化手套(图9-21)

用途：用于处置化学灾害事故时手部的防护。

性能及组成：防护油类、酸类、腐蚀性介质、酒精及各种溶剂。佩戴舒适、活动方便。

维护：常规洗涤剂机洗或手洗，远离紫外线和臭氧。

图9-20 封闭式防化服

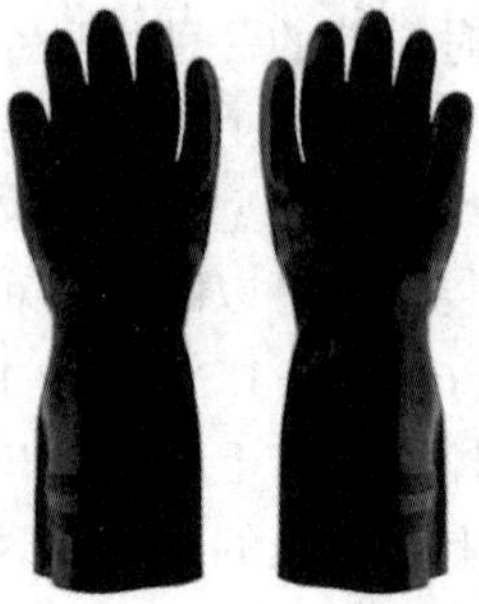

图9-21 防化手套

9. 电绝缘手套

用途：适用于带电作业。

性能及组成：由经特殊处理的天然橡胶制成，具有耐油、耐酸、耐臭氧和耐低温、抗机械强度的性能。

维护：保存时不要挤压或折叠，存放在阴凉、低臭氧环境中，远离蒸汽管道、暖气等热源；使用前，进行膨胀气密性检查。

10. 防割手套

用途：在有割伤及摩擦场合使用。

性能及组成：有极高的防切割和摩擦性能，使用舒适。

维护：常规洗涤剂机洗或手洗，远离紫外线和臭氧。

11. 防化安全靴

用途：适用于化学危害场所的足部防护。

性能及组成：具有良好的耐水、耐油、耐酸性能，用高级全粒面真皮制成；钢底版、钢包头，可防穿刺及坠落打击。

维护：保持表面整洁，无破损。

12. 紧急呼救器(图9-22)

图9-22 紧急呼救器

用途：适用于易燃易爆场所和各种有毒有害、特殊高危险环境作业、施工、监护、救护及抢险人员作为求救、互救之用。

性能：可自动或手动报警，具有低电压检测和收到无线报警信号的声、光提示功能，具有防爆功能。

使用方法：每一组呼救器由6个组成，使用前每个分机都被置于强报警状态并在发出声、光报警信号的同时，向外发出高频无线电报警信号。

维护：呼救器使用9V碱性电池，不得用其他电池代替；放置6个月不使用或每使用一次均需更换电池；更换电池后应该注意将螺纹盖拧紧以保证密封。

第四节 抢险救援器材

一、基础知识

1. 分类

抢险救援器材包括破拆器材、起重支撑器材、堵漏器材、救生器材等。

2. 简介

破拆器材：液压破拆器材，适用的标准为GB/T 17906—2021《消防应急救援装备 液压破拆工具通用技术条件》。与机动破拆工具相比，液压破拆工具的最大优势在于破拆过程中基本没有火花，凭借这一优势，液压破拆工具在交通事故救援中发挥着不可替代的作用。机动破拆器材，是指以小型汽油发动机为动力的破拆器材，通常用于灾害、事故救援现场对金属、混凝土、砖木等结构障碍物进行破拆操作，以开辟救援通道。常见的机动破拆器材主要有无齿锯、机动链锯、混凝土切割器、凿岩机等。

起重支撑器材：是指消防员在灭火与应急救援过程中遇到人员被大型物体、重型车辆埋住的情况时，用于顶起、支撑重物以开拓救援空间的快速、方便、柔性无碰撞的器材。起重支撑器材根据动力驱动方式的不同可分为液压、气动等不同类别，且每种起重器材具有其相应的适用对象和范围。

堵漏器材：用于堵塞管道、容器、油罐车或油槽车、储罐漏洞或裂缝的器材，常见的有内封式、外封式、捆扎式、电磁式等。

救生器材：救生器材是在火灾救援现场，用于脱险、逃生、救护的器材装备，常见的有担架、缓降器、救生气垫、苏生器等。

二、典型装备

1. 液压剪切、扩张两用钳(图9-23)

用途：用于剪切、扩张、牵拉等。

性能与组成：由液压泵、油管及剪切器、扩张器组成；工作压力63MPa，最大切割能力10mm(Q235)，扩张力30kN，扩张距离270mm，工作状态质量小于14kg。

使用：使用前先将液压泵与剪切或扩张器相连，然后启动液压泵，加大油门，打开油泵给剪切钳送油，使其运转自如。使用时，操作者应做好个人防护，禁止身体任何部位在扩张或剪切钳的口内，防止发生夹伤事故，并视情况安排其他人进行安全保护。停用后，发动机要怠速运转1min，再熄火。然后将扩张器或剪切钳从液压导管上拆下，待发动机完全冷却后再将设备放至规定的位置。

维护：经常检查液压泵燃油、润滑油及液压油情况，视情况清理液压泵火花塞等；保持油路清洁畅通，防止刀刃损伤。

图9-23 液压剪切、扩张两用钳

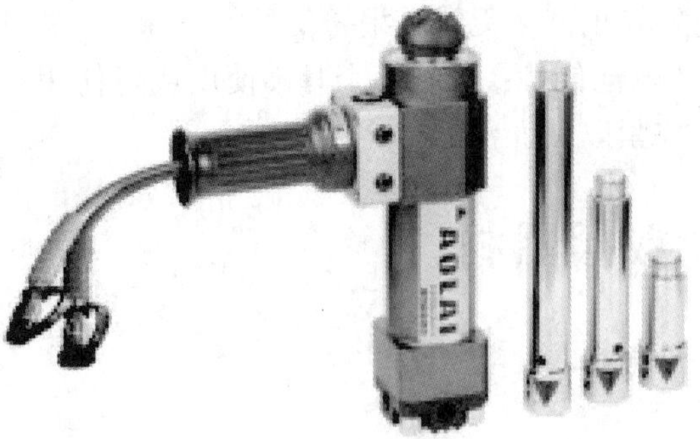

图 9-24　液压撑顶器

2. 液压撑顶器(图 9-24)

用途：用于长距离扩张、撑顶，车辆交通事故救援。

性能与组成：本单级液压救援顶杆撑顶力大，质量小。可提供 110kN 的最大顶力。足以满足车辆救援及一般救援。

使用：使用前先将液压泵与撑顶器相连，然后启动液压泵，加大油门，打开油泵给撑顶器送油，使其运转自如。撑顶器油缸采用高强度轻质合金制造精心设计的两端防滑齿，保证了受力时不会滑脱。双向液压锁与自动复位的控制阀组合，在作业时遇到意外情况也可保证操作者的安全撑顶耗时短，加速救援进程。辅助设备为顶杆支撑架。

维护：经常检查液压泵燃油、润滑油及液压油情况，视情况清理液压泵火花塞等；保持油路清洁畅通，保持设备清洁。

3. 液压撬门器

用途：用于顶起金属卷帘门和其他物体。

性能及组成：由手动液压泵、油管、撬门器等组成，扩张力 89kN，行程 100mm，操作压力 64. 7MPa，质量 5kg。

使用：先将撬门器撬门头塞进待撬门的门缝里，固定底座；再用油管将液压泵与撬门器相连，关闭卸压开关，上下摇动手柄至将门撬开。用完后，打开卸压开关，卸压后断开连接，将装备收起。

维护：保持清洁，防止油路阻塞。

4. 无齿锯(图 9-25)

用途：用于切断金属阻拦物。

性能及组成：由机体和砂轮切割片组成，刀片直径 300mm，最大转速 5100r/min。

使用：使用前，应认真检查砂轮状况，如发现有裂纹应及时更换。使用时，操作者应做好个人防护，并视现场情况安排他人进行保护；切割物体时，切割机的砂轮片要以较小的旋转速度接近破拆对象，待确定切割方向后再加速。切割物体时，必须沿着砂轮片旋转的方向切入，不能歪斜，严防砂轮片破裂飞出伤人。

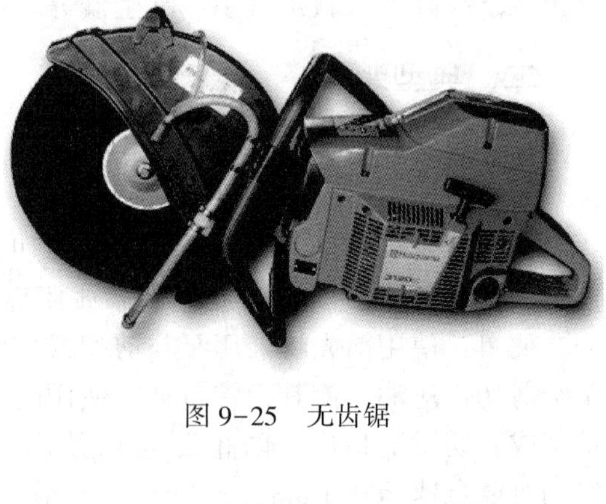

图 9-25　无齿锯

维护：保持机体清洁，及时补充燃料。

5. 双轮异向切割锯(图 9-26)

用途：用于钢材、钢管、电缆、铝材(使用润滑油)、木材、墙板、塑料、汽车玻璃等材料切割。

性能及组成：由机体和锯片组成，锯片直径 315mm，最大转速 13500r/min。

使用：切割过程平稳、无反冲力，采用双锯片反向切割，每一张片的切割速度及剪切力相同，但方向相反，互相抵消，使整个切割过程不需要用力即可轻松完成；简化了使用操作和维护保养的难度不会出现卡锯或崩片的危险，安全可靠。

维护：保持机体清洁，及时补充燃料。

图 9-26　双轮异向切割锯

6. 气动切割刀

用途：用于切割薄壁、车辆金属和玻璃等。

性能及组成：以压缩空气做动力，使用时不产生火花。由切割玻璃刀片、切割金属刀片、供气装置等组成，工作压力为 0.8～1.0MPa。切割机的冲程为 12.7mm，切割金属切片与所切物体呈 45°角。

维护：切割刀每次用过后要上润滑油。刀具每使用三次，须维护保养。

7. 便携式万向切割器

用途：适宜在狭小的工作环境中进行扩张和剪切。

性能：体积小，易操作，钳口刀刃隆起呈凸状，钳头可以旋转；最小扩张力 36kN，最大扩张力 82kN；钳刃中部剪切力 77kN，钳刃根部剪切力 150kN，工作压力 35MPa；钳臂最大开度 55mm。自重 7.4kg，钳头旋转角度 180°。

维护：避免剪切强化处理过的钢材、齿轮杆、机动车油箱支架、机动车减震簧片、合页轴、门锁锁舌、安全带固定插槽等。

8. 气动起重垫(图 9-27)

用途：用于升举、压、挤、分离或支撑极重物体，作用强大。适用于抢救被重物压陷人员。

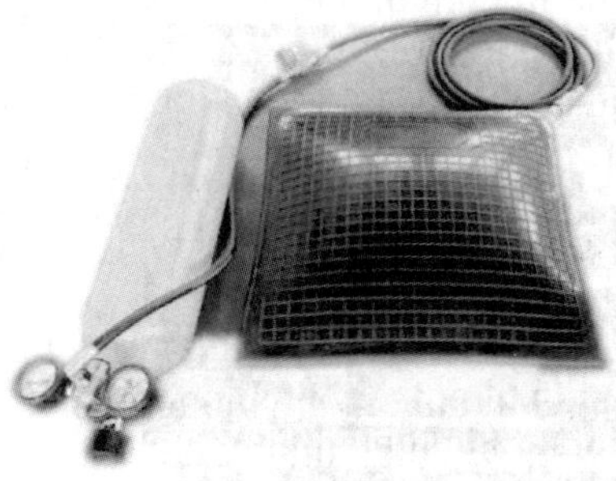
图 9-27　气动起重垫

性能与组成：气动起重垫由储气瓶、减压器、充(卸)气开关、导气管、起重垫构成。典型产品的起重高度为 10～12cm，起重质量为 40t，承载面积为 78cm×69cm。气瓶压力为 30MPa，气瓶容积为 6L，工作压力为 0.8MPa。

使用：根据待起重物的质量，将起重垫(如果需要可将两块膨胀垫叠放在一起)放在待起重物下，将减压器与气瓶连接，另一端与充(卸)气开关连接。再将起重垫与充(卸)气开关任意接口连接；打开气瓶开关，调整输出压力至 8bar；将所需充(卸)气开关手柄向前推，同时观察起重垫膨胀高度；起重垫膨胀高度达到后，将被压物取出；将充(卸)气开关手柄向后推，起重垫卸气恢复原状，取出起重垫。操作时，在不知起重质量时，应尽量使用大吨位的膨胀垫；膨胀垫上下不能有尖锐的物品，防止刺破膨胀垫；充气速度不要过快，应缓慢进行；卸气时也不应过快，防止出现险情。

维护：保持调压器、充(卸)气开关灵敏好用，管路清洁，储气瓶压力充足。

9. 堵漏包

用途：迅速密封油罐车、液柜车或储罐的裂缝。

性能及组成：堵漏包由储气瓶、减压器、导气管、充(卸)气开关、紧带器、拉伸袋、堵漏包、防腐套、海面垫等组成。工作压力 0.15MPa，堵漏面积 50cm×30cm，周长 3～17m。

使用：在堵漏包(根据需要将膨胀包套上防腐套)内垫上海面垫，用紧带器和拉伸带将堵漏包固定在泄漏点上；将减压器与气瓶连接，调整输出压力至 1.5bar；用导气管连接减压器与充(卸)气开关，并将充(卸)气开关连接到堵漏包上；开启充(卸)气开关至泄漏点不再有液体(或气体)喷出。操作时，操作人员应佩带好防护用具，防止泄漏物造成中毒或烫(冻)伤或灼伤等；同时注意防火防爆。若储罐有保温层，应先清楚泄漏点周围的保温层。

维护：保持调压器、充(卸)气开关灵敏好用，管路清洁，储气瓶压力充足。

10. 堵漏枪(图 9-28)

用途：单人迅速密封油罐车、液柜车或储存罐的裂缝，不需拉伸带。

性能与组成：由柔韧橡胶材料制成，抗油、抗化学腐蚀。由楔形袋(3 种规格：6cm、8cm、11cm 宽)、圆柱形袋(1 个，直径 7cm)，脚踏充气泵(带 0.15MPa 安全阀)、导气管、密封枪等组成。工作压力 0.15MPa；耐热性能：90℃(短时间)，85℃(长时间)；可单人操作，迅速密封裂缝。从安全距离以外插入泄漏密封袋，密封枪可延伸 35~134cm。

使用：根据裂缝大小，选择合适的楔形袋或圆柱形袋，并将其与密封枪相连，再将密封枪与脚踏充气泵相连；将密封枪插入裂缝，往复踩动脚踏充气泵至不再有物料漏出。

维护：保持充气泵好用，管路清洁不堵塞。

11. 金属管套堵漏工具(图 9-29)

用途：适用于将断裂的管道恢复原状、防止管道内液体泄漏。

性能及组成：材质外部为柔性合金铸造件；内部为丁腈橡胶密封层；具有口径不同的 9 种套管，可承受 1.6MPa 背压并在 80℃高温下工作。

使用：根据管径大小，选择合适的金属管管套堵漏工具，调整固定位置，均匀拧紧螺丝，确保不再有物料漏出。

维护：用后清洁擦拭，确保无锈蚀。

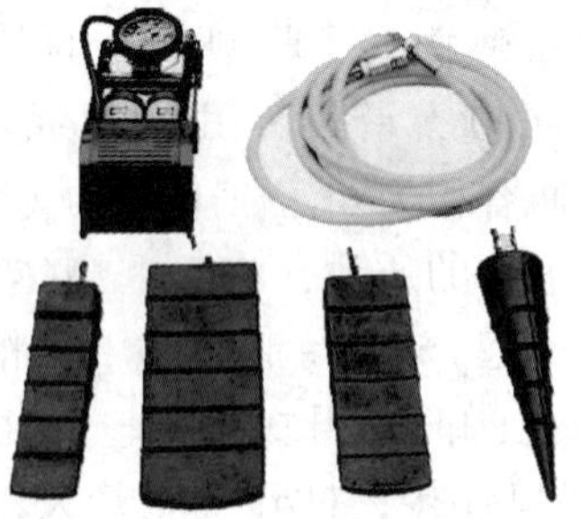

图 9-28　堵漏枪

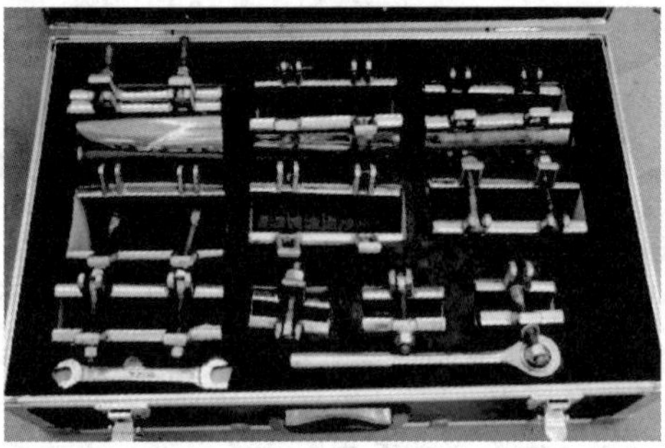

图 9-29　金属管套堵漏工具

12. 折叠担架

用途：适用于各种环境下救护转送病人，特别适用于医疗救护部门与救护车配套使用。

性能：铝合金折叠担架主要用高强度铝合金材料制成。具有结构新颖、轻巧、方便、可靠等优点。床面承受压力为 120kg；创面尺寸(长×宽)为 1900mm×500mm；最大轮廓尺寸(长×宽×高)为 1950mm×510mm×220mm；折叠轮廓尺寸(长×宽×厚)为 950mm×510mm×90mm；总质量为 5.5kg。

使用：将担架打开，展开支撑脚，放置地上，解开固定带，将患者转移至床上，锁紧固定带，即可搬运患者。

维护：用后清洁、擦拭、消毒。

13. 铲式担架

用途：适用于转送重伤和骨伤病人。

性能：无须抬起或移动病人，就可将病人迅速置于担架内迅速转移。刚性担架面可起到保护受伤部位的作用，可有效避免救护过程中的二次伤害。承重为120kg；最大展开长度为210cm；最小展开长度为170cm；主构架宽度为44cm。

使用：搬运伤员时，先将伤员放置在平卧位，固定颈部，然后分别将担架的左右两片从伤员侧面插入背部，扣合后再搬运。

维护：用后清洁擦拭消毒。

14. 氧气苏生器(图9-30)

用途：对丧失自主呼吸能力的伤员进行供氧。

性能及组成：由一个20MPa的氧气瓶、手动气袋、喉管插入器、供氧面罩、鼻饲器和抽气器组成，并配有一个减压/流量调程计(0~60L)。

使用：吸氧时，应取出口腔导气管，松缚面罩。调整气量，使储气囊不经常膨胀，也不经常空瘪，氧含量调节环一般应调在80%，CO中毒的伤员则应调在100%，吸氧不要过早终止，以免伤员站起来后导致昏厥。

维护：自动苏生器使用后，必须用酒精、清水等对其使用过的面罩、吸引装置、口咽导气管、自动肺、自主呼吸阀等零部件和工具进行消毒和清洗，并清理仪器内外的卫生，使之达到标准要求。

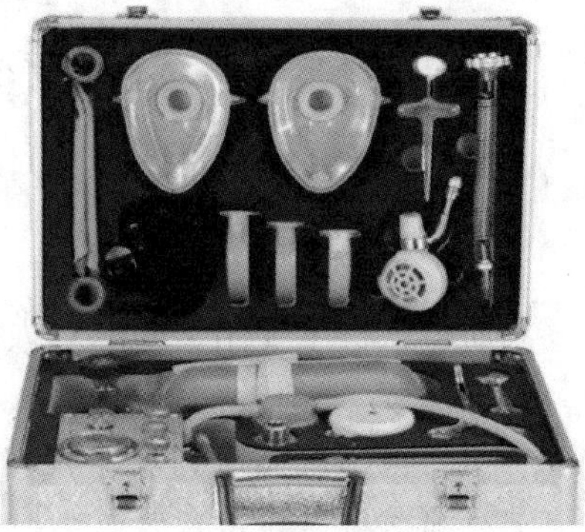

图9-30　氧气苏生器

15. 缓降器

分类：缓降器总体分往返式和自救式两大类，其中，往返式分离心力制动式和油制动式；自救式分多孔板型和摩擦棒型。

特点：往返式缓降器速度控制器固定，绳索可上下往返，连续救生，下降速度随人体重而定，不需人力辅助控制，自救式缓降器不能往返使用，其绳索固定，速度控制器随使用人从上而下，下降速度由人控制。

GX-ZT30型缓降器的规格性能见表9-3。

表9-3　GX-ZT30型缓降器的规格性能

本体外形尺寸/mm		ϕ115，高118
本体质量/kg		2.7
最大工作高度/m		30
承载量/人		1
标准降落(荷载65kg时)/(m/s)		0.8
允许荷载范围/kg		18~120
使用环境温度/℃		-20~+50
制动室最高允许温度值/℃		≤90
在同一荷载条件下，降落速度允许波动范围/%		±25
ϕ8mm安全吊绳	钢丝绳直径/mm	4.5
	单位质量/(g/m)	104

使用：打开包装盒，取出逃生缓降器。将绳一端与安全钩连接牢固，并固定在暖气管、自来水管、铁制窗框、阳台栏杆或其他建筑物固定物上，将另一端绳盘抛向地面；将安全带从头部套下至双臂腋下位置，减速器装置置于胸前，双手抓住逃生缓降器绳索，出窗缓慢松放绳索，开始下降，待绳索基本垂直后慢慢松开双手顺其下降；面朝墙壁通过双手轻扶墙面，匀速下降，避开尖锐障碍物，直至地面；人着地站稳后，松开安全带扣环，脱下安全带，迅速离开现场。

维护：为了避免逃生缓降器因摩擦轮打滑而造成逃生人员坠落事故，所以严格禁止在逃生缓降器摩擦轮毂内注入油类物质；为了能让逃生缓降器使用的时间更长，而且下滑速度稳定，须确保滑降绳索在下落过程中，不与其他物体接触；逃生缓降器滑降绳索外面的保护层受损严重时，要尽快更换新的绳索。

第五节　侦 检 器 材

一、基础知识

侦检器材主要用于检测对人的健康、生命造成伤害的危害因素。

1. 分类

主要包括气体检测仪、热成像仪、生命探测仪、电子气象仪等。

2. 简介

气体检测仪：是用来检测环境中可燃气体或有毒气体的仪表。按其工作特点可分为泵吸式、扩散式和混合式三种；按检测气种可分为单一气体检测仪和多功能气体检测仪。

热成像仪：是一种利用红外热成像技术，通过对标的物的红外辐射探测，并加以信号处理、光电转换等手段，将标的物的温度分布的图像转换成可视图像的设备，能够准确识别燃烧热量的分布。

生命探测仪：是利用红外、雷达、光学或者音频探测的方式，检测人体生命活动信号，帮助救援人员确定被困人员位置的仪器。

电子气象仪：用于采集风速、风向、温度、湿度、气压等气象参数的仪器。

二、典型装备

1. 泵吸式可燃气体检测仪(图 9-31)

用途：用于快速、准确地在人孔和其他地下封闭区域危险环境检测可燃气体

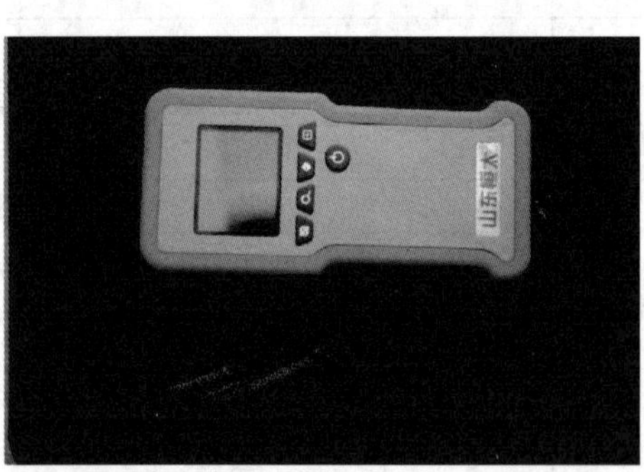

图 9-31　泵吸式可燃气体检测仪

性能：催化燃烧自动抽气取样；防爆；耐火；到达预置报警点(20% LEL)，红灯和蜂鸣器报警；检测范围，0~100%/0~20% LEL；精度，满刻度的±5%；镍-铬充电电池 2×3 节，充电 15h，连续使用 4h。

使用：在洁净空气环境中，连接抽气探头和软管到仪器左边气体入口处，旋转开关至“BATT”位置，指针在表 BATT 刻度区内。如果不是，则电池需要重新充电，旋转开关至“20”处，调整“ZERO”

调零旋钮至读数准确指“O”，旋转开关至“100”，将探头靠近测试点，测试点的空气样品将被机内泵吸入，仔细读表，观察最大值，如果气体浓度低于20%LEL，旋转开关至“20”，在低区读数；当可燃气体大于预设报警点（20%LEL）时，该机将给出声光报警信号；完成测试工作之后，将探头从测试空间移开，经清洁空气冲刷，然后关闭开关。

维护：定期标定；经常检查电池电量，及时充电；保持清洁，于阴凉干燥处保存。

2. 扩散式可燃气体检测仪

用途：用于测量环境中各种可燃性气体或蒸气爆炸下限以内的含量。

性能：当空气中可燃性气体浓度达到或超过报警设定点（25%LEL）时，发出声光报警信号；检测范围：0~100%LEL（LEL为爆炸下限）；精度：满刻度的±5%；电源低电压报警。

使用：在洁净空气环境中，打开电源开关，接通电路，发出声、光报警信号，并很快趋于稳定，并指示“000”，若不是，则可调整量程电位器“Z”，使数字指示为“000”，此时仪器可投入检测，遇到可燃气体即可显示浓度数值，如超过预先设定的报警点，发出声光报警信号。

维护：定期标定；经常检查电池电量，及时充电；保持清洁，于阴凉干燥处保存。

3. 氧气检测仪

用途：用于测量空气中的氧气浓度。

性能：当环境空气中的氧气浓度低于欠氧报警点（18%VOL）设定浓度或者高于过氧报警点（23%VOL）设定浓度时，发出声光报警信号。检测范围：0~25%VOL；有自检功能，发光二极管每5s闪亮一次，说明仪器正处于工作状态。

使用：在新鲜空气中打开电源开关，发出声光信号，并很快趋于稳定，并显示为21，若不是，则可调整量程电位器“S”使数字显示为21（正常空气中氧气浓度含量），此时仪器可投入检测。在检测时显示空气中的氧气含量，当氧气含量达到或超过报警设定值时，仪器发出声光报警信号。

维护：定期标定；经常检查电池电量，及时更换电池；保持清洁，于阴凉干燥处保存。

4. 硫化氢检测仪（图9-32）

用途：用于检测空气中的硫化氢气体。

性能：当空气中硫化氢浓度高于报警设定点时，发出声光报警信号（蜂鸣器断续急促声响，红色报警指示灯闪亮）；分辨率为1ppm/0.1ppm；检测范围为0~50ppm/0~100ppm/0~200ppm/0~1000ppm；电源低电压报警为≤7.5V时间隔5s发出短促声响；自诊断功能为待仪器稳定后，在无硫化氢气体的环境中，发光二极管约5s闪烁一次，说明仪器处于工作状态；使用环境条件为温度-10~40℃，湿度≤90%R.H，大气压力80~106kPa；防爆。

使用：在洁净空气环境中，拆开仪器底盖，将集成电池（注意极性）放入盒内，再将底盖重新盖好，此时仪器即发出连续鸣叫声，显示数字渐渐下降，约2~3h逐级趋于稳定状态，并显示“000”，若不是，则可调节仪器上标有“Z”（ZERO零点）标志的电位器，使显示“000”，即可开始检测工作，当遇到硫化氢气体即可显示数值，如超过预先设定的报警点，即发出声光报警信号。

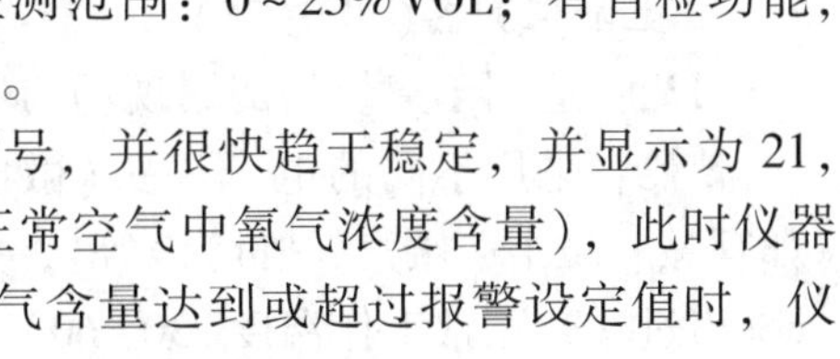

图9-32　硫化氢检测仪

维护：定期标定；经常检查电池电量，及时更

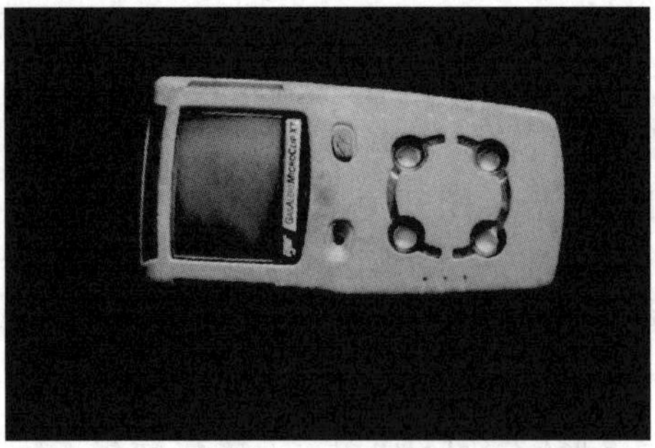

图 9-33　智能型多种气体探测仪

换电池；保持清洁，于阴凉干燥处保存。

5. 智能型多种气体探测仪(图 9-33)

用途：是一种便携式智能型有毒气体探测仪，可以同时检测四类气体，即可燃气(甲烷、煤气、丙烷、丁烷等 31 种)、毒气(一氧化碳、硫化氢、氯化氢等)、氧气和有机挥发性气体。

性能：同时能对上述四类气体进行检测，在达到危险值时报警。防爆、防水喷溅。可燃气体能从"0~100%LEL"(爆炸下限)的范围测量自动转换到"0~100%气体"(体积百分比浓度)的范围测量。

维护：轻拿轻放，避免潮湿、高温环境，保持清洁，定期标定；经常检查电池电量，及时更换电池。

6. 热成像仪(图 9-34)

用途：在黑暗、浓烟条件下观测火源及火势蔓延方向，寻找被困人员，监测异常高温及余火，观测消防队员进入现场的情况。

性能：红外线成像原理，有效监测距离 80m，可视角度 55°；防水、防冲撞。

维护：轻拿轻放，避免潮湿，经常检查电池电量，及时更换电池。

7. 生命探测器(图 9-35)

用途：适用于建筑物倒塌现场的生命找寻救援。

性能：采用不同的电子探头(微电子处理器)，可识别空气或固体中传播的微小震动(如呼喊、敲击、喘息、呻吟声等)，并将其多极放大转换成视、听信号，同时，又可将背景噪声过滤，正常工作温度-30~60℃。

维护：储藏温度-40~70℃，定期开机检查。

图 9-34　热成像仪

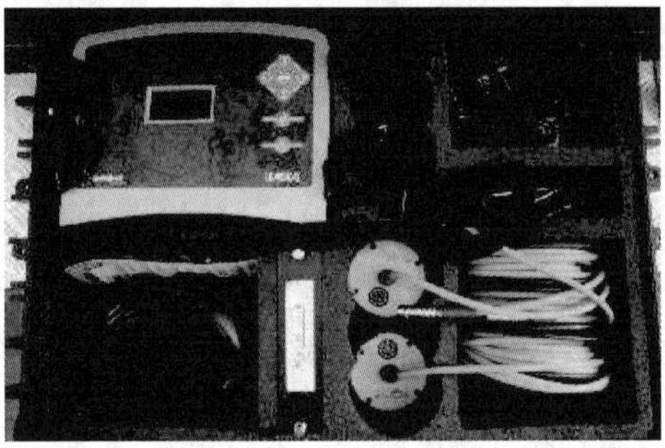

图 9-35　生命探测仪

8. 综合电子气象仪(图 9-36)

用途：检测风向、温度、湿度、气压、风速等参数。

性能：液晶显示、温度的探测范围为 0~60℃(室内)或-45~60℃(室外)；1h 内，气压异动超过 0.5~1.5mmHg 时，自动发出报警。

维护：保持清洁，于干净阴凉处存放。

9. 轻便三杯风向风速表

用途：轻便三杯风向风速表用于测量风向和 1min 时间内平均风速。

性能及组成：风向风速表由风向仪、风速表、手柄三个部分组成。测量范围：风速 1～30m/s；风向 0～360°（分 16 个方位）；旋杯的启动风速不大于 0. 8m/s；风速误差，修正后不大于 0. 4m/s；风向误差±10°，读取方位时不大于一个方位。

使用：将小套管拉下再向右转 1°，此时方向盘就可按地磁子午线的方向稳定下来。风向指针与方向盘所对的读数就是风向。经 1min 后风速指针停止转动，风速指针所示数称为指示风速。

图 9-36　综合电子气象仪

维护：应防止风向风速表脏污、碰撞和震动。非观测时间一定要放在仪器盒内，取出仪器时，只能拿壳体部分，切勿用手摸旋杯，勿拿护架；仪器使用 120h 后需重新检定；仪器应存放在空气温度-10～30℃，相对湿度 30%～80%的室内，室内不得存放有腐蚀性的挥发物质。

第六节　消防通信器材

一、基础知识

1. 简介

消防通信器材是受理火警、调集灭火力量、火场通信联络和火场指挥的重要工具，随着现代通信技术的发展，微波卫星通信设备和光通信设备也已广泛应用于消防通信领域。消防通信的基本要求是及时、准确、不间断。

2. 组网

火场无线电通信网是由三个层次构成，就是常说的“三级组网”。

一级网（又称城市管区覆盖网），一级网的通信覆盖地域大，半径常超过 30km。网络一般结构采用异频单工、半双工方式的纵横式网，电台应以大功率基地机、车载机为主，少量指挥员使用多功能手持对讲机入网。

二级网（火场指挥网），二级网常以小功率手持对讲机组成。网内设主台时，由总队、支队指挥车电台担任；网内也可不设主台。一般结构是单频单工的横式网。

三级网（灭火战斗网），三级网常以小功率手持对讲机和头盔式对讲机组成。网内一般不设主台；但也可由中队指挥台监听和协调全网。该网是以中队为单位组建。

图 9-37　对讲机

二、典型装备

1. 对讲机（图 9-37）

用途：对讲机是集群通信的终端设备，它不但可以作为集群通信的终端设备，还可以作为移动通信中的一种专业无线通信工具。

性能：国家无线台管理委员会对频率的使用进行了划分，规定不同的行业使用相应的频率范围，如公安为 350MHz。手持机在平坦开阔无障碍环境下的通话距离可达 6km，但由于无线电波的传输会受障碍物（如建筑物、树木）的影响；同样，一些外来因素往往也会削弱通话的信号，通话范围也随之变化。当有网络支持时，对讲机的通话距离可达几十公里。

维护：注意避免金属导体电池裸露的电极，以免电池短路引起破坏或人身伤害；电池充电应在 5~40℃的环境中进行，如果超出此温度电池寿命会受到影响；每次充电时间在 14~16h 以上，每次充完电后，必须自然使用完后才可以充电，否则，电池会产生记忆，导致电池容量减小，使用时间缩短，严重的可导致电池报废；轻拿轻放对讲机，切勿手提天线移动对讲机；机器保养时，请用柔软布料擦拭，勿用有机溶剂或湿布擦拭。

2. 单兵系统（图 9-38）

用途：单兵系统，又称单兵无线集群系统，无线传输介质分为 5G 与 Wi-Fi；是指利用 5G 与 Wi-Fi 技术进行无线图像传输的单兵无线监控系统。

性能：在日常工作或应对突发事件时由相关人员随身携带或手持设备前往现场，通过 5G 或 Wi-Fi 网络信号将现场的实时音视频信息即时回传到后台监控中心，因其特点类似于单兵必备的工具，故又称单兵图传终端，广泛适用于救援现场的即时无线图像传输。集视频、语音、数据采集、5G 无线网络传输和 GPS 全球定位系统为一体。具有 IP66（防尘、防水）功能，1.5m 高跌落水泥地面无故障。

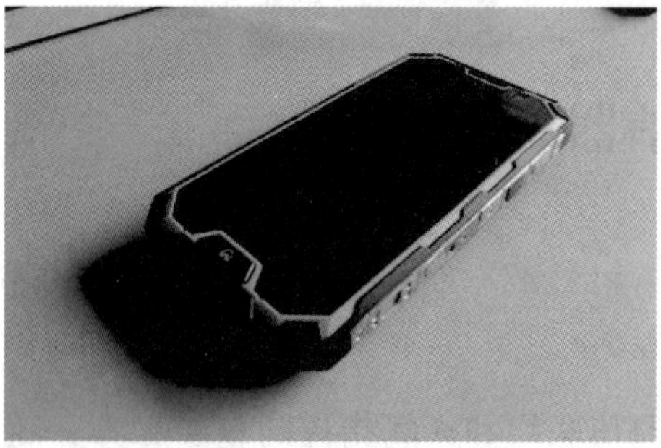

图 9-38 单兵系统

维护：保证系统在-25~70℃内运行，每次充电时间在 14~16h 以上，每次充完电后，必须自然使用完后才可以充电，否则，电池会产生记忆，导致电池容量减小，使用时间缩短，严重的可导致电池报废。

3. 卫星通信指挥车（图 9-39）

用途：卫星通信指挥车可以分布式调度指挥，现场视频回传，车载视频监控，指挥中心监控画面可以通过应急通信车上的车载视频采集终端监控现场情况，并可以远程控制视频终端的监控方向和角度。在车上的作业人员也可以同步监控摄像头画面，便于观察现场情况。现场通信系统应集多媒体会议功能、远程数据通信功能，现场保障人员可通过多业务作业终端连接电脑，方便地查询指挥中心各类数据库服务器和其他各业务服务器，以获取更多的有效信息用于现场的救援工作。集群对讲现场手台、车载调度终端和多业务作业终端之间可以发起集群对讲，一键即可呼通组内所有终端。

性能：通信指挥车主要由中控系统、视频系统、广播系统、灯光系统、供电系统等组成。完成系统集成的全部内容后，通信指挥车到达现场，系统将图像和声音传送到几十公里、几百公里的应急中心，供中心做应急处理。地面指挥中心和应急通信车分别配备独立的调度系统，调度机和视频服务器可作为主从关系存在，现场应急通信车中的设备可以实时将现场数据上传至指挥中心总服务器，作为二级调度系统或视频会议系统的分会场；在卫星链路有

图 9-39 卫星通信指挥车

压力或失效的情况下，现场应急车调度系统自成体系，完全可以独立对现场进行指挥调度，可通过现场应急通信车的视频服务器召开局部视频会议、对本地视频信息进行录像和保存，很大程度可减少卫星链路压力。二级分布式调度系统，可协同工作，可互为备份，可分担压力，是整套系统的优势所在。

维护：确保电力系统稳定，设备天线接驳正常，展开后确保支臂支撑稳定，底盘动力系统执行车辆正常维护保养。

第七节　新型消防装备

一、基础知识

机器人、无人机、新型消防车等高科技应急救援装备在消防领域的广泛应用，智能化、信息化、更大流量、更高性能，是我国传统消防向现代化转变的必然要求和发展趋势。在一些消防抢险中，机器人、无人机等高科技装备可以有效帮助或替代消防人员进入救援现场，不仅能减少消防员危险，还可以第一时间获取更多事故现场数据参数。

二、典型装备

1. 消防机器人(图 9-40)

消防机器人是特种机器人的一种，具备远程遥控机动、侦监、射水扑救等功能，在灭火和抢险救援中愈加发挥举足轻重的作用。随着社会经济的迅猛发展，建筑和企业生产的特殊性，导致危险化学品和放射性物质泄漏以及燃烧、爆炸、坍塌的事故隐患增加，事故发生的概率也相应提高。一旦发生灾害事故，消防员面对高温、黑暗、有毒和浓烟等危害环境时，若没有相应的设备贸然冲进现场，不仅不能完成任务，还会徒增人员伤亡。各种大型石油化工企业、隧道、地铁等不断增多，油品燃气、毒气泄漏爆炸、隧道、地铁坍塌等灾害隐患不断增加。此类灾害具有突发性强、处置过程复杂、危害巨大、防治困难等特点，已成顽疾。消防机器人能代替消防救援人员进入易燃易爆、有毒、缺氧、浓烟等危险灾害事故现场进行数据采集、处理、反馈，有效地解决消防人员在上述场所面临的人身安全、数据信息采集不足等问题。现场指挥人员可以根据其反馈结果，及时对灾情做出科学判断，并对灾害事故现场工作做出正确、合理的决策。

图 9-40　消防机器人

2. 消防无人机(图 9-41)

无人机作为一种新型工业技术，已被广泛应用于各种领域，在国内已有不少消防机构使用无人机成功进行火场侦察监测、抛投救援物资等尝试，效果非常明显。近年来，在我国也曾利用无人机对事故现场进行过高空侦察(图 9-42)，为救援决策提供了部分的参考依据。大型无人机集成通信设备，可担当通信中继，例如在地震、山岳等有通信阻断的环境下，利用无人机集成转信模块，充当临时转信台，从而使得极端环境下建立起无线通信的链路。

图 9-41　消防无人机

图 9-42　消防无人机火场侦察

3. 远程供水系统(图 9-43)

近年来，针对石油化工火灾连续作战时间长、供水需求大的特点，我国多家消防车生产企业成功研制了远程大流量供水系统，在多起石油化工火灾中立下彪炳战功，同时也在城市排涝中大显身手。远程大流量供水系统一般包括吸水模块、增压模块、水带敷设模块等三大部分，根据不同的搭配，有单车一系统(即一辆消防车集合了吸水、增压和水带敷设三大模块)、两车一系统(即一辆消防车集合吸水、增压模块，另一辆消防车为水带敷设车)、三车一系统(即一辆吸水模块消防车、一辆增压模块消防车、一辆水带敷设消防车)等多种方式。目前，单个远程大流量供水系统的最大供水流量达到 400L/s 以上、供水距离达 3km 以上，能实现带水自动收带。

4. 远程供(泡沫)液系统(图 9-44)

泡沫液远程输转系统由输转作业车和分配作业车组成。输转作业车主要由消防车专用底盘、泡沫液吸入泵单元、中转罐和泡沫液输转泵单元、液压动力单元、电气自动控制单元、展臂机构、遥控自封吸入装置等组成。分配作业车的主要功能：将输转到位的泡沫液经中转罐暂存，通过多管路分配给火灾现场的主战消防车，以确保分配输出的连续性；同时兼有输转软管自动敷设和机动撤收功能，并利用软管撤收机构，将软管内的泡沫液挤压到输转作业处，由输转作业车回收利用。

图 9-43　远程供水系统

图 9-44　远程供(泡沫)液系统

4

第四篇

消防救援与监护

第十章　灭火救援

灭火救援是在火灾发生后，以现场灭火和以抢救人员生命为主的救援活动。本章将重点介绍灭火救援的基本原则、程序和典型火灾扑救的措施要点，帮助消防员了解灭火的基本规律，懂得发生火灾时先干什么、再干什么，重点注意什么，不断提高灭火战斗效率，确保不发生次生灾害。

第一节　灭火救援基本原则

灭火救援坚持“救人第一，科学施救”“先控制，后消灭”“集中兵力，准确快速”“攻防并举，固移结合”的原则。

一、救人第一，科学施救

在灭火救援现场，积极抢救人命是消防人员优先考虑和竭力实现的首要任务。消防队到达灭火救援现场后，首先要弄清现场是否有人员被困或受烟火威胁，以及人员的数量和大致位置等情况，然后根据火情、灾情、建筑及环境情况迅速采取措施，果断部署，快速行动积极抢救人命。

1. 救人第一

坚持救人第一，必须根据灭火救援现场的实际情况，作出正确的判断与决策。应针对不同的现场条件，可分别采取先救人后灭火、救人与灭火同步开展、先灭火为救人创造有利条件等战术措施。

2. 科学施救

灭火救援过程中，消防人员随时都面临着爆炸、坍塌、泄漏等危险，对消防人员的生命安全构成极大威胁。灭火救援时必须注意观察、科学判断现场已经出现、正在出现和可能出现的各种危险，积极做好安全防护或保护，采取积极措施消除潜在危险，明确撤离信号和集结地点，确保消防人员的人身安全。

二、先控制，后消灭

“先控制，后消灭”的原则，是根据灭火救援现场的不同情况，指导火场指挥员正确布置灭火救援力量，正确运用各种战术，实现控制火势消灭火灾处置灾害的目的。

1. 先控制

“先控制”是指积极控制。消防队到达火灾现场后，先把主要力量部署在火场火势蔓延的主要方面，在主要方向上积极阻止火势蔓延或减缓火势蔓延速度，为全面进攻火势，消灭火灾创造有利条件。对不同的火灾要采用不同的控制方法。例如：直接控制火势，直接阻击火势，防止灾情扩大；间接控制火势，对燃烧的和邻近的液体或气体储罐进行冷却，对化工装置框架进行冷却降温，对建筑结构进行冷却保护，以及转移火场内危险物品，重点突破消除险情等都属于先控制原则范围。

2. 后消灭

“后消灭”是在控制火势的基础上，主动向燃烧区展开全面进攻，逐一或全面彻底消灭火灾。消灭火灾是灭火战斗的最终目的，彻底消灭火灾总是在控制的基础上最终完成的。控制是消灭的前提条件和保证，“后消灭”不能简单理解为消极地等待控制之后，再组织进攻消灭火灾。消灭往往是伴随着控制同步完成的。

先控制、后消灭的原则包含着控制与消灭、被动与主动的辩证关系。“先控制、后消灭”在实际的灭火战斗中两者是紧密结合、密不可分的。前者是扑灭火灾减少损失的有效手段，后者是前者的继续和发展，在控制的过程中有消灭，在消灭之前必须实施控制。

在实际应用中，当灭火力量优于火势发展时，灭火战斗行动是主动的，此时应在控制火势过程中积极、主动、及时地消灭火灾；当灭火力量处于劣势时，灭火战斗行动是被动的，此时应从控制火势入手，将主要力量部署在火场的主要方面，积极控制火势蔓延或减缓火势蔓延速度。在控制火势的同时，尽快调集增援力量，变被动为主动，以夺取灭火战斗的全面胜利。

三、集中兵力，准确快速

1. 集中兵力

“集中兵力”是指在灭火战斗中集中兵力于火场，集中兵力于火场的主要方面，使灭火力量与火势的对比形成优势，保证有足够的灭火力量来控制火势消灭火灾。

（1）集中兵力于火场。集中使用兵力，就是根据灭火预案或火场的实际需要，迅速地调足兵力，包括第一出动力量和增援力量，为火场控制火势消灭火灾创造条件。

（2）集中兵力于火场的主要方面。就是在火场兵力不足，灭火力量没有形成优势时，注意抓住火场的主要矛盾，确定火场的主要方面，把兵力集中使用在主要的进攻阵地或行动上，以在局部形成优势，进而为增援力量争取时间，最终达成控制全局，掌握灭火战斗后的主动权。

2. 准确快速

“准确快速”的实质就是体现一个“准”字、突出一个“快”字。以最快的速度、最短的时间实施战斗行动，采取最直接有效的措施，阻止火灾蔓延，控制火势发展，快速扑灭火灾。

（1）准确。一是强调正确，强调整个灭火作战过程中的正确性。如准确受理火警，准确调集力量，准确选择战机，准确选用灭火剂，准确采取技战术措施等等，其中任何一项的正确与否都事关灭火战斗的成败。二是强调科学，强调在灭火指挥中，要善于分析判断，科学决策指挥，战术运用正确，作战部署周密，力量计算精确，灭火效能明显。

（2）快速。分秒必争、以快制快是企业专职消防队伍的本质特征。在火场上，要不失时机地堵截火势，争分夺秒地抢救人命，果断迅速地排除险情。从组织指挥的角度来说，快速是实现指挥员战术意图的基本保证，因为在准确的前提下，快速有超乎寻常的效应和作用。

四、攻防并举，固移结合

“攻防并举，固移结合”是根据灭火战斗实践和现代消防设施的发展而总结得来的，是通过实战充分运用，有利于有效控制火势、快速消灭火灾的战术经验的凝练。

1. 攻防并举

“攻防并举”是进攻与防御同时进行，主动进攻与积极防御相结合。一是在火场部署进攻的同时，强调加强指战员的个人防护，有效防护是为了积极进攻，防护不力就意味着伤亡；二是在确定进攻阵地的同时，强调考虑阵地的安全性，阵地设置应便于进攻、便于观察、便于转移和撤退；三是强调整个灭火过程都要防止灾情突变，特别是防止出现爆炸、倒塌、中毒等风险，做到有备无患；四是在灭火进攻中，强调明确主攻阵地与防御阵地，主攻是消灭火势，防御是防止火势蔓延。如扑救地下建筑火灾需要从上风方向进攻、在下风方向防御，扑救地上建筑火灾需要在着火层进攻、在着火层的上下层进行防御，这些都是攻防并举的具体措施。

2. 固移结合

“固移结合”是指企业专职消防队伍日常要加强对固定消防设施的熟悉演练，在发生火灾到达现场组织扑救时，要将固定消防设施与移动灭火装备结合使用，充分发挥两者的作用，快速有效地控制火势、扑灭火灾，其方法主要有：

(1) 利用室内消防设施或室外消防水炮直接出水灭火，这是最主动、最省时、最有效控制火势消灭火灾的手段。

(2) 利用消防车通过水泵接合器或半固定泡沫产生器给室内外消防管网供水，增加水压、水量或供泡沫，借用固定管网出水或泡沫灭火。

(3) 利用消防车铺设水带直接出水灭火，补充灭火力量。

(4) 利用举高消防车救人灭火，减轻消防电梯、防烟楼梯救人灭火的压力，弥补消防电梯、防烟楼梯等固定设施进攻、疏散的不足。

(5) 利用固定排烟设施和移动排烟设备结合排烟，为救人、灭火创造有利条件。

(6) 利用固定防火分隔设施设置水枪阵地，阻止火势蔓延。

第二节　灭火救援基本程序

一、灭火出动

“灭火出动”是指消防队接警发出出动信号后至消防车辆人员迅速到达火场的过程。

1. 接警出动

(1) 遇有下列情况时，专职消防队伍必须立即出动：

① 接到火灾及其职责任务范围内的报警或者上级命令时。

② 上级检查执勤战备情况，发布出动命令时。

③ 其他需要立即出动的情况。

(2) 中队接到火警命令后，立即按响电铃，并连续广播三遍以上着装出动命令。

(3) 全体值勤人员，听到电铃和广播，各车驾驶员迅速登车发动车辆，各车消防员迅速着装开启车库大门并看护，车辆驶离车库后立即登车，完成出动任务。出动时间 1 分 10 秒(从电铃响至最后一台车驶离车库大门)。

2. 赶赴火场

赶赴火场，是灭火战斗的重要环节。必须在确保安全的情况下，迅速准确地到达火场，为扑救火灾争取时间，创造条件。

出动车辆应选择最佳的行驶路线，及时安全地到达现场。驾驶员要安全驾驶车辆，带车班长及战斗员要随时向火场方向观察情况，车辆接近现场时，中队指挥员和带车班长必须全面观察了解现场情况，发现有易燃气体、液体泄漏，应熄火停车，及时与上级指挥员或事故单位负责人取得联系，严禁盲目行动。

出动人员必须服从命令，听从指挥，不得擅离职守或临阵脱逃，应发扬勇敢战斗、机智顽强的战斗作风，确保圆满完成任务。

二、火情侦察

火场指挥员到达火场后，应当立即组织火情侦察，并将侦察工作贯穿于火灾扑救的全过程。火情侦察是一项艰巨、复杂、细致的任务，应根据到场的灭火力量、火势发展等情况有序地进行。

1. 侦察任务

（1）查明着火的主要部位、燃烧物质、燃烧范围和火势蔓延的主要方向。

（2）查明是否有人受到火势威胁，受威胁人员所处位置、数量以及抢救的通道和方法。

（3）查明有无受火势威胁的重要危险物质和爆炸、毒害物质。

（4）查明建筑物的特点及有无倒塌伤人的危险和触电的危险。

2. 侦察方法

正确的部署来源于正确的判断，正确的判断来源于准确的侦察和对于各种侦察材料连贯起来的思索。火情侦察的方法主要有外部观察、询问知情人、内部侦察和技术侦察。

（1）外部观察

"外部观察"是指火场指挥员通过直观火场外部情况的方式进行火情侦察的过程。外部观察包括途中观察和火场观察。通过外部观察，可以了解火灾对象、燃烧物质，火势猛烈程度和发展蔓延方向，为确定兵力投入、选择主攻阵地，以及确定保护范围提供依据。

途中观察：是指在向火场行驶途中，通过对燃烧区上空升腾的烟雾和火光情况的观察，可以初步判断出火场上的燃烧物质及火势发展的方向。

火场观察：是指指挥员到达火场后，通过视觉器官对火场上火势发展的程度、热辐射强度、火势蔓延对周围建筑、设施影响程度的侦察行动。火场观察可判断起火点的大概位置、燃烧物的性质、燃烧的范围、火势蔓延的主要方向、对毗邻建(构)筑物和对被控人员的威胁程度，以及飞火对周围可燃物的影响等基本情况。

（2）询问知情人

侦察人员可直接向火灾单位当日值班人员、负责人、保卫人员、工程技术人员以及目击者、周围群众询问火场详细情况。特别要注意对从火场内部逃生出来的人员进行询问。必要时，由1~2名熟悉火场情况的人员做向导，带领侦检人员进入火场内部进行侦察。

通过询问知情人，可以了解燃烧物质特性，建筑结构及人员被困情况，生产工艺流程或物料储存情况，掌握有可能出现的险情对灭火行动的特殊要求，从而对症下药，选择适用的灭火药剂，确定建筑物内进攻路线和救人方法等。

（3）内部侦察

"内部侦察"是指消防人员深入火场内部进行的侦察行动。内部侦察有两种形式：一是侦察人员进入内部实施查看；二是侦察人员进入消防控制室，通过各种监控设备了解内部火情。内部侦察要反复组织实施，主要是了解掌握火场深层次的情况，那些对外部观测不到、起火单位人员描述不清的问题，恰恰又是对火场全局、对战术技术措施决策起关键作用的环节。

① 深入火场内部。侦查人员深入火场内部侦察，可以确定燃烧部位、燃烧物质、燃烧范围、观察火势的蔓延方向；查明遇险人员、贵重物质和仪器设备受火势威胁的程度；确定进攻路线和人员疏散通道；提供建(构)筑物有无坍塌危险等信息。

② 进入消防控制室。设有消防控制室的建筑发生火灾时，侦检人员应通过消防控制室内各种可视监控系统，迅速了解以下内容：一是，着火区域、部位、燃烧范围及火势蔓延方向等情况。二是，着火区域、建筑内有无人员被困，被困人员所处的位置、数量及受烟火威胁的程度。三是，可供人员救助、实施灭火进攻等路线的可利用情况。四是，建筑内部各种自动消防设施火灾联动启动灭火情况，防、排烟系统运行情况，非消防电源切断情况，以及供水系统正常运行等情况。

(4) 技术侦察

在有可燃气体、放射性物质、有毒物质、浓烟、地下等特殊情况的火灾现场，侦察人员应使用可燃气体检测仪、核放射探测仪、消防用红外热像仪等专用检测仪器进行侦察，利用无人机、侦检机器人替代侦察人员进入进行侦察，以便及时查明火场情况，找到火点位置，采取有力措施，尽可能避免发生人员伤亡和财产损失。

总之，火情侦察是掌握火灾信息的重要途径，特别是在掌握表象信息的基础上，注重了解深层次、决定火势走向和趋向信息。在此基础上作出准确的判断，制定有效的战术技术措施，从而赢得灭火作战的主动权。

3. 侦察要求

(1) 严密侦察组织。内部侦察小组不应少于两人，设专人负责，明确任务，确定通信联络方法。严禁单人进入火场侦察。

(2) 参加侦察人员必须严格劳保着装，佩戴安全防护装备，携带检测设备。

(3) 必要时指挥员要组织专人对进入火场侦察人员实施掩护，随时与其保持通信联络。

(4) 现场侦察要贯穿灭火救援的全过程，指挥员应根据侦察情况随时调整力量部署及处置措施。

三、战斗展开

战斗展开一般分为三种形式，即准备展开、预先展开和全面展开。根据火场情况具体确定采取相应的战斗形式。

1. 战斗展开形式

(1) 准备展开。消防队到达火场后，在未了解掌握火场情况前，可进行准备展开。各战斗班，根据战斗分工，准备好灭火器材工具，做好战斗展开的准备。

(2) 预先展开。消防队到达火场后，在未了解掌握火场情况前，要求消防车接上水源，采取向火场铺设水带干线、接上分水器等预先展开措施，战斗员携带灭火器材工具接近火点，面向火场做好处置行动准备。

(3) 全面展开。当指挥员已了解火场全貌，或已弄清起火部位情况，应果断下达全面展开的命令，各战斗班组人员按照分工，实施全面展开，进入各自阵地，展开灭火战斗。

2. 铺设水带

(1) 铺设水带应选择最佳路线，尽量避免因水带过长而影响供水。

(2) 铺设水带应尽量不影响交通，如必须横过道路时，要设置水带护桥，横过铁路时，要从铁轨下面穿过，确保供水不间断。

(3) 高空铺设水带时，要选择坚固易铺设部位，必须利用水带挂钩固定水带，防止水带脱落影响供水。

(4) 铺设水带要留有 5~10m 长度作为机动水带，便于水枪手行动，充分发挥水枪的作用。

3. 设置枪炮阵地

正确选择枪炮阵地，直接关系到灭火战斗任务的完成及操作者的安全，关系到快攻、近战的效果，是指挥员、战斗员必须熟练掌握的战斗意识和战斗方法。

(1) 便于射水。掌握水炮、水枪射程，有效击中火点，充分发挥灭火剂的效能。

(2) 便于观察。使操作者能看到喷射目标和观察火势变化情况。

(3) 便于行动。使操作者能利用地形地物接近火点灭火，同时便于转移阵地、便于掩护及撤离等战斗行动。

四、灭火战斗

1. 正确选择灭火方法

一切灭火措施，都是为了破坏已产生的燃烧条件，根据物质燃烧原理和同火灾作斗争的实践经验，以及灭火原理，灭火的基本方法有隔离灭火法、窒息灭火法、冷却灭火法和抑制灭火法四种。

隔离灭火法：就是将火源处或其周围的可燃物质隔离或移开，燃烧会因缺少可燃物而停止。如将火源附近的可燃、易燃、易爆和助燃物品搬走；关闭可燃气体、液体管路的阀门，以减少和阻止可燃物质进入燃烧区；设法阻拦流散的液体；拆除与火源毗连的易燃建筑物等。

窒息灭火法：就是阻止空气流入燃烧区或用不燃物质驱散空气，使燃烧物质得不到足够的氧气而熄灭。如用不燃或难燃物捂盖燃烧物；将水蒸气或惰性气体灌注容器设备；封闭起火的建筑、设备的孔洞等。

冷却灭火法：就是将灭火剂直接喷射到燃烧物上，以增加散热量，降低燃烧物的温度于燃点以下，使燃烧停止；或者将灭火剂喷洒在火源附近的物体上，使其不受火焰辐射热的威胁，避免形成新的火。

抑制灭火法(化学灭火法)：就是使灭火剂参与到燃烧反应过程中去，使燃烧过程中产生的游离基消失，而形成稳定分子或低活性的游离基，使燃烧反应因缺少游离基而停止。

2. 正确运用灭火战术方法

“堵截、夹攻、合击、突破、围歼”的战术方法，是进行灭火战斗的基本原则和方法，是实现快攻、近战、控制火势、消灭火灾的重要方法和手段。

堵截：堵截就是对火势进行围堵，控制火势发展，防止蔓延，在堵截的基础上，进而包围火点，积极进攻，消灭火灾。堵截的方式可分为水平方向堵截，上下堵截，根据火灾的不同趋势，采取不同部位、不同时机和投入不同力量的堵截，从而达到消灭火灾的目的。

夹攻：夹攻就是对火势从不同的部位向某一火点同时攻击的战法。对于石油化工火灾，就要采取炮盖枪封的方法夹攻，部署射程远、威力大的灭火炮，从不同方向夹攻覆盖火势；另外，部署一定的水枪或泡沫枪，攻击角落火灾，封堵流窜火灾，达到炮盖枪封的目的。

合击：合击是指上下、左右部署灭火力量，形成上下封堵、左右夹攻的趋势。合击对扑救高层装置火灾和楼层火灾，可起到防止火势蔓延，逐片逐层合击消灭火势的作用。

突破：突破，就是在火场的主要方面选准突破点，实施强行进攻的一种战法。其形式有突破救人、突破疏散贵重物资、突破排除爆炸、突破关阀断料、突破阻止可燃气体和毒气扩散。实施重点突破时，指挥员要根据火场情况正确判断、果断决策；选准突破点，抓住突破时机，挑选精干人员，任务清楚，器材精良；要组织严密、协同作战，并组织掩护、接应或轮换力量，保证突破任务的完成。

围歼：所谓围歼，就是包围火点，协同歼灭火点的战法。围歼是堵截的继续和发展，在堵截的基础上实施围歼，在灭火力量充足，火源范围不大时，可包围而一举歼灭；对于燃烧范围大的火场，可采取分割包围、逐片消灭。

3. 火场救人

在灭火战斗中，积极抢救人命是首要任务。当有人受到火势威胁时，应将主要力量投入救人方面。火场救人的原则是：火场救人任务重时，集中兵力投入救人；救人任务不很重时，救人和灭火兼顾；随着救人任务的完成，将所有兵力转移到灭火中去。

火场救人主要考虑以下几个方面：

① 发生爆炸、塌落、毒气跑漏时，人员受到烟火和毒气威胁的；

② 事故现场内的人员失去知觉，不能自行脱险的；

③ 人员虽然未受到烟火的直接威胁，但处于惊慌失措的混乱状态，有造成人员伤亡危险的。

4. 火场寻人的方法

在火场寻人，主要是靠喊、听、摸、看等方法，要深入细致地进行搜寻和判断，做到迅速、准确、沉着冷静、注意安全。寻人时，要特别注意下列容易掩蔽的地点：

(1) 通向出入口的通道、走廊及门窗口附近；

(2) 操作岗位某些设备等掩蔽身体的附近；

(3) 休息室内床上、床下；

(4) 室内的墙角、门旁和柜橱以及桌子的下面等所有角落。

5. 火场救人的方法和途径

火场上救人的方法和途径，要根据火势和烟雾对人员威胁的程度和被救者所入的状态等具体情况来决定。

火场救人的方法：

(1) 对神志清醒的人员可指定通道或由战斗员引导，让他们自行离开危险区。

(2) 对在烟雾中迷失方向的人员要引导他们撤出，必要时派战斗员护送。对处于惊慌失措或固执不走的人员，还要进行安抚情绪或说服动员，必要时要采取强制措施。

(3) 对于中毒人员的抢救，要根据科学的施救方法和要求，在做好自身防毒的前提下，实施抢救。

(4) 对于被火烧、烟熏而失去知觉的人员或不能行走的老人及病残人员，要采取背、抬、抱等办法救出火场。

(5) 在通道被火势隔断或烧毁时，可以利用安全绳救人。

火场救人的途径：

(1) 门、窗、走廊等出入口或通道是救人的主要途径。

（2）利用消防梯、登高车以及施放绳缆、软梯等救人。

（3）必要时，可破拆墙或建筑构件，开辟救人通路。

（4）在特殊情况下，可以让被救人员跳到救助人员在地面拽开的篷布(或被褥)上，也可以让他们抱住垂直铺设的水带滑下。

对救人工作的要求：

（1）救助人员必须具有高度的思想政治觉悟，英勇顽强，不怕牺牲的精神和熟练的救人本领。

（2）救助人员行动时，应随身携带必要的器材工具(如安全绳、手电筒)，必要时可以请知情人引导。

（3）在危险情况下，对被救人员应加强防护措施，防止失误。抢救人员通过烟火区域时，要用喷雾水流做好掩护。

五、火场供水

火场供水是指消防人员利用消防车、消防泵和其他供水器材将水输送到火场，供灭火战斗人员出水灭火的战斗行动过程。

1. 供水原则

火场供水决定了火场灭火的进程和主动性，是一项技术性较强的任务，为保证灭火战斗的需要，火场供水应遵循以下原则：

（1）就近占据水源

供水消防车到达火场后，应迅速占据距离火场较近的消火栓或其他消防水源，以便实现迅速出水灭火或为灭火车辆供水的目的，切记舍近求远。

（2）确保重点，兼顾一般

火场供水必须确定火场的主要方面和主要部位，集中力量组织供水。保证火场主攻方向的水量和水压，以有效控制火灾，阻止火势蔓延扩大。在此基础上，兼顾火场次要方向的消防用水保障。

（3）力求迅速不间断

当第一批消防力量到场时，如对火场火势保持绝对优势，应以最快速度组织供水展开扑救，在战术上达成速战速决。

当第一批消防力量到达火场现场火势已蔓延扩大时，应重点保障火场主要方面或重点部位的消防用水，立即调集增援力量，同时通知厂区或市政供水管网加大供水流量和压力。附近有天然水源，周边队伍有远程供水系统的可即时调动形成远程供水线路为前方火场供水。

2. 供水方法

火场上所要采取的供水方法是根据控制火势、保护物资设备和扑灭火灾的需要，结合火灾现场的水源和消防器材装备等情况来决定的。

（1）直接供水

当水源与火场之间的距离在消防车供水能力范围内时，消防车可直接占据水源，形成供水干线，直接出水扑救火灾。

（2）接力供水

接力供水是指水源距离火场超出了消防车供水能力范围，采取多台消防车辆分别间隔一段距离，相互衔接形成供水干线的方法。

当火场供水仅需满足正常压力要求时，可采取多台消防车保持一定间隔，一字排开、首尾相援形成供水干线即可，供水干线尽量使用大口径水带。

当火场高度超过消防车、泵的供水能力时，如高层建筑、高塔等部位火灾，可利用若干消防车或消防车与消防手抬泵耦合供水，提高前车泵压，将水供到高处火场。

（3）远程供水

当水源距离火场较远时，如队伍配有远程供水系统时，可及时调动供水系统到场展开供水；如无远程供水系统，可及时调动增援消防车辆或联系市政洒水车等，采取运水供水的方式为火场供水。

（4）其他供水方法

当取水点因地势过远或过高，超过消防车携带吸水管长度（8m 以上）或吸深（7m 以上），消防车无法靠近吸水取水时，可使用排吸器与消防车、泵联合引水，完成火场供水。

当消防车、泵无法接近水源，也没有排吸器时，可组织群众利用水桶、水盆等端水方法为消防车注水，供消防车出水灭火。

3. 火场供水注意事项

（1）选择适当的停车位置

停车位置的要求：①不堵塞交通，不影响其他车辆的停靠和通行；②便于转移阵地；③搞清水源的供水能力和消防车的最大供水距离；④要停放在起火部位的上风或侧风方向。

（2）合理使用消火栓

使用消火栓取水方法是：①在消火栓的出口上连接水带向水罐车供水；②在消火栓的出口上连接水带，再用集水器连接在水泵进水口，用水泵吸水；③直接连接吸水管在消火栓出口上，用水泵吸水。

当开启消火栓发现无水时，应仔细检查消火栓旁边的地下阀门是否开启，水泵进水阀是否打开，开启消火栓时是否将阀门完全打开。

六、战斗结束

战斗结束是灭火战斗行动的最后一个环节。在扑灭火灾后，要做好以下几项工作：

1. 全面检查火场，彻底消灭残火

要仔细检查火源点及外围有无残火或火星，被压埋的可燃物有无阴燃，要将残火彻底扑灭，温度过高的构件或设备要进行必要的冷却以防复燃。需要时，留下部分战斗力量监视火场情况。

2. 集合队伍，清点器材

发现人员缺少时，必须立即报告，组织力量进行查找；战斗员要按照分工，迅速清点器材装备，在消防车原址放好，发现缺少时应立即查找，并将情况逐级上报。

要将火场用过的水源恢复正常状态，如地下消火栓，应关好阀门，冬季要排干井内余水，盖上井盖等，必要时要协助排除火场上的积水或灭火剂，拆除有倒塌伤人危险的建筑结构。各战斗班在本车前列队集合，班长向本队指挥员报告，经允许后，方可带领全班归队。

3. 安全返回

归队前要将器材箱门、车门关牢，车上的消防梯或其他装备要固定牢固。车速不要快，注意行车安全。

4. 恢复战备状态

为了适应再次出动的需要，归队后要整理器材，驾驶员要擦拭、检查保养消防车，发现损坏立即报告并设法尽快修好；消防战斗车要迅速充装灭火剂，并清洁车的卫生；战斗员除协助擦洗车辆外，要擦洗各自分管的器材工具，冲洗与更换水带，洗刷或整理好战斗服和个人装备，做好出动准备；班长要认真督促、检查，使全班尽快恢复战备状态。

5. 搞好战评

本着打一仗、进一步的原则，每次火灾扑救后，都应进行战评，除中队战评外，班长要组织本班的战评。具体应做到：战斗员、驾驶员要进行自我总结，讲述火场战斗任务完成情况、思想反映、行动表现等。班长要全面总结本班任务完成情况，互相配合情况，战斗员的纪律作风，找出优点和不足方面形成书面材料，上报中队火场指挥员。

七、战斗编成

灭火救援力量的编成，在人员方面一般以中队为基本作战单位，以 2～5 人的作业组(设 1 名组长)为基本作战单元，必要时，还须安排掩护、预备力量；在消防车辆和其他救援器材装备方面，根据不同事故类型的救援需要来决定。

1. 危险化学品事故力量调集

处置危险化学品事故，应当调派大功率泡沫消防车、举高喷射消防车、气防车、洗消车、充气车等特种车辆和防护、侦检、警戒、堵漏、输转和洗消等特种器材、设备和药剂，并视情况报告政府启动应急预案，调动公安、卫生、应急、环保和气象等相关部门及单位救援力量参与处置。

2. 交通事故力量调集

处置交通事故，应当调派抢险救援车、泡沫车等特种车辆和侦检、警戒、破拆、救生、牵引和起吊等特种器材，并视情况报告政府启动应急预案，调动公安、交通、卫生、应急、环保等相关部门及单位救援力量参与处置。

3. 建筑物倒塌事故力量调集

处置建筑倒塌事故，应当调派抢险救援车、举高车等车辆和生命探测、漏电检测、燃气检测、救生、破拆、牵引、起吊和支撑等特种器材、设备，并视情况报告政府启动应急预案，调动建设、公安、卫生、通信、供气、供电、供水、交通、应急、环保等相关部门及单位救援力量参与处置。

4. 群众遇险求助力量调集

群众遇险求助的救援力量编成，原则上以辖区中队力量为主。必要时，可视险情特点、需求按程序规定调派相应增援力量参与。

第三节　灭火力量计算

灭火力量计算是火灾现场救援必须掌握的基础知识，在救援过程中，消防指挥员需要现场估算判断火灾事故的危害程度，以确定要使用的灭火作战车辆及装备、器材的类型以及需要的灭火剂种类和用量，达到快速科学地进行战斗决策部署，高效地开展灭火救援行动。本章将重点介绍火场供水水力计算、消防车供水计算、火场灭火力量计算以及管网供水能力估算方法，并通过列举例题来详细说明，以帮助消防员理解掌握相关知识。

一、水带压力损失计算

火场供水是通过水带系统实现的，包括水带串联系统、水带并联系统以及水带串联、并联混合系统。在灭火救援中，根据现场实际情况和需要灵活选用。

水带系统的压力损失与水带的长度、直径、内壁的粗糙度、水带内的流量以及铺设方式等有关。

1. 单条水带的压力损失

其计算公式为

$$h_d=SQ^2$$

式中 h_d——水带的压力损失(水带长度为20m)，10^4Pa(mH_2O)；

S——水带的摩阻(阻抗)系数，见表10-1；

Q——水带内的流量，L/s。

表10-1　水带的摩阻(阻抗)系数

水带直径/mm	50	65	80	90
胶里水带摩阻(阻抗)系数	0.15	0.035	0.015	0.008

【例10-1】

试计算当供水流量为10L/s时，80mm胶里水带的压力损失。

解：$h_d=SQ^2=0.015\times10^2=1.5\times10^4\text{Pa}=1.5\text{mH}_2\text{O}$

2. 水带串联系统的压力损失

为各条水带压力损失之和。即

$$H_d=nh_d$$

式中 H_d——水带串联系统的压力损失，10^4Pa；

n——水带条数。

【例10-2】

有1条水带干线，由4条80mm胶里水带串联组成，当供水流量为10L/s时，试计算其压力损失。

解：当流量为10L/s时，单条80mm胶里水带的压力损失为

$$h_d=SQ^2=0.015\times10^2=1.5\times10^4\text{Pa}=1.5\text{mH}_2\text{O}$$

4条水带串联组成的水带干线压力损失为

$$H_d=nh_d=4\times1.5\times10^4\text{Pa}=6\times10^4\text{Pa}=6\text{mH}_2\text{O}$$

答：该水带干线的压力损失为6×10^4Pa($6\text{mH}_2\text{O}$)

3. 水带并联系统压力损失

任一条干线的压力损失，即为该并联系统的压力损失，水带干线的压力损失可用流量平分法进行计算。

$$H_d=S_{总}(Q/n)^2$$

式中 H_d——水带并联系统的压力损失，10^4Pa；

$S_{总}$——任一条水带干线内各条水带摩阻(阻抗)系数之和；

Q——并联系统的总流量，L/s；

n——并联系统内水带干线条数。

【例 10-3】 消防车利用双干线并联给带架水枪供水，每条干线为 5 条 65mm 胶里水带的串联系统，带架水枪的流量为 20L/s，试计算水带系统的压力损失。

解：$H_d = S_{总}(Q/n)^2 = (0.035 \times 5) \times (20/2)^2 = 17.5(10^4 Pa) = 17.5(mH_2O)$

答：该并联系统的压力损失为 17.5mH_2O。

二、消防车供水计算

1. 消防车水泵供水压力计算

消防车水泵供水压力即水泵出口压力，为消防水枪（炮）工作压力（喷嘴处压力）、水带系统压力损失、水枪（炮）与水泵中轴线的高度差之和。即

$$H_b = h_{工} + h_d + H_{1-2}$$

式中 H_b——水泵供水压力，mH_2O；

$h_{工}$——消防水枪（炮）工作压力（喷嘴处压力），mH_2O；

h_d——水带系统压力损失，mH_2O，参照上一节内容进行计算；

H_{1-2}——水枪（炮）与水泵中轴线的高度差，m。

【例 10-4】 某消防车使用单干线利用分水器供水，出两支 19mm 水枪，干线长度为 5 条 80mm 胶里水带，每支工作水带为 2 条 65mm 胶里水带，2 支水枪的总流量为 15L/s，水枪阵地比水泵中轴线高 2m，试求消防车供水压力。

解：2 支水枪总流量为 15L/s，则每支水枪的流量为 7.5L/s，查表得，水枪工作压力（喷嘴处压力）为 35.5mH_2O。

该供水水带系统为串联系统与并联系统串联的混合供水系统，其水带系统的压力损失为

$$h_d = S_{混}Q^2 = 0.0925 \times 15^2 = 20.81(10^4 Pa) = 20.81(mH_2O)$$

$$H_b = h_{工} + h_d + H_{1-2} = 35.5 + 20.81 + 2 = 58.31(mH_2O)$$

答：水泵的供水压力为 58.31mH_2O。

2. 消防车最大供水距离计算

消防车最大供水距离与消防车水泵扬程、水带压力损失、消防水枪（炮）工作压力（喷嘴处压力）有关。其计算公式为

$$S_b = (rH_b - h_{工} - H_{1-2}) / h_d$$

式中 S_b——消防车水泵最大供水距离，水带条数；

r——消防车扬程使用系数，一般取值为 0.6~0.8，新车或特种车可取值为 1；

H_b——水泵扬程，mH_2O；

$h_{工}$——消防水枪（炮）工作压力（喷嘴处压力），mH_2O；

H_{1-2}——水枪（炮）与水泵中轴线的高度差，m；

H_d——每条水带的压力损失，mH_2O。

【例 10-5】 某型消防车水泵扬程为 120m，出一支 19mm 水枪灭火，水枪有效射程 15m，采用 65mm 胶里水带串联供水，水枪与水泵中轴线高差为 0，试计算其最大供水距离（扬程使用系数取 0.8）。

解：当 19mm 水枪有效射程为 15m 时，查表得工作压力为 27.0m，流量为 6.5L/s，此时每条 65mm 胶里水带的压力损失为

$$h_d = SQ^2 = 0.035 \times 6.5^2 = 1.48(mH_2O)$$

$$S_b=(rH_b-h_{工}-H_{1-2})/h_d=(0.8\times120-27.0-0)/1.48=46.62\approx46(条)$$

答：水泵最大供水距离为46条水带。

3. 消防车串联供水最大供水距离计算

当火场距离水源较远时，超过消防车直接供水距离时，需采用串联（接力）供水方法，将水送往火场，其最大供水距离为

$$S_b=(rH_b-10-H_{1-2})/h_d$$

式中 S_b——消防车水泵最大供水距离，水带条数；

r——消防车扬程使用系数，一般取值为0.6~0.8，新车或特种车可取值为1；

H_b——水泵扬程，mH_2O；

10——串联供水剩余压力，mH_2O；

H_{1-2}——水枪（炮）与水泵中轴线的高度差，m；

H_d——每条水带的压力损失，mH_2O。

【例10-6】 某型消防车水泵扬程为120m，采用80mm胶里水带单干线串联供水，供两支19mm水枪灭火，水枪有效射程15m，水枪与水泵中轴线高差为0，试计算其最大串联供水距离（扬程使用系数取0.8）。

解：当19mm水枪有效射程为15m时，流量为6.5L/s，两支水枪总流量为13L/s，此时每条80mm胶里水带的压力损失为

$$h_d=SQ^2=0.015\times13^2=2.535(mH_2O)$$

$$S_b=(rH_b-10-H_{1-2})/h_d=(0.8\times120-10-0)/2.535=33.92\approx33(条)$$

答：水泵最大串联供水距离为33条水带。

三、火场灭火力量计算

1. 易燃可燃液体储罐火灾

易燃可燃液体储罐火灾灭火力量包括泡沫灭火力量和油罐冷却力量，与油罐类型、大小、油品种类、邻近罐数量及灭火装备灭火剂投送能力有关。

（1）泡沫灭火力量计算

泡沫灭火力量由两部分组成：一是扑救着火油罐所需灭火力量，二是扑救地面流淌火所需灭火力量。

$$N_{灭}=N_{灭1}+N_{灭2}$$

式中 $N_{灭}$——泡沫灭火需用的力量；

$N_{灭1}$——扑救着火油罐所需灭火力量；

$N_{灭2}$——扑救地面流淌火所需灭火力量。

① 扑救着火油罐所需灭火力量

$$N_{灭1}=Q_{1混}/q$$

式中 $N_{灭1}$——扑救着火油罐所需灭火力量；

$Q_{1混}$——灭储罐火需用的混合液量，L/s；

q——消防车混合液供给量，L/s。

灭储罐火需用的泡沫混合液量：

$$Q_{1混}=Aq_{混}$$

式中 $Q_{1混}$——扑救着火油罐需用的泡沫混合液量，L/s；

A——储罐燃烧面积，m^2；

$q_{混}$——泡沫混合液供给强度，L/(s·m^2)，见表10-2、表10-3。

② 扑救地面流淌火所需灭火力量

$$N_{灭2}=Q_{2混}/q$$

式中 $N_{灭2}$——扑救地面流淌火所需灭火力量；

$Q_{2混}$——扑救地面流淌火需用的混合液量，L/s；

q——消防车混合液供给量，L/s。

扑救地面流淌火需用的泡沫混合液量为

$$Q_{2混}=Aq_{混}$$

式中 $Q_{2混}$——扑救地面流淌火需用的泡沫混合液量，L/s；

A——地面流淌火燃烧面积，m^2；

$q_{混}$——泡沫混合液供给强度，L/(s·m^2)，见表10-2、表10-3。

表10-2 非水溶性液体储罐火灾泡沫(混合液)供给强度和连续供给时间(移动式)

泡沫液种类	泡沫供给强度/[L/(s·m^2)]	混合液供给强度/[L/(min·m^2)]	连续供给时间/min	
			甲、乙类	丙类
氟蛋白	0.8	8.0	60	45
水成膜	0.65	6.5	60	45

表10-3 抗溶泡沫混合液供给强度和连续供给时间

泡沫种类	液体类别	供给强度/[L/(min·m^2)]	连续供给时间/min
抗溶水成膜、抗溶氟蛋白	乙二醇、乙醇胺、丙三醇、二甘醇、乙酸丁酯、甲基异丁酮、苯胺、丙烯酸丁酯、乙二胺	8	30
	甲醇、乙醇、乙二醇甲醚、乙腈、正丙醇、二恶烷、甲酸、乙酸、丙酸、丙烯酸、乙二醇乙醚、丁酮、乙酸乙酯、丙烯腈、丙烯酸甲酯、丙烯酸乙酯、乙酸丙酯、丁烯醛、正丁醇、异丁醇、烯丙醇、乙二醇二甲醚、正丁醛、异丁醛、正戊醇、异丁烯酸甲酯、异丁烯酸乙酯	10	30
	异丙醇、丙酮、乙酸甲酯、丙烯醛、甲酸乙酯	12	30
	甲基叔丁基醚	12	45
	四氢呋喃、异丙醚、丙醛	16	30
	含氧添加剂含量体积比大于10%的汽油	6	10
低黏度抗溶氟蛋白	甲基叔丁基醚、丙醛、乙二醇甲醚、丁酮、丙烯酸甲酯、乙酸乙酯、甲基异丁酮	12	30

(2) 油罐冷却力量计算

油罐冷却力量由两部分组成：一部分为冷却着火油罐所需冷却力量，一部分为冷却邻近油罐所需冷却力量。

$$N_{冷}=N_{冷1}+N_{冷2}$$

式中 $N_{冷}$——油罐冷却力量；

$N_{冷1}$——冷却着火油罐所需力量；

$N_{冷2}$——冷却邻近罐所需力量。

① 冷却着火油罐所需力量

$$N_{冷1}=Q_{1冷}/q$$

式中 $N_{冷1}$——冷却着火油罐所需力量；

$Q_{1冷}$——冷却着火油罐供水量，L/s；

q——消防车供水量，L/s。

地上立式储罐：

$$Q_{1冷}=\pi D q_{冷}$$

式中 $Q_{1冷}$——冷却着火油罐供水量，L/s；

π——圆周率；

D——油罐直径，m；

$q_{冷}$——冷却水喷水强度，L/s · m²。

卧式储罐、无覆土地下及半地下立式储罐：

$$Q_{1冷}=Aq_{冷}$$

式中 $Q_{1冷}$——冷却着火油罐供水量，L/s；

A——罐壁表面积，m²；

$q_{冷}$——冷却水喷水强度，L/s · m²。

② 冷却邻近罐所需力量

$$N_{冷2}=nQ_{2冷}/q$$

式中 $N_{冷2}$——冷却邻近罐所需力量；

n——邻近罐数量；

$Q_{2冷}$——冷却一个邻近罐供水量，L/s；

q——消防车供水量，L/s。

地上立式储罐：

$$Q_{2冷}=\pi D q_{冷}$$

式中 $Q_{2冷}$——冷却邻近油罐供水量，L/s；

π——圆周率；

D——油罐直径，m；

$q_{冷}$——冷却水喷水强度，L/s · m²，见表 10-4。

表 10-4 地上立式储罐冷却水系统的保护范围和喷水强度

储罐型式		保护范围	喷水强度/[L/(s · m²)]
着火罐	固定顶罐	罐周全长	0.8
	浮顶罐、内浮顶罐	罐周全长	0.6
邻近罐		罐周半长	0.7

卧式储罐、无覆土地下及半地下立式储罐：

$$Q_{2冷}=Aq_{冷}$$

式中 $Q_{2冷}$——冷却邻近油罐供水量，L/s；

A——罐壁表面积，m²；

$q_{冷}$——冷却水喷水强度，L/s · m²，见表 10-5。

表 10-5 卧式储罐、无覆土地下及半地下立式储罐冷却水的保护范围及喷水强度

储罐	保护范围	喷水强度/[L/(s·m²)]
着火罐	罐壁表面积	0.10
邻近罐	罐壁表面积的一半	0.10

【例 10-7】 某油罐区长 240m、宽 240m，有 A、B、C、D 四个浮顶罐，存储介质为原油，罐容 $10\times10^4m^3$，直径均为 80m，罐间距为 40m，罐壁距防护堤 20m，布置如图 10-1 所示。油罐设有固定泡沫灭火系统，泡沫堰板宽度 1m。一日 C 罐因雷击造成密封圈着火，固定灭火系统未投用，采用移动消防力量灭火。消防队装备泡沫消防车泡沫混合液供给能力为 100L/s，供水能力为 100L/s，移动水炮供水能力为 50L/s、车载泡沫灭火剂为水成膜泡沫灭火剂，试计算其灭火力量。

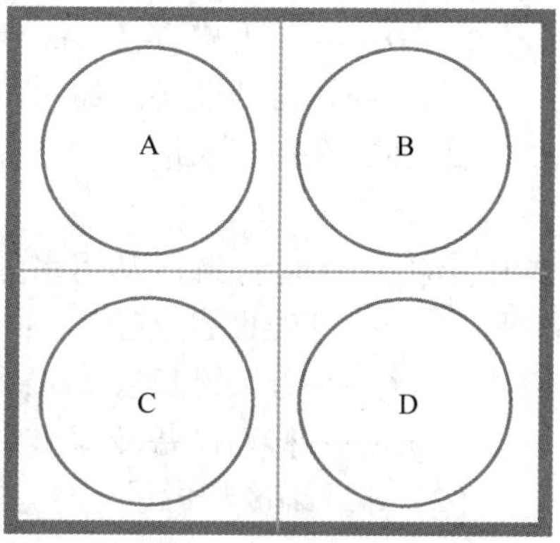

图 10-1 某油罐区布置图

解： 根据题意，查得泡沫混合液供给强度为 6.5L/(min·m²)，着火罐冷却水喷水强度为 0.6L/(s·m)，邻近罐冷却水喷水强度为 0.7L/(s·m)。

(1) 着火油罐泡沫灭火力量为

$$N_{灭1}=Q_{1混}/q=Aq_{混}/q=[(3.14\times80^2/4-3.14\times79^2/4)\times6.5/60]/100=0.13\approx1(辆)$$

(2) 地面流淌火泡沫灭火力量

密封圈着火，未形成地面流淌火，所需灭火力量为 0；

(3) 冷却着火油罐所需力量

$$N_{冷1}=Q_{1冷}/q=\pi Dq_{冷}/q=(3.14\times80\times0.6)/100=1.51\approx2(辆)$$

(4) 冷却邻近油罐所需力量

$$N_{冷2}=nQ_{2冷}/q=3\times[(3.14\times80/2)*0.7]/100=2.64\approx3(辆)$$

(5) 总灭火力量为

$$1+0+2+3=6(辆)$$

实际灭火时，泡沫灭火力量为 1 辆消防车出 2 支泡沫枪登罐灭密封圈火；着火罐冷却最少需要两门车载炮和 2 门自摆炮全包冷却，需 4 辆消防车，邻近罐 A、D 各需 1 门车载炮和 1 门自摆炮半包冷却，邻近罐 B 需 2 门自摆炮半包冷却，共需 11 辆消防车。

答： 需灭火力量 11 辆消防车。

2. 液化烃储罐火灾灭火计算

液化烃储罐发生火灾，灭火力量主要用于冷却保护着火储罐和邻近储罐，避免发生爆炸，造成事故损失扩大，其由两部分组成，即着火储罐冷却力量和邻近罐冷却力量。着火罐的保护面积按其全表面积计算，邻近罐(球罐为距着火罐罐壁 1.5 倍直径范围内的其他储罐，卧罐为距着火罐罐壁直径+长度范围内的其他储罐)按其表面积的一半计算。冷却水供给强度不应小于 0.2L/(s·m²)。

(1) 着火罐冷却力量

$$N_{着}=Q_{着}/q$$

式中 $N_{着}$——着火罐冷却力量，辆；

$Q_{着}$——着火罐冷却用水量，L/s；

q——消防车供水量，L/s。

① 球罐冷却用水量

$$Q_{着}=\pi D^2 q_{冷}$$

式中 $Q_{着}$——着火罐冷却用水量，L/s；

D——着火罐直径，m；

$q_{冷}$——移动设备冷却水供给强度，取 0.2L/(s·m²)。

② 卧罐冷却用水量

$$Q_{着}=(\pi DL+\pi D^2)q_{冷}$$

式中 $Q_{着}$——着火罐冷却用水量，L/s；

D——着火罐直径，m；

L——着火罐长度，m；

$q_{冷}$——移动设备冷却水供给强度，取 0.2L/(s·m²)。

（2）邻近罐冷却力量

$$N_{邻}=Q_{邻}/q$$

式中 $N_{邻}$——邻近罐冷却力量，辆；

$Q_{邻}$——邻近罐冷却用水量，L/s；

q——消防车供水量，L/s。

① 球罐冷却力量

$$Q_{邻}=n(\pi D^2/2)q_{冷}$$

式中 $Q_{邻}$——邻近罐冷却用水量，L/s；

n——邻近罐数量；

D——邻近罐直径，m；

$q_{冷}$——移动设备冷却水供给强度，取 0.2L/(s·m²)。

② 卧罐冷却力量

$$Q_{邻}=[(\pi DL+\pi D^2)/2]q_{冷}$$

式中 $Q_{邻}$——邻近罐冷却用水量，L/s；

D——邻近罐直径，m；

L——邻近罐长度，m；

$q_{冷}$——移动设备冷却水供给强度，取 0.2L/(s·m²)。

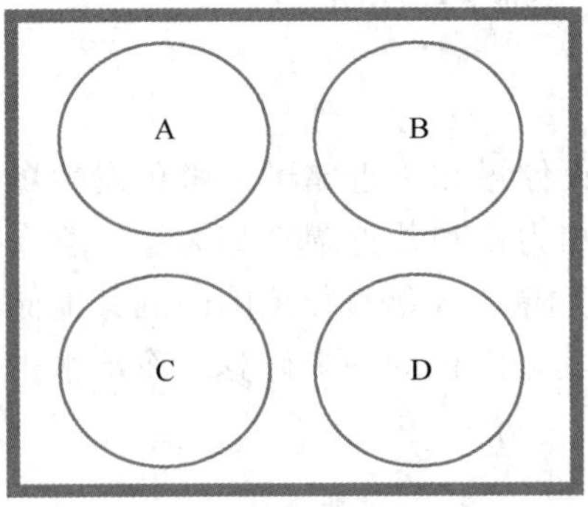

图 10-2 某液化烃罐区布置图

【例 10-8】 某液化烃罐区有 A、B、C、D 四个球罐，直径均为 10m，A 与 B，A 与 C，D 与 B，D 与 C 间距均为 5m，布置如图 10-2 所示。一日 A 罐着火，其固定冷却系统遭到破坏，消防车供水能力为 100L/s，试计算其灭火力量。

解：经计算，A、D 罐直径约为 11m，B、C、D 罐均需冷却。

（1）着火罐冷却力量

$$N_{着}=Q_{着}/q=\pi D^2 q_{冷}/q=3.14\times 10^2\times 0.2/100=0.628\approx 1$$

（2）邻近罐冷却力量

$$N_{邻}=Q_{邻}/q=n(\pi D^2/2)q_{冷}/q=3\times(3.14\times 10^2/2)\times 0.2/100=0.942\approx 1$$

实际灭火时，应对着火罐全包围冷却，需 2 门车载炮和 1 门自摆炮，需要 3 辆消防车，三个邻近罐需半包冷却，B、C 罐各需 1 门车载炮和 1 门自摆炮，D 罐需两门自摆炮，各需 2 辆消防车，共计需 9 辆消防车。

答：灭火力量需 9 辆消防车。

四、消防管网供水能力估算

消防车在消防管道上取水或吸水时，当其数量超过管道的供水能力时，就会导致火场供水中断。因为一定直径的管道，在一定压力下只有一定的流量。为提高火场供水的有效性，应正确估算消防管道的供水能力。

室外消防给水管网有环状和枝状两种类型。枝状给水管网，管道呈树枝状排列，水流单向流动；环状给水管网，管道呈闭合环状排列，任一点取水可双向供水。城市消防管道（居住区或工厂）的室外管道压力一般在（10～40）×10^4 Pa，且干管之间的距离一般不超过 500m。

1. 枝状管道

（1）枝状管道内流量估算

枝状管道内的流量，可按下式估算：

$$Q=0.5D^2v$$

式中 Q——枝状管道内的流量，L/s；

D——枝状管道的直径，英寸（若以 mm 计，则除以 25，折算成 in，如 ϕ100mm 管道，折算成 4in）；

v——消防给水管道内水的当量流速，m/s，当管道压力在（10～30）×10^4 Pa 时，枝状管道 v 取 1m/s。

（2）枝状管道供水能力估算

每辆消防车的供水量与消防车的额定流量以及火场所需的水枪数量有关，一般供水量为 10～20L/s。

枝状管道的供水能力，可按下式估算：

$$N=Q/Q_{车}$$

式中 N——枝状管道的供水能力，即能停靠消防车的数量，辆；

Q——枝状管道内的水流量，L/s；

$Q_{车}$——每辆消防车的供水量，L/s。

（3）枝状管道供水能力估算（表 10-6）

表 10-6　枝状管道的供水能力估算

管道压力/10^4 Pa 车辆数/辆 管道直径/mm	100	150	200	250	300
10	1	1	1	2	3～4
20	1	1	1～2	2～3	4～5
30	1	1	2	3～4	5～6
40	1	1～2	2～3	4～5	6
60	1	1～2	3	4～5	6

【例 10-9】 有一条 ϕ150mm 的枝状消防管道，管道内的水压力不低于 20×10^4Pa，试估算该管道的流量。

解：ϕ150mm 的管道，以英寸计，则该管道直径为：

$$D=150/25=6(\text{英寸})$$

枝状管道 $v=1$m/s，该管道的流量为：

$$Q=0.5D^2v=0.5\times6^2\times1=18(\text{L/s})$$

答：该管道的流量为 18L/s。

2. 环状管道

（1）环状管道内流量估算

在管径和压力相同的条件下，环状管道的流量是枝状管道内流量的 1.5～2 倍。环状管道内的流量，可按下式估算：

$$Q=0.5D^2v$$

式中 Q——环状管道内的流量，L/s；

D——环状管道的直径，英寸；

v——消防给水管道内水的当量流速，m/s，当管道压力在 $(10\sim30)\times10^4$Pa 时，环状管道 v 取 1.5m/s。

（2）环状管道供水能力估算

环状管道的供水能力，可按下式估算：

$$N=Q/Q_{\text{车}}$$

式中 N——环状管道的供水能力，即能停靠消防车的数量，辆；

Q——环状管道内的水流量，L/s；

$Q_{\text{车}}$——每辆消防车的供水量，L/s。

（3）环状管道供水能力估算（表 10-7）

表 10-7 环状管道的供水能力估算

管道压力/10^4Pa 车辆数/辆 管道直径/mm	100	150	200	250	300
10	1	1	2	3～4	6
20	1	1～2	3	5～6	7
30	1	2	3～4	6～7	8
40	1	2	4	6～7	9
60	1	2～3	4～5	8	>9

【例 10-10】 有一条 ϕ300mm 的环状消防管道，管道内的水压力不低于 20×10^4Pa，若火场上每辆消防车出两支水枪，每支水枪的流量为 6.5L/s，试估算该管道上能停靠消防车的数量。

解：ϕ300mm 的管道，以 in 计，则该管道直径为：

$$D=300/25=12(\text{in})$$

环状管道 $v=1.5$m/s，该管道的流量为

$$Q=0.5D^2V=0.5\times12^2\times1.5=108(\text{L/s})$$
$$N=Q/Q_{车}=108/13=8.3(辆)$$

答：实际使用取 8 辆。

第四节　典型火灾扑救要点

一、储罐火灾

储罐发生火灾后，火势猛烈，罐顶可能被炸掉，罐壁可能会变形，油品可能外溢漫流燃烧，发生地面流淌，造成火势扩大。

1. 冷却降温，预防爆炸

储罐发生火灾后，为防止着火罐的爆炸、变形倒塌和油品的沸溢喷溅，防止因着火罐的高温辐射引燃或破坏周围储罐、建筑物等可燃物，必须采取有效的冷却降温措施，以保护着火储罐，保护受火势威胁的周围储罐、建筑物等可燃物免遭火灾破坏，防止爆炸、沸溢喷溅的发生或火势扩大。

2. 排除积水，防止喷溅

沸溢性油品在燃烧过程中发生喷溅的原因，主要是油层下部水垫层汽化膨胀而产生压力的结果。防止喷溅，可采取排除罐内水垫层的积水，从而消除储罐发生喷溅的条件。

3. 筑堤拦坝，阻止漫流

储罐发生火灾时，形成大面积流淌火灾时，为堵截液体流散，阻止火势流淌蔓延，可利用有利的地形地物，采取不同的方法，筑堤拦坝，阻止漫流，将流淌燃烧液体控制在一定范围内，为灭火创造条件。

4. 启动固定灭火设施

储罐发生火灾后，在固定、半固定灭火设施没有遭受破坏时，应立即启动固定或半固定灭火设施灭火。

5. 覆盖窒息，水流切封灭火

这是针对储罐破裂缝隙、呼吸阀、量油孔、采光孔等处发生小范围稳定燃烧的火炬而采取的一种灭火方法。

6. 移动消防装备灭火

储罐发生爆炸并形成敞开式燃烧，固定或半固定设施遭到破坏时，可利用车载炮、臂顶炮、移动炮、拖车炮、机器人等移动式消防装备灭火。

7. 登罐强攻灭火

是指当储罐顶部发生火灾呈现局部稳定燃烧时，人员在水枪掩护下，采用强行登罐利用泡沫枪等设备灭火的方法。

8. 穿插包围，分进合击

对大面积的罐区流淌火，在筑堤拦坝、阻止漫流的基础上，应充分利用有利地形、地物，使用水枪、泡沫枪等灭火器材，将燃烧区进行穿插分割，分进合击逐片消灭。

9. 全面控制，逐个消灭

当多个储罐发生燃烧时，应采取全面控制、冷却保护，集中兵力、逐个消灭的办法。首先清理地面流淌火，冷却全部燃烧储罐和受火势威胁的邻近储罐，及时有效控制火势扩大蔓延；在此基础上，集中兵力，对燃烧的储罐根据轻重缓急发起进攻，逐个消灭；对扑灭的储罐应持续喷射泡沫并加强冷却，防止复燃。

10. 消除残火，预防复燃

储罐火灾扑灭后，应持续喷射泡沫对液面进行覆盖，持续实施冷却降温，指派专人监护现场，利用仪器装备定时监测储罐温度和挥发气体情况，未达安全值前应持续喷射泡沫和射水冷却，直至无复燃可能。

二、装置火灾

装置火灾火场情况复杂多变，在灭火战斗全过程中，必须根据其火灾特点、规律，以及灭火兵力和装备、物资情况，抓住有利战机，加强侦察全面掌握情况，科学指挥灵活处置，才能迅速扑灭火灾。

1. 关阀断料，工艺处置

装置生产具有连续性强的特点，一处着火牵动整个系统，系统内物料的流动如不及时切断，火势就会随着物料的补充持续燃烧。因此，及时采取关阀断料等工艺处置措施，切断起火部位上下游的物料供给，是控制火势发展的最根本措施。

（1）在实施关阀断料前，应由装置的专业技术人员组织论证和确认。

（2）在实施关阀断料时，要选择距离燃烧点最近的阀门予以关闭。

（3）在实施关阀断料时，操作人员须穿着必要的阻燃隔热装备，消防人员须布置力量利用开花或喷雾射流进行保护。

2. 冷却控制，防止爆炸

装置内部设备、管道繁杂交错，发生火灾的设备、管道内部物料受高温烘烤产生胀压，如发生焊缝破裂、法兰拉断等，泄漏出的物料及其蒸气紧接着发生化学性爆炸，造成连锁反应使火势扩大。因此，消防人员应区分轻重缓急，迅速确定火场的主要方面和主攻方向，对重点部位、设备采取重点冷却保护，及时消除爆炸风险。

（1）受火焰直接威胁的压力设备的冷却。消防人员要根据被火焰直接威胁的压力设备的位置、高度、直径、形状以及危险程度等，迅速部署冷却保护力量，利用车载炮、臂顶炮、移动炮、水枪等，实施不间断的冷却保护。

（2）着火设备邻近装置的冷却。与着火设备邻近的装置或设备，虽然没有受到火焰的直接烘烤，但在热辐射、热对流的作用下，依然存在起火爆炸的危险。消防人员要根据邻近装置或设备距离起火部位的远近及内部物料、设备的危险程度，部署适当力量进行冷却保护。

（3）着火设备的冷却。装置框架结构及设备管线多为钢材材质，发生火灾后如不及时冷却降温，极易发生变形、坍塌，造成设备倾倒、管线拉断，大量物料泄漏使火势瞬时增大。消防人员到场后，应迅速判断着火部位设备是否有爆炸风险，立即布置力量对着火部位重点设备及其邻近的框架平台主要支撑部位进行冷却保护。

3. 堵截包围，阻止蔓延

装置内部塔、釜、换热等设备容器多，机泵管线多，在火灾爆炸事故中，易出现变形、开裂甚至解体，内部物料大量泄漏，形成立体燃烧和大面积流淌火。

（1）对外泄可燃气体的设备火灾，应在关闭进料、切断来源的基础上，迅速部署力量，利用开花或雾状射流驱散稀释泄漏气体，防止与空气混合形成爆炸性混合物。

(2) 对地面液体流淌火，应根据流散液体数量、面积、方向、地势、风向等因素，筑堤围堵，把燃烧液体控制在可控区域内处置；或通过定向导流，防止燃烧液体向高风险部位蔓延。在筑堤堵截的同时，根据流淌火区域面积，部署必要灭火力量控制消灭火灾。

(3) 对塔釜、管线、框架上部流淌火，首先应关阀断料切断物料来源，同时利用举高喷射消防车、车载炮或登上邻近框架等部位架设移动炮、水枪等，对立体流淌火灾实施立体冷却覆盖灭火。

4. 备足力量，一举围歼

装置火灾突发性强，装置内部物料存量大、危险程度高，起火即猛烈燃烧，如不能及时采取措施有效控制，火势将迅速蔓延扩大。

(1) 加强第一批出动力量。根据平时熟悉掌握的现场情况，结合报警信息反馈情况，迅速向火场调集消防灭火力量，根据实际调动灭火车辆、供水供液车辆、气防救护车辆、登高举高设备、无人化装备等。在确保第一批力量调够、调足的同时，根据火势发展变化适时动员或调出增援力量。

(2) 发生火灾后，当第一批到场消防力量具备扑救火灾的能力时，应迅速展开扑救，立即启动现场固定消防设施，对起火装置设备进行冷却保护，及时利用现场半固定消防设施和车载装备进行灭火。

(3) 当第一批到场的消防力量不具备扑救火灾的能力时，在调集增援力量的同时，根据火场火势发展情况，估算灭火力量和灭火剂用量需求，迅速确定扑救方案，布置灭火、救援、冷却等力量，安排专人负责组织火场供液、供水，明确任务分工，备足力量后，统一号令发起总攻，一举灭火。

三、危险化学品仓库火灾

扑救危险化学品仓库火灾，要把握火场主要方面，科学决策，严防发生爆炸和中毒，最大限度地减小火灾损失和危害。

1. 全面侦察，掌握情况

消防人员到场后，要迅速组织火情侦察，利用无人机、侦检机器人，或派出侦检小组，及时查明火场情况，为指挥部协调指挥、部署灭火力量创造条件。

(1) 迅速查明起火部位、燃烧物的性质及存放数量。

(2) 迅速查明火势范围和可能蔓延的方向及途径。

(3) 迅速查明火场内有无爆炸危险，如已发生爆炸，立即查明人员伤亡情况及被困情况，建筑物遭到破坏情况，以及有无发生再次爆炸的可能。

(4) 迅速查明仓库的建筑结构、平面布局等，以及危险化学品实际存储分区情况。

(5) 迅速查明邻近库房物品存储情况，受威胁程度，是否需要转运及方法。

(6) 根据侦察情况，迅速结合处置预案，制定初步作战方案，明确进攻灭火和救援撤出路线等。

2. 设立警戒，疏散人员

危险化学品库房火灾现场情况复杂，扑救时必须实施警戒，及时疏散受火势威胁区域内的人员和物资。

(1) 根据检测结果和现场气象条件，确定警戒区域，划定警戒范围。

(2) 及时组织疏散危险区域内人员，会同地方政府及公安部门，疏散火灾危害可能波及范围内的居民。

(3) 严格控制进入警戒区域内的人员、车辆，建立登记并记录。

3. 科学决策，合理施救

处置危险化学品仓库火灾，要根据危险化学品的不同性质，正确选用灭火剂，积极采取有针对性的灭火战术措施。

(1) 正确选用灭火剂

① 对绝大多数易燃、可燃液体都可选用泡沫灭火剂灭火。其中，针对水溶性的有机溶剂如醚、醇类火灾，应选用抗溶性泡沫灭火剂灭火。

② 可燃气体火灾可使用二氧化碳、干粉等灭火剂灭火。

③ 有毒气体和酸、碱液可使用喷雾、开花射流或设置水幕进行稀释。

④ 处置遇水燃烧物质如碱金属、催化剂等火灾，禁止用水、泡沫和二氧化碳扑救，应选用干粉、干沙或水泥等覆盖灭火。

⑤ 处置遇水反应物质如乙硫醇、乙酰氯等，与水或水蒸气接触能发生反应，产生有毒或易燃的气体物质，严禁用水、泡沫扑救，应选用二氧化碳、干粉、干沙、水泥等扑救。

⑥ 粉状物质如硫黄粉、粉状农药等，不能用强水流冲击，以防发生粉尘爆炸、飞溅伤害等，应使用雾状或开花水扑救。

(2) 不同处置对象的灭火措施

库房建筑物火灾：

① 当库房内没有遇水燃烧物品或其他忌水物品时，应迅速布置水枪、水炮或灭火机器人的站位，利用直流水消灭建筑物火灾，布置喷雾或开花水枪、水炮，保护库内存放物品。

② 如库房内有少量遇水燃烧或其他忌水物品时，应组织人员先进行疏散，再组织进行扑救。

③ 如库房内存放较多遇水燃烧或其他忌水物品时，应检查此类物品的桶、罐包装是否完好。如完好，应迅速布置力量扑救火灾，及时消除火势对其的威胁；如有渗漏等情况，应选用相应的灭火剂抑制火势，先将渗漏容器转移至安全地点，再组织力量进行扑救。

库房存放危险化学品火灾：

① 当库房内存放的危险化学品可以用水或泡沫扑救时，应立即组织力量利用枪、炮等有人或无人设备，对起火部位进行灭火，对其他区域做好冷却、隔离等保护措施。同时，组织人员对受火势威胁的物品进行输转，减少火灾损失。

② 当库房内存放的危险化学品不能用水或泡沫扑救时，应根据存放物质特性，选用干粉、干沙、水泥、二氧化碳等灭火剂进行扑救。如现场特种灭火剂不能满足灭火需要，应先部署力量保护邻近库房，疏散转移附近存放物品，防止火势扩大，待备齐灭火力量后，再集中力量灭火。

库房与存放物质同时燃烧：

① 组织力量设置防御阵地，堵截火势向毗邻区域蔓延，布置力量转移受火势威胁区域的物品。

② 及时核实查明火场内存放物品特性，迅速调集适用灭火剂等物资，采取针对性措施分组、分片组织扑救。

4. 清理现场，彻底消灭

危险化学品库房火灾扑灭后，要对现场进行彻底检查清理，防止复燃，对火灾现场及参与灭火的人员、装备等应实施全面洗消。

(1) 要彻底清理火灾现场，防止因危险物质清理不干净而导致的复燃或导致人员中毒等伤害。

(2) 如扑救物质是具有剧毒、腐蚀性质的，灭火后应在污染地面喷洒中和剂或洗消剂清洗，然后用大量水冲洗现场，特别是在低洼处等做到不留死角，同时做好对污染水的收集和处理。

(3) 处置后对现场要再次进行检测，确保现场材料物质达到安全标准，方可解除警戒。

(4) 处置结束后，应对所有参战人员及器材装备进行彻底洗消。必要时安排参战人员进行健康体检。

四、有毒区域火灾

有毒区域火灾事故处置中，易发生现场人员的中毒事故，部分有毒物质同时是易燃易爆物品，如火灾不能及时控制容易使火势扩大，扑救困难。

1. 加强侦察，正确处置

消防人员到达现场后，应立即利用无人机、侦检机器人，或派出侦检组，做好现场侦察工作，积极抢救和疏散受毒气威胁的人员，迅速查明毒害原因，加强防护。

(1) 迅速查明现场是否有人员受到火势或毒害威胁，所处地点、数量及疏散撤出的路线。

(2) 迅速查明起火部位、燃烧范围和火势蔓延的方向、途径等。

(3) 迅速查明火场上有毒物质的种类、性质、数量、来源和浓度范围、扩散方式等。

(4) 迅速查明有无爆炸物质，及其数量、存放形式、具体位置、爆炸可能波及范围等。

(5) 迅速查明内部可供排毒、断绝毒源的装置设施和可使用情况等。

2. 降温排毒，防止爆炸

(1) 组织人员利用水枪、水炮、无人设备等对受火势威胁的存放有毒物质的容器、反应塔、釜、管线进行冷却降温，防止爆炸造成新的毒源和有毒物质的扩散。

(2) 充分利用排烟机等通风装置，采取破拆建筑结构、打开门窗等方法，排除室内有毒气体。对溶于水的有毒或刺激性气体，可喷射雾状水降低其在空气中的浓度。

(3) 及时与事故单位管理及技术人员取得联系，采取关阀断料、堵漏输转、中和消毒等措施，断绝毒源。

(4) 当有毒物质具有可燃性，如未燃烧时，应消除扩散区域内一切火源，防止发生爆燃造成人员伤亡；如已发生燃烧，在未采取关阀断料措施时，禁止将明火扑灭，防止空间爆炸。

3. 抢救、疏散人员

(1) 消防人员到场后，如已发生爆炸，应迅速派出搜救救援组抢救人员，必要时联系地方政府、综合救援队、企事业单位等，调集吊车、推土机、救援犬等专业力量、装备参与搜救。

(2) 及时联系医疗单位派出救护车，对中毒较重、已经休克的人员，应先送至空气新鲜、通风良好处进行现场急救，然后迅速送医院就医治疗。

(3) 如有毒区域内被困人员较多，应利用现场应急广播或其他广播设备，稳定现场人员情绪，讲明简易防毒措施，明确疏散方向及通道，并迅速调集人员组织疏散撤出。

(4) 当有大量毒气扩散，短时间内难以控制时，消防人员应协同有关部门按毒气扩散的范围，及时疏散可能遭遇毒气侵害的人员，重点先安排下风方向区域内人员的撤离。

4. 战斗行动要求

(1) 处置时，消防车辆、人员要从上风方向进入现场。在水源的选择及水枪、炮阵地设置上等方面，在不影响火灾扑救前提下，应尽量从上风方向组织进攻。

(2) 在风力不大的情况下，不宜采取四面围堵的战术，应在下风或侧下风安全方向，设置一个毒气倒流方向。处置力量布置上应均匀设置，防止毒气不规则扩散造成人员伤害。

(3) 尽量减少前方处置人员，可利用无人设备、遥控设备、自摆设备等，进行火灾处置。

(4) 进入泄漏着火区域的人员，应根据现场泄漏着火物质毒性特性，做好防毒防爆防护，布置支援组利用开花射流进行保护支援。

5. 注意事项

(1) 消防人员在有毒区域进行侦察、排险、灭火等行动时，应以小组为单位，禁止单独行动。

(2) 进入有毒泄漏区域人员必须做好防护，严禁一切无关人员进入。

(3) 要及时联系调派救护车辆和医务人员到场待命，随时做好抢救中毒准备。

(4) 在灭火战斗结束后，对参战人员、车辆、准备均应彻底洗消，组织参战人员进行健康体检。

五、带电火灾

带电设备、线路火灾是指供电系统中送电、变压、配电、用电设施和线缆的火灾，具有容易造成人员触电、燃烧猛烈、蔓延迅速的特点。例如石化生产装置的变电站、配电间及变压器、配电箱等。

1. 做好火情侦察

(1) 迅速查明起火部位，是否有人员发生触电或被困，有无易燃、易爆及贵重物品。

(2) 是否已局部或全部切断电源，以及相关闸阀的开关位置、管控人员。

(3) 确认固定灭火设施的启用情况。

(4) 明确火势蔓延的途径、燃烧物质的性质、火势范围、进攻路线、防止扩散的堵截部位等。

2. 充分利用固定设施灭火

变配电设施等一般配有气体类、干粉类固定或移动灭火设施，应首先切断电源，然后抢救伤员，并启用现场固定灭火设施灭火。

3. 断电灭火

(1) 在条件允许的情况下，与生产单位现场控制人员积极配合，迅速切断电源，再组织灭火处置。

(2) 在确认断电后，可选择使用水、泡沫、干粉等灭火剂进行灭火，对相对密闭的空间，如配电室、电缆沟等部位，也可使用高倍数泡沫灌注灭火。

(3) 如现场着火部位明确、起火点涉及范围不大的，可派出攻坚组利用手提或推车干粉灭火器进行灭火。

（4）灭火后应对着火区域进行通风排烟，检查现场，防止复燃。

（5）对现场是否带电不明时，应利用验电器等专业设备，对现场进行检测，防止发生人员触电。

六、高层建筑火灾

高层建筑一般指 10 层或 10 层以上的住宅建筑或建筑高度超过 24m 的公共建筑；工业上一般指 2 层及 2 层以上、建筑高度超过 24m 的厂房或库房等。根据其建筑结构的复杂性、功能及人员密集程度、内部可燃物多少和消防设施完善情况等，其火灾特点主要有：烟火蔓延途径多、容易形成立体火灾，疏散困难极易造成人员伤亡，玻璃幕墙等易造成人员伤害等。

1. 加强侦察，疏散人员

（1）加强外部观察和询问知情人。了解起火楼层、被困人员情况，以及救援的路线、方向。

（2）利用消防控制室了解情况。及时查看监控室情况，了解掌握以下情况：

① 接受火灾报警、发出火警信号和安全疏散指令情况。

② 自动灭火系统、防排烟系统、通风空调系统启动停用情况。

③ 非消防用电是否切断，以及消防电源的使用和消防电梯的运行情况。

④ 燃气管道的切断情况。

⑤ 消防控制中心对起火建筑各类消防设施联动控制的情况。

⑥ 通过各种情况判断，明确起火部位、火势范围、蔓延趋势、人员受威胁程度，根据救人、灭火需要，制定救援方案布置灭火救援力量。

（3）组织内部侦察。确认被控人员位置、数量及疏散路线，明确燃烧物质、范围及蔓延方向，明确进攻和堵截的方向，确认消防给水设施是否完好可用。

2. 充分利用消防设施登高灭火

（1）利用建筑物楼梯、消防电梯组织进攻，开展内攻灭火。

（2）利用登高车辆装备举高开展外攻灭火，利用登高平台车、云梯消防车、直升机等开展救援。

（3）组织内、外结合进攻灭火。

3. 疏散和抢救人员

（1）利用应急广播系统，稳定被困人员情绪，引导被困人员有序撤离现场。

（2）按照先着火层、着火层上层、着火层下层的顺序开展救援，如力量充足可同时进行。

（3）可从着火建筑疏散通道、出口，经消防电梯、防烟楼梯间、封闭楼梯间或室外疏散楼梯，直接撤离至室外安全地点或进入建筑避难(层)间。同时，也可利用举高消防车、缓降器、其他救生器材等将被困人员撤至安全处。

4. 组织好火场供水

高层建筑火灾消防人员到场后，主要应利用室内消火栓灭火，消防人员应了解室内消火栓的位置，到场后及时启动室内消火栓供水系统，实施灭火。

（1）利用建筑消防水箱供水灭火。

（2）利用建筑内部消防水泵供水灭火。

（3）利用水泵接合器供水灭火。消防人员到场后，利用消防车连接建筑墙壁、地上或地下式水泵接合器，为室内消防管网供水灭火。

（4）利用举高喷射消防车进行灭火。

（5）利用消防车直接供水进行灭火。在现场建筑内部消防管网不能满足灭火需要时，可利用消防车直接耦合串联，经沿楼层垂直铺设水带供水灭火。

5. 做好火场排烟

可以利用建筑排烟通风系统排烟，或者打开门窗等通道自然通风排烟，特殊情况下可使用喷雾水、高倍数泡沫、移动排烟设备等进行排烟。

七、井喷火灾

井喷火灾是油井钻探或采油过程中最大和最难处理的灾害事故之一。主要具有地层压力大，燃烧火焰高；火焰温度高，辐射热强；火焰火势变化大，现场噪声大和容易形成大面积燃烧的火灾特点。扑救井喷火灾，消防人员必须与现场工程技术人员密切协同，工艺与消防措施同步配合。

1. 冷却设备，掩护清场

井喷火灾起火迅速，发展猛烈，现场井架等很快烧毁，并引燃井场附近可燃物。消防人员到场后应利用无人装备进行冷却保护，层层推进进入火场，清理现场外围火点和被火势烧毁的设备，为接下来灭火提供条件。

2. 冲击分隔，扑灭火焰

组织大量消防力量，从不同方向向火点喷射灭火剂将燃烧的油气与明火分隔出来。明火熄灭后应迅速加强冷却保护，工艺处置应迅速跟进采取措施。

3. 内注外喷，抑制燃烧

利用井场防喷管线和其他管线，将高效灭火剂灌注进井内；同时对井口火点喷射干粉等灭火剂覆盖火焰。灭火后，应持续对井口附近设备进行射水冷却，防止复燃。

4. 爆破火焰，隔离灭火

根据井场火势情况，在条件允许时，可利用炸药在火焰中心位置引爆产生的高压气浪，将火焰推向空中，将井口喷出油气压回井内，在燃烧区形成负压区，造成瞬间窒息，使火势熄灭。采取爆破灭火方法，容易造成油气井井口的破坏，应谨慎使用。

此外，还可采用封井、使用金属罩等方法，扑救油气井井喷火灾。

八、几种特殊情况下的火灾

在缺水、强风、夜间、严寒天气等特殊情况下扑救火灾，存在许多不利因素和困难，如果措施不力，会使火势蔓延扩大，造成人员伤亡，使火场情况更加复杂。因此，我们要加强研究，积累经验，做好平时的灭火准备工作，掌握特殊情况下的火灾扑救规律和特点，采取有效的措施，正确组织和使用灭火力量，消灭火灾减少损失。

1. 缺水情况下的火灾

为解决缺水情况下的火灾扑救问题，应做好平时的调查研究，熟悉掌握责任区缺水地区情况和火灾隐患情况，提前制定供水预案，以备发生火灾后，在落实预案的基础上，搞好火场供水工作，合理利用水源，扑救火灾。

(1) 充分利用现场附近的水源

① 对缺水区域仅有的消防供水系统，要加强平时的检查维护和保养，发现影响用水的问题应及时解决，保证灭火时好用。

② 灭火时，如消火栓压力不高，水量不足，可联系有关部门提压供水。

③ 可利用邻近企业单位或居民区的消防管网，为火场接力供水。

④ 可利用附近天然或半天然水源，由远程供水系统取水供水，或者组织力量接力供水。

(2) 采取措施，保证供水

① 使用消防车辆、远程供水系统，从天然或半天然水源吸水，向火场接力供水。

② 联系地方政府环卫部门，利用洒水车等运水供水。

③ 使用手抬泵、浮艇泵等，从天然水池吸水，向火场供水。

(3) 合理利用水源，避免浪费

缺水环境下扑救火灾时，应合理布置灭火力量，选用节水装备器材节约用水，最大限度发挥灭火作用。

① 科学部署力量，将灭火力量集中到火场的主要方向和重点部位，保证主要阵地的用水。

② 根据火场情况变化，尽量使用节水装备，减少水源浪费。

③ 铺设水带、布置水枪阵地时，应留有机动水带，减少因延伸水带造成的浪费。

2. 强风情况下的火灾

强风是指六级以上的风，给灭火救援工作增加很多困难，如举高装备往往不能使用，高处作业安全风险极大容易出现危险。同时对灭火战斗中枪、炮的射流造成吹散，影响灭火冷却效果，火势借助强风蔓延更加迅速，下风向烟雾、高温等不利因素，也给堵截控制火势蔓延造成困难。

根据上述强风情况下火灾发展特点和灭火救援的不利，为有效扑救火灾，处置此类火灾时应及时建立指挥部，统一指挥，并采取以下措施：

(1) 遇有强风情况下的火灾时，应加强第一批出动力量，调动优势兵力到场扑救火灾。

(2) 火场指挥部应及时组织力量做好现场侦察，深入现场特别是下风方向进行火情侦察，全面掌握火场情况，并部署灭火力量。

(3) 采取下风向堵截、侧风向防御的方法，在火场下风方向部署主要力量，佩戴空气呼吸器等气防装备，利用大流量装备、遥控机器人、遥控炮进行灭火，布置屏障水枪、水幕水带或其他开花射流枪、炮堵截减弱火势蔓延；同时对侧风方向加强防御保护，布置力量防止火势蔓延扩大。

(4) 对下风向重点区域加强防御，防止飞火窜入。强风可能引发飞火，越出前方灭火人员设置的防线，因此应组织力量，配备必要装备器材，做好火场下侧风方向的巡视，发现飞火及时处置。

(5) 及时疏散下风火势蔓延方向人员、物质等，减少可能蔓延方向和区域内的可燃物质，启动现场固定水幕、蒸汽幕、水喷淋等消防设施，阻止火势蔓延扩大。

(6) 强风天气火灾扑救后，应加强火场及周边区域的检查，勘察火场消灭一切残火，防止复燃，必要时安排人员看护值守。

3. 夜间情况下的火灾

夜间发生火灾存在发现时间晚、报警迟和不利于消防灭火救援行动等不利因素，受火势和浓烟等威胁，容易造成人员恐慌，也不利于火灾现场勘察搜救，造成人员伤亡。

(1) 消防救援人员日常应开展夜间场景的灭火救援操作演练，熟悉责任区夜间环境下的灭火战斗展开操作与战术动作。

(2) 夜间发生火灾由于能见度低，接警后应及时调动照明车辆，处置人员应携带照明灯具等设备，灭火救援处置中人员应注意观察现场环境，避免发生不必要的人身伤害。

(3) 在夜间扑救火灾时，指挥部应加强现场侦察。重点排查现场受困人员情况并明确撤出路线，掌握有毒有害及危险物质存放情况及处置措施，现场建(构)筑物结构及进出口情况，现场可利用消防水源情况等。

(4) 布置灭火战斗的同时，在火场容易发生倒塌危险的建筑、装置、设备附近，以及沟槽、地井等部位，设置明显的警示标志、围栏或安排人员警戒，避免发生意外事件。

(5) 夜间扑救火灾时，应加强现场处置人员的通信联络，充分利用手持电台、头盔式通信工具等，各组人员应规定呼号，保证命令下达信息反馈及时有效。

4. 严寒天气下的火灾

冬季严寒条件下扑救火灾，消防人员服装厚重不便行动，遇有冰雪天气影响消防车辆行驶速度及到场时间，消防水源、供水器材、灭火装备结冰影响火灾扑救，地面结冰影响消防人员展开及登高作业，这些不利因素直接影响灭火战斗和火灾扑救工作。

(1) 消防队伍在冬季来临之前，应根据以往冬季火灾扑救案例，组织业务学习交流处置经验，拟定冬季出警的人员、装备、防冻保暖措施。

(2) 入冬前应对责任区内的消防设施，特别是消防供水系统设施的在用情况和防冻措施加强检查，确保在用完好。

(3) 遇有降雪天气，安排人员加强责任区道路巡视，保证消防道路路面积雪清理及时，保障消防车辆出动。

(4) 灭火战斗中，应注意防滑、防摔伤，现场供水时应选用大口径、不漏水的水带。如灭火救援期间需要临时停水，可将水泵压力降低、关闭部分枪炮，保持一定水量流动，防止供水线路出现冻凝。

(5) 如遇火势较大灭火战斗时间较长，应合理安排人员进行轮换，有条件的应为现场人员提供热水、食物，防止人员出现冻伤。

(6) 火灾扑救后，收卷水带、整理器材时，应将供水水带内的存水排到地井、排水沟中，减少路面结冰。

第十一章　气防救援

气防救援是指发生有毒有害气体泄漏中毒事故的现场救援工作，旨在抢救事故现场受伤中毒人员的生命，最大限度地减少人员伤亡。本章主要讲述气防救援的基本原则、基本程序以及部分典型场景气防救援措施要点。

第一节　气防救援基本原则

石油化工生产过程中发生的有毒有害物料泄漏事故除具有一般事故的特点以外，还具有突发性、事故扩散迅速、事故影响范围广、容易造成的次生伤害类型多等突出特点，处置不当更易造成事故伤亡扩大，因此在事故救援中应坚决贯彻“以人为本、救人第一”“防护到位、安全施救”“统一指挥、科学施救”“信息畅通、协同作战”“保护环境、减少污染”的原则。

一、以人为本、救人第一

坚持“以人为本、救人第一”的原则，坚决防止事故灾害进一步扩大。在各类抢险救援中，拯救生命和疏散人员是优先考虑和竭力实现的首要目标，救援人员首先要了解现场是否有人受伤或被困，如果需要救人，必须结合现场实际，研究救人的方案，要在保障施救人员安全的前提下，果断抢救受困人员的生命，迅速控制危险化学品事故现场；同时，也要根据事故特点，及时隔离疏散周边群众，防止灾害进一步扩大，保护人员生命安全。

二、防护到位、安全施救

坚持“防护到位、安全施救”的原则。救援人员实施救援前首先要做好自身防护，尤其是深入泄漏区开展侦察、人员搜救、堵漏、关阀以及泄漏区外负责洗消等任务的人员，必须在保证自我安全的前提下开展救援行动。要根据现场环境泄漏物质的性质采取有针对性的呼吸防护、身体防护以及防爆措施，做到安全施救，避免不必要的损伤。

三、统一指挥、科学施救

坚持“统一指挥、科学施救”的原则。石油化工抢险救援是一项涉及面广、专业性强的工作，靠某一个单位或部门是很难完成的，必须把各方面的力量组织起来，形成统一的救援指挥部门，包括现场指挥部和总指挥部，并在救援指挥部的统一指挥下，根据预案要求和现场情况变化开展应急响应和应急救援，现场指挥部负责现场具体处置，重大决策由总指挥部决定。

救援指挥部要根据现场实际情况做到科学调集力量、科学制定救援方案开展救援工作，战术措施运用得当，救援中要根据情况变化及时调整战术措施，确保救援任务科学、安全、迅速地完成。

四、信息畅通、协同作战

坚持“信息畅通、协同作战”的原则。总指挥部、现场指挥部与救援队伍应保证实时互通信息，提高救援效率，在事故单位开展自救的同时，外部救援力量根据事故单位的需求和总指挥部的要求参与救援。事故、生产、设备、消防、质检、环保、安保等单位和部门密切配合，协同作战，迅速、有效地组织和实施抢险救援工作。

五、保护环境、减少污染

坚持“保护环境、减少污染”的原则。在救援处置中应加强对现场及周边环境的保护，对大气、水体、土壤开展持续性检测监控，及时收容、控制及处理污染物，将事故影响控制在最小范围，最大限度减少对人员及大气、土壤、水体等环境的污染。

第二节　气防救援基本程序

发生有毒有害气体泄漏中毒事故后，气防救援处置的基本程序为：侦察检测、警戒疏散、个体防护、人员搜救、险情控制、洗消清理。

一、侦察检测

通过询问现场知情人和技术检测等各种手段，了解掌握事故灾害的特性、规模及危险程度，确定不同区域的危险等级，包括但不限于以下信息：

(1) 泄漏物质种类、储存数量、泄漏大小；

(2) 泄漏物质理化、毒理性质及处置、急救措施；

(3) 气象条件包括温度、气压、风力和风向；

(4) 有无人员中毒，查明数量、所在位置及营救疏散路线；

(5) 泄漏扩散范围及周边人员分布情况等；

(6) 了解事故单位已经采取的处置措施、内部消防、气防设施配备及运行、先期疏散抢救人员等情况；

(7) 了解灾害事故现场及其周边的道路、水源、建(构)筑物结构以及电力、通信、气象等情况；

(8) 对可燃、有毒有害危险化学品的浓度、扩散等情况进行动态监测。

二、警戒疏散

根据侦察检测情况科学合理确定警戒范围，设置警戒标志和出入口，并设专人负责警戒。严格控制进入警戒区特别是重危区的人员、车辆和物资，疏散泄漏区域和扩散可能波及范围内的无关人员。同时，根据事故发展、应急处置和动态监测情况，适当调整警戒隔离区。

对于易燃易爆物质泄漏，要切断事故区域内的电源，熄灭火源，停止高热设备，进入警戒区人员严禁携带、使用移动电话和非防爆通信、照明设备，严禁穿戴化纤类服装和带金属物件的鞋，严禁携带、使用非防爆工具，消除警戒区内一切可能引起爆炸燃烧的条件。

现场设立安全观察员，全程观察监测现场危险区域和部位可能发生的危险迹象。

三、个体防护

抢险救援人员刚到现场时，决不可贸然深入事故源附近区域，必须对事故现场危险性做出正确判断和准确评估，掌握危险源及危害程度，并针对不同的危险特性，采取相应安全防护措施后，方可进入现场展开救援行动。同时要记录进入现场救援人员的数量，并严格控制人数；要与进入受限空间内的救援人员保持联系，时时掌握情况并做好接应准备。

进入内部执行侦察、关阀堵漏、人员搜救任务的抢险人员内衣必须是防静电的，外穿气密性防化服或其他型号的防化服，并根据现场情况设置喷雾水枪进行掩护。防护装备选择时应根据事故泄漏物质的毒性、易燃易爆性及划定的危险区域，满足最低防护等级要求，配备相应的防护装备，危险区域防护等级划分标准见表 11-1。

表 11-1　危险区域防护等级划分标准

危险区域毒性	重度危险区	中度危险区	轻度危险区
剧毒	一级	一级	二级
高毒	一级	一级	二级
中毒	一级	二级	二级
低毒	二级	三级	三级
微毒	二级	三级	三级

根据防护等级，采取的防护标准见表 11-2。

表 11-2　防护标准

级别	形式	防化服	呼吸防护
一级	全密封连体式结构	一级化学防护服，由带大视窗的连体头盔、化学防护服、正压式消防空气呼吸器背囊、化学防护靴、化学防护手套等组成	正压式空气呼吸器
二级	连体式结构	二级化学防护服，一般由化学防护服、化学防护手套构成	正压式空气呼吸器
三级	呼吸	简易防化服	简易滤毒罐、面罩或口罩

四、人员搜救

通过前期侦察检测手段查明现场遇险人员的数量、位置，要及时采取送风、破拆、起重、支撑、牵引、起吊等方法开展救援行动。同时应选择精干人员组成搜救小组，小组成员做好个人防护，佩戴有他救接头的呼吸器，携带备用逃生面罩、通信、照明以及绳索等器材装备，进入现场搜救中毒或被困人员，并采取正确救援方法将其转移至安全区域，并对救出人员进行登记。

救出后根据人员的中毒或受伤情况采取有针对性的初期急救措施，脱去被污染衣物、松开衣领，保持呼吸道畅通，注意保暖等，或立即转交现场专业医护人员实施急救。

五、险情控制

根据侦检结果，分析评估现场危险因素，对泄漏物和泄漏源采取科学的控制措施，确定救援行动方案，组织力量排除现场存在或潜在的险情，防止事态扩大和发生衍生事故，直至消除泄漏。

1. 有毒(易燃易爆)化学品泄漏处置

(1) 发生泄漏后，应根据生产和事故情况，及时采取停车、局部打循环、改走副线或转料、套装、降压、关阀堵漏等措施，控制泄漏源，防止事故进一步扩大。

(2) 要同时对泄漏物进行控制，应根据泄漏物的特征采取不同的控制措施。

(3) 气体泄漏时启用固定、半固定消防设施及移动消防装备喷雾状水等措施，驱散积聚、流动的气体，稀释气体浓度，降低泄漏物的浓度或燃爆危害，防止形成爆炸性混合物。或利用铺设水幕水带或使用屏障水枪形成水幕墙，防止气体向重要目标或危险源扩散。喷水稀释时，应筑堤收容产生的废水，防止水体污染。

(4) 液体泄漏时可采取容器盛装、吸附、筑堤、挖坑、泵吸等措施进行收集、阻挡或转移。若液体具有挥发及可燃性，应喷射适当的泡沫覆盖泄漏液体，降低泄漏的液相危险化学品的蒸发速度，缩小气云范围、降低可燃蒸气浓度，避免形成爆炸性混合物。

切断事故区域内的强弱电源，熄灭火源，停运高热设备，落实防静电措施，使用无火花工具作业。

2. 有限空间救援处置

(1) 对于在塔内、地下井内、球罐内等有限空间进行救援时，要分析评估可能存在的危险因素，确定救援行动方案；要及时通过风机、工业风送风，或吊放氧气(空气)瓶、长管呼吸器等，确保遇险人员能够正常呼吸。同时，应对所需进入空间的空气进行持续性或者经常性的监测。

(2) 对于污油池、油罐、酸碱罐内发生人员坠入时，要及时抛入绳索、消防水带等，或通过长杆使跌落人员抓住救助物防止坠溺，为进一步救援提供帮助。要限制上罐顶参与救援的人数，防止人数过多造成罐顶坍塌带来次生事故。

(3) 遇险人员若行动不便，可采用躯体固定气囊、包扎带等紧急包扎，使用多功能担架、伤员固定抬板等转移伤员，并交由专业医疗救护人员进行救护。

六、洗消清理

成功处置泄漏后，对参与救援的人员、装备及事故现场进行洗消清理，彻底消除有毒物质。

(1) 在危险区和安全区交界处搭建洗消帐篷，设置洗消站，准备好干净的衣物。

(2) 洗消对象：中毒人员在送医院治疗之前必须进行洗消，现场参与抢险人员和救援器材在救援行动结束后要全部进行洗消。

(3) 洗消方法：分为化学洗消法和物理洗消法。化学洗消法是将洗消剂溶于水中并喷洒在染毒区域或受污染物体表面，进行化学中和，形成无毒或低毒物质。物理洗消法是用吸附垫、活性炭等具有吸附能力的物质，吸附回收后转移处理。如果现场没有以上物质可采用大量清水冲洗。

(4) 清理方法：用喷雾水、蒸汽或惰性气体清扫现场内事故罐、管道、低洼地、下水道、沟渠等处，确保不留残液(气)。

第三节 典型场景救援要点

一、有毒有害物质储罐泄漏中毒事故

1. 迅速掌握事故现场的下述情况

（1）泄漏介质的种类与性质及储量，是否继续泄漏等。

（2）风力与风向。

（3）中毒者的数量与方位。

（4）是否发生火灾与爆炸。

（5）是否采取工艺处理，如关阀、倒空等。

2. 积极抢救人命

（1）必须佩戴好呼吸器进入毒区，防止中毒窒息扩大人员伤亡。

（2）发现中毒者要坚持"立即，就地"的抢救原则，采取如下紧急措施：

① 对呼吸中止与心脏停跳者立即做人体胸外心脏按摩与强制供氧。

② 对能自主呼吸者立即采取防毒措施，迅速转移出有毒区域。

③ 对衣服被污染者，立即脱掉衣服同时注意保暖。

④ 护送中毒者去医院治疗。

3. 指挥疏散可能被毒气威胁的人员

（1）根据风向与风力情况确定逃生与疏散方向。

（2）根据现场情况确定警戒范围，布置警力。

4. 组织人员消除毒物威胁

（1）采取关阀、输导、堵漏等手段阻止继续泄漏。

（2）用消防水驱赶遗留毒物。

5. 注意事项

（1）施救中要注意防火防爆。

（2）清理遗留毒物时防止再次中毒。

（3）必要时注意对参加救护人员进行体检。

二、生产装置体泄漏中毒事故

1. 迅速掌握事故现场的下述情况

（1）毒物的种类、性质及储量，是否继续泄漏等。

（2）风力与风向。

（3）中毒者的方位。

（4）建筑物是否倒塌。

（5）是否发生爆炸与火灾。

（6）是否已采取工艺处理，如关闭阀门、输导堵漏及中和、燃烧有毒物质等方法。

2. 积极抢救人命

（1）必须佩戴好隔绝式呼吸器进入毒区，防止中毒扩大损失。

（2）发现中毒者，坚持"立即，就地"的抢救原则，采取如下紧急措施：

① 对呼吸停止、心脏停跳者立即进行心脏胸外按摩与强制供氧。在不影响救护的情况下送医院治疗。

② 对有呼吸、神志不清者要立即采取防毒措施，并迅速转移出有毒区域。

③ 对眼睛被污染或灼伤者，立即将其眼皮翻开，用流动洁净水进行冲洗 15min 以上。然后护送伤者去医院治疗。

④ 对衣服被毒物污染者要迅速脱掉其衣服，必要时进行清洗，注意保暖。

3. 指挥疏散可能受毒气威胁的人员

(1) 根据风力与风向，确定逃生疏散方向。

(2) 根据现场情况确定警戒范围，布置警戒力量。

4. 组织人员消除毒物的威胁

(1) 利用排毒设备排除毒物。

(2) 采取关阀、堵漏、输导与中和等手段消除有毒物质，防止继续危害人体。

(3) 利用消防喷雾水枪驱赶毒物。

三、容器、反应器(釜)内部中毒事故

1. 迅速掌握事故现场的下述情况

(1) 容器、反应器(釜)内毒物的性质。

(2) 中毒者的数量。

(3) 容器、反应器(釜)及其内温度情况。

(4) 是否有物料继续进入容器、反应器(釜)。

(5) 是否有其他因素对容器、反应器(釜)继续造成不利影响。

(6) 事故单位是否已采取工艺措施。

(7) 容器、反应器(釜)内氧含量与有毒气体浓度情况。

2. 积极抢救人命

(1) 必须佩戴好呼吸器迅速进入罐反应器(釜)抢救人命。

(2) 救护人员要坚持“立即、就地”的救人原则，进行就地抢救。用仪表监测有毒气体浓度、氧含量情况，迅速把中毒患者转移至容器、反应器(釜)外进行抢救，如果中毒者有呼吸，应迅速给中毒者戴上备用空气呼吸器，移出容器、反应器(釜)外至安全地点，进行抢救。

(3) 检查是否有腐蚀性毒物灼伤中毒者，如果有，要迅速地一边进行强制供氧，一边清理被污染衣物，清洗皮肤，但必须以苏生器救护为主。

(4) 有自主呼吸后迅速送医院救治。

3. 消除对容器、反应器(釜)内部救护的障碍

(1) 切断向容器、反应器(釜)内供料管线。

(2) 关闭向容器、反应器(釜)增温的热能源。

(3) 在保证安全的前提下，向容器、反应器(釜)内输送新鲜空气。

4. 注意事项

(1) 救援人员只能佩戴隔绝式呼吸器进入容器、反应器(釜)救人或抢险，如人孔狭小，可使用移动供气源作为呼吸防护用品。

(2) 若容器、反应器(釜)内具有燃爆性，禁止使用供氧设备在容器、反应器(釜)内部救人。

（3）若容器、反应器（釜）内具有燃爆性，救援作业要使用防爆工具，防爆照明灯，穿防静电服装等。

（4）对有呼吸的中毒者先给其戴上呼吸器，之后再转移到安全地点。

四、井喷中毒事故

1. 迅速掌握事故现场的下述情况

（1）井喷物中硫化氢含量，速度，扩散范围。

（2）风速、风向。

（3）中毒者的数量、位置、营救路线。

（4）受威胁群众数量，疏散撤离路线。

（5）事故单位是否已采取压井等控制措施、控制效果。

（6）是否需点燃，点燃时机。

2. 积极抢救人命

（1）必须佩戴好呼吸器迅速进入现场抢救人命。

（2）救护人员要坚持“立即、就地”的救人原则，进行就地抢救。对现场中毒人员进行检伤分类并标识，抢救时，先抢救危重者，后抢救轻症患者。用仪表监测有毒气体浓度、氧含量及可燃气体情况，如可燃气体浓度在爆炸范围以外，可在现场给中毒者进行强制供氧；如果可燃气体浓度范围在爆炸极限范围以内，应迅速把中毒患者转移至安全地点再进行抢救。如果中毒者有呼吸，应迅速给中毒者带上备用空气呼吸器，转移至安全地点，进行抢救。

（3）抢救时优先使用苏生器，若苏生器不足，则可打开中毒者呼吸道，施行心脏按压。轻度中毒者可保持其体温，并观察症状。

（4）有自主呼吸后迅速送医院救治。

3. 疏散转移受威胁群众

（1）迅速组织人员疏散扩散范围内的人员。

（2）依据检测结果，分析扩散影响范围，通知地方政府组织疏散可能影响范围内的所有人员。

4. 险情控制

（1）用水枪出喷雾水稀释逸散气体，降低硫化氢浓度。

（2）采取措施压井，消除逸散气体。

（3）若一时控制不了井喷，则要迅速采取点燃措施，避免扩散范围扩大。

5. 注意事项

（1）救援人员只能佩戴隔绝式呼吸器进入现场进行救援作业。

（2）对硫化氢中毒者禁止使用口对口人工呼吸，可开放中毒者呼吸道，施行心脏按压术。

（3）抢险作业要使用防爆工具，防爆照明灯，穿防静电服装等。

五、槽车中毒事故

1. 迅速掌握事故现场的下述情况

（1）槽罐车内物质名称、危险特性。

（2）中毒者的数量。

（3）槽罐车内氧含量、可燃气与有毒气体浓度情况。

（4）车内温度情况。

2. 积极抢救人命

（1）必须佩戴好呼吸器迅速进入槽罐车抢救人命，若孔口狭小，应使用移动供气源作为呼吸防护用品。

（2）应优先使用三脚架作为转运工具，若无三脚架，可使用梯子进入。

（3）若槽罐车内物质不具有燃爆性，则可在槽罐车内部先给中毒者进行强制供氧，再将其转移出槽罐车；若槽罐车内部物质具有燃爆性，则应先将其转移出槽罐车至安全地点再进行抢救；如果中毒者尚有呼吸，应迅速给中毒者戴上备用空气呼吸器或他救面罩，再将其转移出槽罐车至安全地点进行抢救。

（4）检查是否有腐蚀性毒物灼伤中毒者，如果有，要迅速地一边进行强制供氧，一边清理被污染衣物，清洗皮肤，但必须以苏生救护为主。

（5）有自主呼吸后迅速送医院救治。

3. 消除对槽车内部救护的障碍

（1）切断向槽车内供料管线。

（2）关闭向槽车增温的热能源。

（3）在保证安全的前提下，向槽车内输送新鲜空气。

4. 注意事项

（1）救援人员只能佩戴隔绝式呼吸器进入槽罐车进行救援作业，如人孔狭小，应使用移动供气源作为呼吸防护用品。

（2）若槽罐车内部物质具有燃爆性，禁止使用供氧设备在槽罐车内部救人。

（3）救援作业，要使用防爆工具，防爆照明灯，穿防静电服装等。

（4）对有呼吸的中毒者先给其戴上呼吸器，之后再转移到安全地点。

六、危险化学品仓库气体中毒事故

1. 迅速掌握事故现场的下述情况

（1）毒物的种类、性质及储量，是否继续泄漏等。

（2）风力与风向。

（3）中毒者的方位与位置和数量。

（4）建筑物是否倒塌。

（5）是否发生爆炸与火灾。

2. 积极抢救人命

（1）必须佩戴好隔绝式呼吸器进入毒区，防止中毒扩大损失。

（2）发现中毒者，坚持“立即，就地”的抢救原则，采取如下紧急措施：

① 对呼吸停止、心脏停跳者立即进行心脏胸外按摩与强制供氧。在不影响救护的情况下送医院治疗。

② 对有呼吸、神志不清者要立即采取防毒措施，并迅速转移出有毒区域。

③ 对眼睛被污染或灼伤者，立即将其眼皮翻开，用流动洁净水冲洗 15min 以上。然后护送伤者去医院治疗。

④ 对衣服被毒物污染者要迅速脱掉其衣服，必要时进行清洗，注意保暖。

3. 指挥疏散可能受毒气威胁的人员

（1）根据风力与风向，确定逃生疏散方向。

（2）根据现场情况确定警戒范围，布置警戒力量。

4. 组织人员消除毒物的威胁

（1）利用排毒设备排除毒物。

（2）采取中和等手段消除有毒物质，防止继续危害人体。

（3）利用消防喷雾水枪驱赶毒物。

第十二章　高风险作业监护

随着石化企业安全生产形势好转，多数消防队伍出动救援少、作业监护多。本章将重点介绍高风险作业特点以及作业监护流程，帮助消防员了解执行高风险作业监护任务时，现场存在的主要风险、安全措施及监护职责，应该做好哪些监护准备，并且通过列举装置开停工、生产运行装置用火作业以及受限空间作业等三种典型高风险作业消气防监护示例，让消防员更加形象直观了解消气防监护要点，更好完成现场监护任务。

第一节　高风险作业及监护程序

一、高风险作业定义

高风险作业，一般是指在生产装置、罐区非正常运行情况下进行的临时作业活动，一旦人员操作失误、仪表设备故障引起安全管控措施失效，极易导致生产物料泄漏等发生火灾爆炸中毒窒息事故，导致操作者本人及现场人员受伤、死亡或财产重大损失、环境重大污染、社会重大影响等，包括生产装置的开工、停工作业。

高风险作业主要有以下几种：

（1）在生产运行状态下的易燃易爆生产装置、输送管道、储罐、容器等部位上的用火作业；

（2）生产装置、储罐、油气管道、站场、重要设施等带料抢修作业；

（3）带压开孔或堵漏等无法有效清除或隔离的高风险作业；

（4）含硫气井的压井作业；

（5）进出口受限、通风不良、可能存在易燃易爆、有毒有害物质或缺氧且不具备使用空气呼吸器条件的受限空间作业；

（6）主要生产装置的开工、停工作业；

（7）“两特两重”期间涉及用火、受限空间等风险较大的作业；

（8）其他经风险评估存在重大风险的作业。

二、高风险作业监护程序

为规范监护流程，保证监护能顺利、安全、有序实施，做好监护过程中各种应对措施，消防队(监护主体)应从指令任务接受、监护方案编制审批、车辆调派、个体防护到监护现场管理等方面制定制度和要求。

做好高风险作业监护工作，鼓励实行审批许可制。消气防监护作业由属地单位提前申请，经相关部门会签、主管领导审批后由消防队实施。

高风险作业监护主要分为消防监护作业和气防监护作业，以确保现场作业人员安全为原则，严格规范现场监护作业要求，确保作业安全。紧急抢修、生产突发异常等紧急状态的消气防监护，参照消防出警程序执行。

消气防监护作业前，监护主体必须熟悉了解监护前后的现场作业内容、作业风险、作业安全管理各个环节内容，开展作业风险评估。根据风险评估情况，按照制度要求有针对性地安排监护车辆、器材、装备、人员等应急力量。

为确保监护方案合理，消防队在接到监护指令的同时，要求监护申请单位同时提供施工作业方案，由监护主体单位学习施工作业方案，了解施工内容、节点和计划，识别作业风险和作业环境，开展JSA分析，制定针对性的监护措施，明确个体防护要求。各项准备工作完成后，编制作业现场监护方案、处置方案。方案编制完成后，应经业务主管部门审核后实施，确保监护方案的可操作性和科学性。

申请消气防监护作业的属地单位应明确作业方案、落实许可证相应的安全措施，并向监护人员和作业人员进行现场安全交底和技术交底，严格落实“一案、两交、三确认”工作法，指出作业中存在着火(闪爆)、有毒(窒息)介质的特性及其危险性。施工过程中，当工艺条件发生变化时，属地单位应及时通知消气防监护人员及作业人员停止作业，待恢复正常后再重新开始作业。

申请消气防监护作业后，属地及施工单位必须及时作业，如遇到特殊情况不能及时作业时，属地单位应及时通知现场监护车辆和人员。

第二节　高风险作业监护要点

首次执行监护作业时，应由基层中队干部带车到达现场与属地单位安全人员主动进行对接，对监护任务、作业风险、应急措施等要当面交代清楚，明确职责和任务，并在监护作业申请单上签字确认。

监护作业任务时间长时，一般不超过4h，监护主体应做好现场车辆和人员的轮换工作，确保监护人员精神状态良好，保证监护作业质量和效果。

执行监护任务车辆和人员轮换时，交接双方应严格按照交接程序执行，做好现场任务、人员、器材的交接工作，确保监护风险、安全措施、作业部位及人员情况等交接清楚、不遗漏，并在监护作业申请单交接栏确认签字。

消气防监护作业应根据作业风险确定现场监护车辆和人员数量，每辆消防车人员不应少于3人。

执行监护任务的车辆及人员要做好监护作业准备工作，应按指定时间到达监护现场并向消防调度中心报告，作业前应对许可证上的各项安全措施、作业部位进行认真检查、落实，安全措施未全部落实的不得作业。

监护作业期间，监护人员应做到：

(1) 作业前对现场的人员逃生措施、施工机(器)具的防爆性能、消防和气防设施等进行监督检查。

(2) 现场监护力量布置应做到有利于进攻、撤退和施工作业。

(3) 属地单位或施工方应指派1名人员，配合现场消防监护车组做好监护工作。

(4) 作业期间，监护人员应密切关注现场作业动态，不得做与监护无关的工作，严禁离岗。应与被监护单位现场负责人或监护人保持沟通和联系，及时了解现场作业状况和动态。具备视频采集条件的，应做好现场作业视频录制工作。

（5）监护中应视作业环境准备好相应的防护器具，根据现场风险评估情况着装并佩戴个人防护装备，做好自身安全防护。同时携带好通信器材，夜间必须携带照明器具。

（6）监护人员有权监督作业人员严格执行各项安全规定，对存在的消防安全隐患及时提醒施工单位、对存在的不安全行为及时进行制止，并报告上级相关人员。如发现应急消气防专业安全风险有权立即制止其作业，在确认安全后方可继续作业。

（7）作业人员必须严格执行各项安全措施，服从监护人员的监督，当作业中出现异常情况，应立即撤出作业区域，作业中没有征得监护人员同意，不得摘下防护面罩。

（8）对于消气防监护作业，应做好消防车准备或预先展开工作，明确监护人员职责和分工，监护人员应对现场不定时巡检，监督安全防控措施的落实，并与本车组保持密切联系。当作业现场发生着火、闪爆等事故时，应迅速进行应急处置。同时要与被监护单位共同制定作业现场紧急状态下的逃生路线和处置方法。

（9）对于气防监护作业，监护人员负责检查作业人员是否佩戴好防护器具，并确定与作业人员之间的联络、撤出、求救信号。当作业现场发现人员中毒、窒息等事故时，应迅速组织施救。

（10）公司应急救援中心应开展预防性监护检查，对现场监护作业和施工作业进行全过程检查，一旦发生事故，将其消灭在萌芽状态，避免事故的扩大和激化，保证监护方案落到实处。

（11）当监护作业工艺条件等发生变化时，属地单位应及时告知现场消防监护人员及作业人员停止作业，待恢复正常后再重新开始作业。

（12）在执行监护任务过程中，如需赶往他处参加应急救援工作，应及时告知被监护单位，必要时按要求暂停正在监护的作业。

（13）现场监护任务结束后，应与被监护单位进行交接，清点人员，整理器材装备，恢复好现场环境，安全返回。归队后，应迅速补充油料、器材和药剂，迅速恢复战备状态，并向消防调度中心报告。

第三节　典型高风险作业消气防监护示例

一、装置开、停工作业消防监护示例

据统计，石油化工装置开工、停工过程中是最容易发生事故的。原料油品火灾危险性大，在开停工过程中比正常生产时更不稳定，操作程序更繁杂，因风险辨识不充分、防范措施不到位、组织管理不到位、操作人员综合素质低下等原因，导致操作不受控，事故发生概率高，因此必须加强装置开停工期间的风险分析并提出相应防范措施，做好现场消防监护。

1. 开停工作业的火灾危险性

装置工艺生产过程中涉及的原料均易燃易爆，其蒸气与空气混合后易形成爆炸性混合气体，遇明火、高温即能引起燃烧爆炸。开停工过程中存在物料泄漏，塔、反应器等容器吹扫不干净，塔内少量油气积聚，以及人孔打开后塔器内硫化亚铁或自聚物遇空气自燃，均容易引发火灾爆炸事故。

在开工过程中，容易产生的危险因素主要是：机泵、换热器、管线法兰等薄弱部位容

易发生油气泄漏着火以及加热炉点火升温过程易发生着火爆炸事故等。

在停工过程中，未严格按照停工方案确定的时间、停车步骤、工艺变化幅度及确定的停工操作顺序进行，导致退油置换吹扫不彻底、不规范，容易引起物料泄漏、着火、爆炸事故以及硫化亚铁、自聚物自燃等着火事故。

2. 开停工作业消防监护工作要求

消防监护作业应做好与属地单位的现场安全交接工作，清楚作业现场的火灾危险性以及采取的安全措施，熟悉现场消防设施分布及完好情况，清楚现场安全撤离通道及路线，掌握现场作业人员数量等情况。

（1）属地单位申请消防监护作业应提供监护申请单，识别现场风险，明确监护任务，现场车辆交接时要一并交接监护申请单。

（2）执行监护任务的车组人员须根据现场危险化学品物质特性，携带相应的检测设备，并与属地人员确认情况后方可进入任务区域。

（3）监护车辆接近现场后须从上风或侧上风方向靠近开停工区域，应停在装置区或罐区等附近的主要道路上，保持适当安全距离，无应急情况严禁进入装置内检修道路。停车位置应选择便于观察、便于展开、便于行动的位置。

（4）执行监护任务的车辆和人员应做好现场轮换工作，确保监护人员精神状态良好，单次任务每车组不宜超过 4h。

（5）监护人员应密切注意作业现场动态，穿戴好个人防护装备，发现异常情况应第一时间上报，并做好应急救援工作。

（6）监护人员应对监护现场开展检查，随时与属地单位保持信息畅通，有权制止作业人员的违章行为。

（7）监护责任中队应加强监护车辆和人员检查，单次任务每 24h 内自查不应少于 2 次，并在任务申请单上签字。检查时，检查人员应对任务情况、任务风险、应对措施进行检查提问，同时对现场情况进行了解，结合实际安排车组人员的轮换等。

（8）对于塔、反应器等设备可能发生聚合物、硫化亚铁自燃等引发火灾的装置停工，监护期间应预先开展作业，对可能存在的塔、容器，在人孔打开前应落实内部淋水的措施，消防水枪应连接至人孔口，持续出水至人孔完全打开为止。

（9）监护期间应时刻注意现场风向的变化情况，及时调整监护车辆停车位置。

（10）现场监护任务结束后，清点好器材、人员装备，恢复好现场环境，安全返回。

3. 开停工作业监护注意事项

（1）如发生泄漏着火，进入现场进行侦检，必须配备必要的个人防护器具，一定要佩戴好空气呼吸器，做好个人防护。

（2）发生异常情况，第一时间与责任中队沟通，立即请求增援；严禁单独行动，必要时应用水枪、水炮进行掩护。

（3）占据上风或侧上风方向，选择既便于进攻又能即时撤退的阵地，控制火势，防止事故扩大。

（4）尽量利用大流量装备，加强对燃烧部位及受火势威胁的设备实施灭火冷却保护。

（5）对高温设备出水时要慎重，防止冷却不均造成其他高温设备法兰处出现泄漏。

（6）监护车组人员未接到上级命令不要盲目靠近危险区域。遇有突发情况立即向中队进行汇报，现场干部或带车班长负责初期的处置指挥。

二、生产运行装置用火作业消防监护示例

生产运行装置及管线因紧急抢维修作业，无法彻底清除或有效隔离运行装置或设备管线，导致必须带压带料施工作业。由于生产物料易燃易爆特性，在用火作业期间因作业人员违章操作、风险辨识不到位、安全措施不完善、监护人员素质低等，有可能发生物料泄漏并导致着火、爆炸事故发生，火灾危险性极高，必须加强用火作业风险分析并严格落实安全防范措施，做好现场消防监护工作。

1. 生产运行装置用火作业危险性

生产运行装置涉及的原料均为易燃易爆物质，其蒸气与空气混合后形成爆炸性混合气体，遇明火、高温即能引起燃烧爆炸。

紧急抢维修用火作业，主要是在含有物料的设备管线部位作业，高温高压，一旦操作不当导致物料泄漏，极易引起着火爆炸事故。

2. 生产运行装置用火消防监护工作要求

消防监护作业应做好与属地单位的现场安全交接工作，清楚作业现场的火灾危险性以及采取的安全措施，熟悉现场消防设施分布及完好情况，清楚现场安全撤离通道及路线，掌握现场作业人员数量等情况。

（1）属地单位申请消防监护作业应提供监护申请单，识别现场风险，明确监护任务，现场车辆交接时要一并交接监护申请单。

（2）执行监护任务的车组人员须根据现场危险化学品物质特性，携带相应的检测设备，并与属地人员确认情况后方可进入任务区域。

（3）监护车辆接近现场后须从上风或侧上风方向靠近任务点，应停在作业区域附近的主要道路上，与作业点保持适当安全距离，无应急情况严禁进入装置内检修道路。停车位置应选择便于观察、便于展开、便于行动的位置。

（4）执行监护任务的车辆和人员应做好现场轮换工作，确保监护人员精神状态良好，单次任务每车组不宜超过4h。

（5）监护人员应密切注意作业现场动态，穿戴好个人防护装备，保持与现场施工单位人员联系，及时掌握现场进展情况，发现异常情况应第一时间上报，并做好应急救援工作。

（6）监护人员应对监护现场开展检查，随时与属地单位保持信息畅通，有权制止作业人员的违章行为。

（7）监护中队应加强监护车辆和人员检查，单次任务每24h内自查不应少于2次，并在任务申请单上签字。检查时，检查人员应对任务情况、任务风险、应对措施进行检查提问，同时对现场情况进行了解，结合实际安排车组人员的轮换等。

（8）监护车辆应做好预先展开工作，可利用现场消火栓在作业部位布置1门移动炮，施工前将水充满水带，消火栓处安排1人背负空气呼吸器待命。同时提前利用消火栓展开1支多功能水枪，施工前水带内应充满水，遇有突发情况及时出水保护作业人员撤离。

（9）监护车组应佩带硫化氢、可燃气体检测仪等侦检设备，在监护期间消防员应准备好个人防护装备，随时投入使用。

（10）如果在抢修中出现险情，监护车组人员及时与装置现场安全负责人沟通，及时出泡沫冷却灭火。同时向监护中队或消防调度汇报，由中心调配灭火力量进行增援。监护车组人员没有上级命令不要盲目靠近危险区域。

（11）监护期间应时刻注意现场风向的变化情况，及时调整监护车辆停车位置。

（12）现场监护任务结束后，清点好器材、人员装备，恢复好现场环境，安全返回。

（13）如果在抢修中出现险情，责任中队及增援中队按照灭火力量部署进行。

3. 生产运行装置用火作业监护注意事项

（1）加强第一批出动力量，坚决执行"先控制、后消灭"和"炮盖枪封"的战术原则。

（2）尽量利用大流量装备，加强对燃烧部位及受火势威胁的设备实施灭火冷却保护。

（3）选择既便于进攻又能即时撤退的阵地，控制火势蔓延。

（4）根据现场实际情况，采取必要的个人防护措施。

（5）对高温设备出水时要慎重，防止冷却不均造成其他高温设备法兰处出现泄漏。

（6）加强硫化氢、可燃气体检测，施工中如有物料泄漏常伴有高温有害气体，掩护人员应做好个人防护并携带检测器材。

（7）监护车组人员上级命令不要盲目靠近危险区域。遇有突发情况立即向中队进行汇报，现场干部或带车班长负责初期的处置指挥。

三、受限空间作业气防监护示例

受限空间指石油化工生产单位的各类塔、釜、槽、罐、炉膛、锅筒、管道、容器以及地下室、窨井、坑(池)、下水道或其他封闭、半封闭或部分封闭场所，与外界相对隔离，人员进出受限但可以进入、未被设计为固定工作场所，作业人员不能长时间在内工作，自然通风不良，易造成有毒有害、易燃易爆物质积聚或氧含量不足，或形成存在淹溺、坍塌掩埋、触电、机械伤害等其他危险有害因素的空间。

1. 受限空间作业危险性

受限空间作业过程中，因无法彻底清除或有效隔离，有可能因为物料泄漏、挥发等导致现场作业人员发生中毒窒息事故，应加强现场气防监护工作，做好受限空间施救准备。受限空间有很多种，呈现的特点也各不一样，对救援和监护的要求也有所区别。比如竖井，口小且深，空间窄小，光线昏暗，救援行动难以展开；供氧不足，可能存在有毒或可燃气体，增加了救援行动的复杂性；因现场环境，可用的救援和器材装备较少，救援行动受限。而塔、反应器、罐等，一般都较高，设有竖梯和平台，平台空间狭小，人孔开口尺寸小，仅容一人通过，填料塔内为圆筒形结构，相对简单，板式塔内部安装有一层层的塔板和溢流堰，塔内结构复杂，内部光线不足，检修作业时有可能发生人员中毒被困事故。

2. 受限空间作业气防监护工作要求

属地单位申请受限空间气防监护作业应提前向消防队申请，并严格执行受限空间作业安全管理规定。监护作业前，属地单位安全技术人员应落实好各项安全措施，经单位领导审核同意、施工方负责人会签后，由消防队现场核查。申请气防监护作业后，属地及施工单位必须及时作业，如遇到特殊情况不能及时作业时，属地单位应及时通知现场监护人员。

（1）属地单位应对作业环境进行评估，检测和分析存在的危险有害因素，明确本次有限空间作业应急处置措施并纳入作业方案，确保作业现场负责人、监护人员、作业人员、救援人员了解本次有限空间作业的危险有害因素及应急处置措施。

（2）作业现场负责人会同监护人员、作业人员、救援人员根据有限空间作业环境，明确声音、光、手势等一种或多种作为安全、报警、撤离、支援的联络信号。有条件的可以使用符合当前作业安全要求的即时通信设备，如防爆对讲机等。

(3) 作业前，气防监护人员应正确选用应急救援装备，对气防救援器材设备进行全面检查、维护，确保处于完好可用状态，发现存在问题的应急救援装备，立即修复或更换。

(4) 监护主体应针对受限空间特点配置缓降救援设备，调整不同长度的救援绳索、双气瓶呼吸器、长管呼吸器等器材到气防监护车组，以备不同条件下的应急使用，提高车组的应急反应能力。

(5) 进入受限空间作业前，监护人员和作业人员必须熟知紧急状况时的逃生路线和救护方法。作业现场应配备一定数量的、符合规定的救生设施和灭火器材等。设备的出入口内、外不得有障碍物，保证其畅通无阻，便于人员出入和抢救疏散。

(6) 气防监护人员应积极与属地单位或施工方指派的监护人员保持沟通，配合现场气防监护车组和人员做好监护工作。

(7) 当监护作业工艺条件等发生变化时，属地单位应及时告知现场消防监护人员及作业人员停止作业，待恢复正常后再重新开始作业。

(8) 作业人员必须严格执行各项安全措施，服从监护人员的监督，当作业中出现异常情况，应立即撤出作业区域，作业中没有征得监护人员同意，不得摘下防护面罩。

(9) 针对装置开孔、入口狭小的情况，可将单杠梯 2 个改造成可折叠使用的担架，专门用于狭小入口状况下的应急使用。

(10) 受限空间内存在可能危及救援人员安全的设备设施、有毒有害物质输入、电能、高温物料及其他危险能量输入等情况，必须采取可靠的隔离(隔断)措施，方可进入救援。

(11) 打开人孔、手孔、料孔、风门、烟门等与大气相通的设施进行自然通风；必要时，可采取强制通风。采用管道送风时，送风前应对管道内介质和风源进行分析确认，禁止向受限空间充氧气或富氧空气。

(12) 使用机械通风设备向受限空间内输送清洁空气，通风排放口应远离作业处，直至救援行动结束。当受限空间内含有易燃易爆气体或粉尘时，应使用防爆型通风设备；含有毒有害气体时，通风排放口必须采取有效隔离防护措施。

(13) 气防监护人员应针对被困人员可能所处的位置、身体状态、个体防护装备穿戴等不同情况，采取相应的应急救援行动。视现场情况，应当开展预先展开工作，如提前搭设好救援三脚架等救援设备。

(14) 针对球罐内救援，气防监护人员应提前穿好全身式安全带，并在罐顶提前搭设好救援三脚架预展开救援。气防人员佩戴长管呼吸器面罩并检查气密性，1 人为进入罐内救援的人员检查、拉紧救援安全带，佩戴好长管呼吸器，将三脚架钢丝绳的安全钩连接到救援安全带上，连接好安全绳。救援人员携带安全带，顺三脚架的钢丝绳下放到球罐内，采取拽绳方法(或利用灯光)通知罐外人员已达伤员身边，迅即为中毒人员系上 2 条安全带，并连接好安全绳，通过拽动安全绳的方法通知(示意)罐外人员可以上拉安全绳。罐外人员立即将中毒人员转移到地面，如果条件允许，可利用高空平台车的平台将伤员从罐顶转移至地面。

(15) 针对塔器救援，携带救援安全带、救援绳索、头灯、给氧设备(氧气袋和输氧管)、空气呼吸器、长管呼吸器(救援人员和被救人员各 1 具)、多功能软式担架、锚固用钢管等装备。现场监护人员要检查所要用的呼吸器压力及安全绳、安全带等是否完好。由于塔器平台空间狭小，救援人员应做好自我防护，需挂好安全钩，以防坠落。要准确掌握进入塔器人员所使用空气呼吸器的时间及情况，防止时间过长、面罩刮掉及供气管线破损，而威胁救援人员的自身安全。

（16）针对竖井救援，要提前搭设好救援三脚架等，监护人员佩戴好个人防护装备和空气呼吸器。要通过外部观察、询问知情人，掌握人员落井时间、原因、人数等情况，及时向井下喊话，试探是否有人回应；观察井壁是否有垮塌的危险、井下是否有积水和有毒有害气体、被困人员的大致方位；可利用生命探测仪、易燃易爆气体检测仪等装备，确定井下人员的位置和状态，检测易燃易爆或有毒气体浓度。用送风机、排烟机或长管呼吸器向井内送风。

3. 受限空间作业监护注意事项

（1）现场气防监护车组及人员要分工明确，职责清楚，配合娴熟，器材检查到位；要熟练掌握“拽绳”等通信联络方法，保证内外人员的准确联系。

（2）罐内救人时必须用两条安全带把中毒人员系牢，防止上升过程中坠落。罐外人员操作过程中，避免任何物品掉入罐内，防止人为伤害。

（3）救援人员必须正确穿戴个体防护装备后方可开展救援行动。

（4）如发生异常情况，气防监护人员组织开展安全施救，禁止未经培训、未佩戴个体防护装备的人员进入有限空间施救。救援人员进入有限空间实施救援行动过程中，按照事先明确的联络信号，与外部人员进行有效联络，并保持通信畅通。

（5）根据救援需要设置警戒区域(包括通风排放口)，设立明显警示标志，严禁无关人员和车辆进入警戒区域。

（6）出现可能危及救援人员安全的情况，救援人员立即撤离危险区域，安全条件具备后再进入有限空间内实施救援。

（7）被困人员救出后，立即移至通风良好处，具有医疗救护资质或具备急救技能的人员，及时采取正确的院前医疗救护措施，并迅速送医治疗。

（8）为防止三脚架往下放人时导气管和安全绳互相缠绕，长管呼吸器的呼吸管和安全绳应相对摆放，不可并列。

（9）必须掌握受限空间内部情况，对情况不明的不得贸然进入，必须勘察清楚后方可开展救人行动。

（10）要准确掌握救援人员所使用空气呼吸器的时间及情况，防止时间过长、面罩刮掉及供气管线破损，而威胁救援人员的自身安全。

（11）受限空间外周人员要少而精，防止踩踏或掉落物品发生危险，外围要组织好机动救援力量，做好救人准备。

附录一　常用消防专业法规、标准

一、国家消防法规

《中华人民共和国消防法》(2021 修订版)

二、消防行政法规

《国务院关于加强和改进消防工作的意见》(国发〔2011〕46 号)
《国务院办公厅关于印发消防工作考核办法的通知》(国办发〔2013〕16 号)
《国务院办公厅关于印发消防安全责任制实施办法的通知》(国办发〔2017〕87 号)

三、消防行政规章

1.《机关、团体、企业、事业单位消防安全管理规定》(公安部令第 61 号)
2.《高层民用建筑消防安全管理规定》(应急管理部令第 5 号)
3.《社会消防技术服务管理规定》(应急管理部令第 7 号)
4.《社会消防技术服务管理规定》(公安部令第 136 号)
5.《火灾事故调查规定》(公安部令第 108 号、第 121 号)
6.《注册消防工程师管理规定》(公安部令第 143 号)
7.《消防监督检查规定》(公安部令第 120 号)
8.《消防产品监督管理规定》(公安部令第 122 号)
9.《公共娱乐场所消防安全管理规定》(公安部令第 39 号)
10.《大型商业综合体火灾风险指南和火灾风险检查指引》(应急消〔2021〕59 号)
11.《密室逃脱类场所火灾风险指南及检查指引》(应急消〔2021〕170 号)
12.《消防救援局关于进一步明确消防车通道管理若干措施的通知》(应急消〔2019〕334 号)
13.《文物建筑和博物馆火灾风险指南及检查指引》(应急消〔2021〕164 号)
14.《消防技术服务机构从业条件》(应急〔2019〕88 号)
15.《关于贯彻实施新修改〈中华人民共和国消防法〉全面实行公众聚集场所投入使用营业前消防安全检查告知承诺管理的通知》(应急〔2021〕34 号)

四、消防技术标准

1. GB 50016—2014《建筑设计防火规范》(2018 年版)
2. GB 50067—2014《汽车库、修车库、停车场设计防火规范》
3. GB 50084—2017《自动喷水灭火系统设计规范》
4. GB 50974—2014《消防给水及消火栓系统技术规范》

5. GB 51251—2017《建筑防烟排烟系统技术标准》
6. GB 50160—2008《石油化工企业设计防火标准》(2018 年版)
7. GB 50183—2004《石油天然气工程设计防火规范》
8. GB 51309—2018《消防应急照明和疏散指示系统技术标准》
9. GB 50116—2013《火灾自动报警系统设计规范》
10. GB 50370—2005《气体灭火系统设计规范》
11. CECS 386—2014《外储压七氟丙烷灭火系统技术规程》
12. GB 50151—2021《泡沫灭火系统技术标准》
13. GB 50898—2013《细水雾灭火系统技术规范》
14. GB 50219—2014《水喷雾灭火系统技术规范》
15. GB 50140—2005《建筑灭火器配置设计规范》
16. GB 50222—2017《建筑内部装修设计防火规范》
17. GB/T 40248—2021《人员密集场所消防安全管理》
18. GB 50877—2014《防火卷帘、防火门、防火窗施工及验收规范》
19. GB 50156—2021《汽车加油加气加氢站技术标准》
20. GB 25201—2010《建筑消防设施的维护管理》
21. GB/T 38315—2019《社会单位灭火和应急疏散预案编制及实施导则》
22. GB 51427—2021《自动跟踪定位射流灭火系统技术标准》
23. GB 50313—2013《消防通信指挥系统设计规范》
24. GB 50351—2014《储罐区防火堤设计规范》
25. GB 50157—2013《地铁设计规范》
26. GB 50072—2021《冷库设计标准》
27. GB 50314—2015《智能建筑设计标准》

五、消防行业标准

1. XF/T 3013—2020《国家综合性消防救援队伍常用标号》
2. XF/T 3012—2020《钢结构防火保护板》
3. XF/T 3011—2020《逃生与救援用车窗玻璃电动击碎装置》
4. XF 3010—2020《消防用雷达生命探测仪》
5. XF 3009—2020《救援三脚架》
6. XF 3008—2020《消防员防蜂服》
7. XF 3007—2020《F 类火灾水系灭火剂》
8. XF/T 3006—2020《灭火剂及防火阻燃产品快速检定技术要求》
9. XF/T 3005—2020《单位消防安全评估》
10. XF/T 3004—2020《汽车加油加气站消防安全管理》
11. XF/T 3003—2020《火灾调查车装备通用技术要求》
12. XF/T 1465—2018《消防产品市场准入信息管理》
13. XF/T 1464—2018《火灾调查职业危害安全防护规程》
14. XF/T 1463—2018《文物建筑消防安全管理》
15. XF 1301—2016《火灾原因认定规则》

16. XF/T 1300—2016《社会消防安全培训机构设置与评审》
17. XF 1298—2016《细水雾枪》
18. XF 180—2016《轻便消防水龙》
19. XF 1290—2016《建设工程消防设计审查规则》
20. XF/T 1289—2016《燃烧训练室技术要求》
21. XF 1288—2016《七氟丙烷泡沫灭火系统》
22. XF 39—2016《消防车 消防要求和试验方法》
23. XF 1283—2015《住宅物业消防安全管理》
24. XF 1282—2015《灭火救援装备储备管理通则》
25. XF/T 1276—2015《道路交通事故被困人员解救行动指南》
26. XF/T 1275—2015《石油储罐火灾扑救行动指南》
27. XF 95—2015《灭火器维修》
28. XF/T 1270—2015《火灾事故技术调查工作规则》

附录二　常见物质爆炸极限

物质名称	分子式	在空气中的爆炸下限 LEL/%(体积)	在空气中的爆炸上限 UEL/%(体积)
甲烷	CH_4	5	15
乙烷	C_2H_6	3	15.5
丙烷	C_3H_8	2.1	9.5
丁烷	C_4H_{10}	1.9	8.5
异丁烷	C_4H_{10}	1.8	8.4
正己烷	C_6H_{14}	1.1	7.5
乙烯	C_2H_4	2.7	36
丙烯	C_3H_6	2	11.1
丁烯	C_4H_8	1.6	10
丁二烯	C_4H_6	2	12
乙炔	C_3H_4	2.3	72.3
煤油(液体)	$C_{10} \sim C_{16}$	0.6	5
液化石油气	LPG	1	12
汽油(液体)	$C_4 \sim C_{12}$	1.1	5.9
苯(液体)	C_6H_6	1.3	7.1
甲苯	$C_6H_5CH_3$	1.2	7.1
邻二甲苯	$C_6H_4(CH_3)_2$	0.9	6.7
氯丙烯	C_3H_5Cl	2.9	11.2
环氧乙烷	C_2H_4O	3	100
甲醇(液体)	CH_3OH	6.7	36
乙醇(液体)	C_2H_5OH	3.3	19
正丁醇(液体)	C_4H_9OH	1.4	11.2
乙酸乙酯	$CH_3COOC_2H_5$	2.2	11
丙酮	C_3H_6O	2.6	12.8
丁酮	C_4H_8O	1.8	10
丙烯腈	C_3H_3N	2.8	28
氨气	NH_3	16	25
硫化氢	H_2S	4.3	45.5
二硫化碳	CS_2	1.3	50
一氧化碳	CO	12.5	74.2
氢	H_2	4	75

注：可燃气体和液体蒸气与空气的混合物，必须在一定的浓度范围内，遇着火源才能发生爆炸。这个遇着火源能够发生爆炸的浓度范围，叫爆炸浓度极限。通常用体积百分比表示。最大百分比为上限，最小百分比为下限。

责任编辑：许　倩
责任校对：李　伟
封面设计：五色空间

消防员必读

（第四版）

扫码获取更多信息

ISBN 978-7-5114-6975-5
9 787511 469755
定价：69.00元